基于 CATIA V5R20 的水利水电工程三维设计应用教程

李　斌　　宗志坚　　郭莉莉

刘增强　　董甲甲　　蔺志刚　编著

陈艳国　　宋海亭　　宋志宇

黄河水利出版社

·郑州·

内 容 提 要

本书以 CATIA V5R20 软件为操作平台,采用命令剖析和实例操作相结合的方式全面讲述了 CATIA V5 的基础知识,从草图设计入手,讲解了实体设计、曲面造型、装配设计以及工程制图等设计各个环节的实现方法和操作技巧。针对水利水电行业的特点,详细讲述了地质、坝工、厂房、引水建筑物等专业模型和模板建立方法及三维设计方法,介绍了实现工程三维模型的参数化设计以及工程施工图纸的自动生成、相关工程量和材料用量的自动统计与计算的详细过程。

本书可供水利水电工程设计及管理人员学习参考。

图书在版编目(CIP)数据

基于 CATIA V5R20 的水利水电工程三维设计应用
教程/李斌等编著 . —郑州:黄河水利出版社,2011.8
ISBN 978 - 7 - 5509 - 0087 - 5

Ⅰ. ①基… Ⅱ. ①李… Ⅲ. ①水利水电工程 – 计算
机辅助设计 – 应用软件,CATIA V5 – 教材 Ⅳ. ①TV222.2

中国版本图书馆 CIP 数据核字(2011)第 143322 号

出 版 社:黄河水利出版社
　　　　　地址:河南省郑州市顺河路黄委会综合楼 14 层　邮政编码:450003
发行单位:黄河水利出版社
　　　　　发行部电话:0371 – 66026940、66020550、66028024、66022620(传真)
　　　　　E-mail:hhslcbs@ 126. com
承印单位:黄河水利委员会印刷厂
开本:787 mm × 1 092 mm　1/16
印张:22.5
字数:520 千字　　　　　　　　　　　印数:1—1 000
版次:2011 年 8 月第 1 版　　　　　　印次:2011 年 8 月第 1 次印刷

定价:69.00 元

前　言

　　CATIA 是法国 Dassault Systemes(达索系统)公司的 CAD/CAE/CAM 一体化软件,是一个三维设计平台,能在设计阶段直接产生产品的数字模型。CATIA 源于航空航天业,但其强大的功能已得到各行业的认可,广泛应用于航空航天、汽车制造、造船、机械制造、电子电器、消费品行业。它的集成解决方案覆盖所有的产品设计与制造领域,其特有的 DMU 电子样机功能及混合建模技术更是推动着企业竞争力和生产力的提高。

　　CATIA 能够提供方便的解决方案,迎合所有工业领域的大、中、小型企业需要。其用户包括波音、克莱斯勒、宝马、奔驰等一大批知名企业,其用户群体在世界制造业中具有举足轻重的地位。波音飞机公司使用 CATIA 完成了整个波音 777 的电子装配,创造了业界的一个奇迹,从而也确定了 CATIA 在 CAD/CAE/CAM 行业内的领先地位。CATIA 在汽车、航空航天领域的统治地位不断增强的同时,也大量地进入了其他行业,如摩托车、火车制造、通用机械、家电、水利水电等行业。

　　CATIA 从 V5R19 版本开始增加地形地质建模功能,用于土木工程的规划与设计以及基础工程等,从而使 CATIA 三维协同设计平台运用到水电工程项目全过程,可涵盖预可研、可研、初设、技施等不同阶段,实现三维数字化电站设计管理。其统一的三维设计数据模型能保证水利水电各专业间数据统一和数据及时更新,关联设计将大大减少修改工作量,利用知识工程模块中的参数及设计规则、文档模板等把工程设计流程和经验知识很好地集成在模型文件中,可快速实现坝型坝址方案比较、工程量预算、数字化模拟施工和维护操作等,对缩短工程设计周期起到积极作用。

　　黄河勘测规划设计有限公司的三维设计研究应用工作开始于 2004 年。2009 年在水利部 948 项目"水利水电工程三维设计方法引进、研究与推广"的支持下,引进了 CATIA 三维设计平台,以此为契机全面开展了三维设计研究工作。通过研究、消化和吸收,从而掌握了该平台的应用方法,积累了应用经验,初步确定了水利水电工程三维设计应用的工作模式,为 CATIA 平台在水利水电工程中的实际应用打下基础。

　　在消化和吸收过程中,我们也遇到了一些困难,特别是没有找到一本能够针对水利水电工程的参考书,往往是借用机械设计等专业的参考工具来解决水工专业的问题,摸索的过程比较长,也走了一些弯路。为了让水工专业的技术人员能够了解并更好更快地掌握 CATIA 的基本使用方法,充分利用它的强大功能,我们合作编写了本书。

　　本书共分基础篇、高级篇和专业篇三部分。在基础篇部分,全面讲述了 CATIA V5R20 的基础知识,从草图设计入手,讲解了实体设计、曲面造型、网格面生成与编辑、装配设计以及工程制图等设计各个环节的实现方法和操作技巧。在高级篇部分,结合水工专业的特点,讲述了骨架关联设计、CATIA 知识工程运用、CATIA 模板设计、基于文件的协同设计与成果展示等内容。在专业篇部分,针对水利水电行业的特点,详细讲述了地质、坝工、厂房、引水建筑物等专业模型和模板建立方法与三维设计方法。

本书适合于各种水平的地质和水工设计工程师。对初学者，本书是一本理想的入门级教程；对有一定经验的读者，则本书可以提供很多有益的参考，以加深对 CATIA V5 的理解；同时本书也可以作为 CATIA 用户手册，具有很好的参考使用价值。

本书由宗志坚编写第 1 章，李斌编写第 2 章、第 3 章，宋志宇编写第 4 章、第 7 章，宋海亭编写第 5 章、第 8 章，陈艳国编写第 6 章、第 13 章，郭莉莉编写第 9 章，董甲甲编写第 10 章、第 14 章，蔺志刚编写第 11 章、第 15 章，刘增强编写第 12 章、第 16 章。全书由李斌、宗志坚、郭莉莉统稿。

感谢景来红、牛富敏、吴伟功、郭朝文等领导对三维设计项目的关心和支持，本书的完成离不开他们的支持和帮助。

感谢参与三维设计项目的牛卫华、余军、张兵、王陆、陶玉波、王小平、梁春光、齐文强、罗畅、杜全胜、王伟、马麟、田永生、胡燚、侯清波、刘灏、齐菊梅、陈牧邦、关靖等各位同志，我们一起度过了学习、研究到熟悉 CATIA 的整个过程，本书的部分内容也涉及他们的工作成果。

感谢达索系统公司李智军先生、成都希盟泰克科技发展有限公司赵宇先生和沈国炎先生在我们学习 CATIA 过程中给予的全面技术支持和在本书编写过程中提供的帮助。

由于编写时间仓促，加之作者水平有限，学习深度不够，书中的错误和不妥之处在所难免，恳请读者批评指正。

编著者
2011 年 5 月

目 录

专业篇

基础篇

第 1 章　CATIA 简介

1.1　CATIA 概况

CATIA 是英文 Computer Aided Tri-Dimensional Interface Application 的缩写,是法国 Dassault Systemes(达索系统)公司的 CAD/CAE/CAM 一体化软件。在 20 世纪 70 年代应世界著名的航空航天企业 Dassault Aviation 的需求,CATIA 应运而生。从 1982 年到 1988 年,CATIA 相继发布了 V1 版本、V2 版本、V3 版本,并于 1993 年发布了功能强大的 V4 版本。为了使软件能够易学易用,Dassault Systemes 于 1994 年开始重新开发全新的 CATIA V5 版本。虽然 2009 年 Dassault Systemes 宣布正式推出基于网络的 V6 系列产品,但仍然保留界面友好、功能强大的 V5 版本。最新的 V5 版本为 2010 年 3 月推出的 CATIA V5R20,继续在所有领域向客户提供高质量的软件产品及服务。

CATIA 具有一个独特的装配草图生成工具,支持欠约束的装配草图绘制,可以进行快速的概念设计。它支持参数化造型和布尔操作等造型手段,支持绘图与数控加工的双向数据关联。CATIA 的外形设计和风格设计为零件设计提供了集成工具,而且该软件具有很强的曲面造型功能,集成开发环境也别具一格,同样,CATIA 也可进行有限元分析。特别要指出的是,一般的三维造型软件都是在三维空间内观察零件,但是 CATIA 能够进行四维空间的观察,也就是说,该软件能够模拟观察者的视野进入零件的内部去观察零件,并且它还能够模拟真人进行装配。

CATIA V5 版本是法国达索系统公司长期以来在为数字化企业服务过程中不断探索的结晶。围绕数字化产品和电子商务集成概念进行系统结构设计的 CATIA V5 版本,可为数字化企业建立一个针对产品整个开发过程的工作环境。在这个环境中,可以对产品开发过程的各个方面进行仿真,并能够实现工程人员和非工程人员之间的电子通信。产品整个开发过程包括概念设计、详细设计、工程分析、产品定义和制造乃至成品在整个生命周期中的使用和维护。CATIA V5 版本结合了显式知识规则的优点,可在设计过程中交互式地捕捉设计意图,定义产品的性能和变化。由于隐式的经验知识变成了显式的专用知识,因此提高了设计的自动化程度,降低了设计错误的风险。

CATIA 作为 PLM 协同解决方案的一个重要组成部分,它可以帮助制造厂商设计他们未来的产品,并支持从项目前期阶段、具体的产品设计、分析、模拟、组装到维护的全部工业设计流程。模块化的 CATIA 系列产品旨在满足客户在产品开发活动中的需要,包括产品风格和外形设计,机械设计,设备与系统工程,管理数字样机,机械加工,分析和模拟。CATIA 产品基于开放式可扩展的 V5 架构。通过使企业能够重用产品设计知识,缩短开发周期,CATIA 解决方案加快了企业对市场需求的反应。自 1999 年以来,市场上广泛采用它的数字样机流程,从而使之成为世界上最常用的产品开发系统。

CATIA 源于航空航天业,但其强大的功能已得到各行业的认可,广泛应用于航空航天、汽车制造、造船、机械制造、电子电器、消费品行业,它的集成解决方案覆盖所有的产品设计与制造领域,其特有的 DMU 电子样机模块功能及混合建模技术更是推动着企业竞争力和生产力的提高。CATIA 能够提供方便的解决方案,迎合所有工业领域的大、中、小型企业需要,包括从大型的波音 747 飞机、火箭发动机到化妆品的包装盒,几乎涵盖了所有的制造业产品。在世界上有超过 13 000 家用户选择了 CATIA。在欧洲汽车业,CATIA 已成为事实上的标准。CATIA 的用户包括波音、克莱斯勒、宝马、奔驰等一大批知名企业,其用户群体在世界制造业中具有举足轻重的地位。波音飞机公司使用 CATIA 完成了整个波音 777 的电子装配,创造了业界的一个奇迹,从而也确定了 CATIA 在 CAD/CAE/CAM 行业内的领先地位。CATIA 在汽车、航空航天领域的统治地位不断增强的同时,也大量地进入了其他行业,如摩托车、火车制造、通用机械、家电、水利水电等行业。

CATIA 从 V5R19 版本开始增加地形地质建模功能,用于土木工程的规划与设计以及基础工程等,从而使 CATIA 三维协同设计平台运用到水电工程项目全过程,可涵盖预可研、可研、初设、技施等不同阶段,实现三维数字化电站设计管理。其统一的三维设计数据模型能保证水利水电各专业间数据统一和数据及时更新,关联设计将大大减少修改工作量,利用知识工程模块中的参数及设计规则、文档模板等把工程设计流程和经验知识很好地集成在模型文件中,可快速实现坝型坝址方案比较、工程量预算、数字化模拟施工和维护操作等,对缩短工程设计周期起到积极作用。

1.2 CATIA V5 构架总览

CATIA V5 构架分为四部分。

(1)CATIA V5 主程序:为程序核心,所有的设计、制图、加工和模拟等操作都是在此构架下完成的。

(2)CATIA V5 在线帮助:包含所有主程序模块的使用说明、技术文件和操作实例。

(3)CAA V5:CAA(Component Application Architecture)提供用户开发的接口,使用户可以在 Microsoft Visual C++6.0 下,通过 API 调用程序核心,并在此基础上进行开发。

(4)CATIA LUM:是 CATIA 的 License(许可)管理工具,可以管理 CATIA 的许可使用,并建立 License Server(许可服务器)。

CATIA V5 有 P1、P2 和 P3 三个平台。其中:P1 平台是一个低价位的 3D PLM 解决方案,并具有扩展到高级应用模块的能力;P2 平台是面向所有通用机械用户的平台,其通过知识集成、流程加速及客户化工具可实现从设计到制造的自动化,并进一步优化产品的生命周期管理;P3 平台是面向专业化用户的平台,其把重点放在专用性解决方案上,最大限度地提高特殊流程的生产效率。

1.3 CATIA V5 解决方案

CATIA V5 涵盖了机械设计、外形设计、分析与仿真、工厂设计、数控加工、数字样机、设备与系统、人机工程和知识工程等丰富的内容,主要提供了以下 9 个方面的解决方案。

(1)产品综合应用:提供包括人机工程在内的电子样机验证和仿真产品,以及基于知识工程能高效捕捉和重用企业最佳经验和知识的系列化智能产品。

(2)机械设计:提供包括从概念设计到详细设计,直至工程图生成的机械产品设计;产品覆盖机械零件、铸件、冲压件、钣金零件、塑料零件、结构零件、焊接件和模具等。

(3)外形设计与风格造型:提供了创新、易用的产品,用于构建、控制与修改工程曲面和自由曲面及实施逆向工程等。

(4)设备与系统工程:用于 3D 电子样机的空间预留优化,在电子样机环境中进行管路、电气线缆、印刷电路板、厂房布置和机械系统的协同设计和集成。

(5)数控加工:完整的系列化产品,包括快速成型、车削、铣削、工艺文档输出等。基于知识的 VS 架构和产品/流程/资源(PPR)模型,完整描述了产品、加工流程、机床刀具等资源信息。

(6)分析与仿真:可快速地对任何类型的零件或装配件进行工程分析,具有很高的易用性,即使不是有限元分析专家,也能快速地进行设计与分析的反复迭代。

(7)CATIA VS 基础架构:CATIA VS 基础架构为协同产品开发提供了广泛的平台。在同样的数据结构下,提供 P1、P2 和 P3 三个平台,可以针对企业不同层次和不同功能需求提供灵活与低成本的解方案配置。

(8)二次开发编程应用:可以将用户的专用知识集成到 CATIA 和 ENOVIA 应用程序中,也可以将现有的系统集成到 ENOVIA 3Dcom 中。对于希望扩充 3D PLM 需求方案的企业和第三方软件商来说,V5 标准的开放架构已迅速成为备受欢迎的开发环境。

(9)CATIA 基于 Web 的在线学习解决方案:CATIA 基于 Web 的在线学习解决方案是一个新一代、易用的电子支持系统,可以为 CATIA 和 ENOVIA 用户提供使用培训。辅助自学工具(Companion)可以作为用户的桌面工具,随时随地为用户解决培训、应用方面的问题。

1.4 常用模块介绍

CATIA 由很多模块组成,只需安装需要的模块就可以了。常用模块名称及功能如下。

● 机械设计包(MD2)

MD2 是 CATIA 3D 基本功能包,提供 CATIA 运行的基本环境及全面的零件设计、装配、出图、实时渲染等功能,并能提供一定程度的数字电站功能,如漫游、干涉检查等。MD2 内含 IGES 数据交换接口。MD2 可用于水力机械、电气、通风、给排水、建筑结构等各专业的基本设计平台。

机械设计包(MD2)配置说明如下:

(1)CATIA 创成式工程绘图 2(Generative Drafting 2(GDR))。

CATIA 创成式工程绘图 2 产品是新一代的 CATIA 产品,可以从 3D 零件或装配件生成相关联的 2D 图纸。结合交互绘图功能,创成式工程绘图 2 产品集成了 2D 交互式绘图功能和高效的工程图修饰和标注两方面的优点。创成式工程绘图 2 产品是一个灵活可扩展的解决方案,能创建与 CATIA V4 或 V5 生成的 3D 机械设计、曲面、混合造型的零件或装配件相关联的 2D 工程图纸。3D 尺寸可以通过控制其位置来自动生成。用户可以利用标准的修饰特征添加后生成的标注。2D 图纸与 3D 主模型之间的关联性使用户可以进行设计和标注的并行工作。

(2)CATIA 交互式工程绘图 1(Interative Drafting 1(ID1))。

CATIA 交互式工程绘图 1 产品是新一代的 CATIA 产品,可以满足二维设计和工程绘图的需求。本产品提供了高效、直观和交互的工程绘图系统。通过集成 2D 交互式绘图功能和高效的工程图修饰与标注环境,交互式工程绘图 1 产品也丰富了创成式工程绘图产品。

(3)CATIA 装配设计 2(Assembly Design 2(ASD))。

CATIA 装配设计 2 产品是新一代的用于管理装配的 CATIA P2 平台产品,装配设计 2 产品与 CATIA V5 其他应用模块如零件设计和图纸生成应用模块是有机集成的。可用鼠标和图形化的命令方便地抓取零件并放置到正确的位置,来建立装配约束。装配设计 2 产品使用自顶向下或自底向上的方法帮助设计者管理庞大的、有层次结构的 CATIA V4、V5、VRML 或 STEP 格式的装配零件。零件和子装配的数据可以方便地重用,无需数据复制。高效率的工具如爆炸视图自动生成、碰撞和间隙检查、自动 BOM 表生成等大大减少了设计时间,提高了装配质量。柔性子装配功能使用户能动态地切断产品结构和机械行为之间的联系,这一独特的命令能够在父装配中移动子装配的单独部件,或者管理实例化子部件不同的内部位置。系统还有一个直观的用户界面,它功能强大,使用方便,培训费用低廉,在 NT 和 UNIX 两种操作系统下完全相同。

(4)CATIA 零件设计 2(Part Design 2(PDG))。

CATIA 零件设计 2 产品提供了在 NT 和 UNIX 操作系统下的相同界面,是新一代的 CATIA 零件设计产品,该产品可以和 CATIA V4 数据与设计方法交互操作。这种"智能实体"设计的核心把高效的、以特征为基础的工具集与布尔运算方法结合起来,提供了灵活的解决方案,允许多种设计方法。零件设计 2 产品可以与 CATIA V5 的其他应用一起使用,如装配设计产品、工程绘图产品、线架和曲面设计产品等。

(5)CATIA 知识工程专家 1(Knowledge Expert 1(KE1))。

知识工程专家解决方案包含:建立时产品 CATIA 知识工程专家 2 产品(KWE)和运行时产品 CATIA 知识工程专家 1 产品(KE1)。CATIA 知识工程专家 1 产品允许设计者导入并使用由 CATIA 知识工程专家 2 产品(KWE)生成并存储在规则库中的所有的企业知识。这样就确保了设计因为都遵循已经建立的标准而保持一致性。这些规则库可以自动操作如下的知识流程:最好的经验、应用过程、设计检查和更改。该产品生成的报告可以更好地检查出违反标准的情况,并协助进行必要的修改。作为集成化产品,CATIA 知识工程专家 1 产品可以与整个企业内其他 V5 版本产品协同应用,实现整个流程的知识共享。

(6)创成式曲面设计 1(Generative Shape Design 1(GSD))。

CATIA 创成式曲面设计 1 产品结合线架和多种曲面特征,创建在上下关联环境下由规范驱动的外形设计。CATIA 创成式曲面设计 1 产品帮助设计者在线框、多种曲面特征的基础上,进行机械零部件外形设计。CATIA 创成式曲面设计 1 产品包括已删除的CATIA 线框和曲面 2 产品(WSF)的所有功能和命令。它还提供了一系列全面的工具集,用于创建和修改复杂外形设计或混合零件造型中的机械零部件外形,同时还带有智能化的工具,如用于管理特征重用的超级拷贝(powercopy)功能。它的以特征为基础的方法提供了直观和高效的设计环境,系统可以捕捉和重用设计方法与规范。

(7)CATIA 目标管理 2(CATIA Object Manager 2(COM))。

CATIA 目标管理 2 产品提供了 CATIA V5 所有产品和配置的核心用户功能。该产品提供了所有产品的人机对话和显示管理等所必需的公共功能和整个基础架构。所有这些是通过统一的用户界面实现的。这些公共功能包括 STL、VRML、TIFF、CGM、JPEG 和 BMP等标准输出格式的打印输出和图像处理。CATIA 目标管理 2 产品可确保当前 CATIA V4解决方案用户的平稳过渡,包括与 CATIA V4 的集成和应用。

(8)与 CATIA V4 的集成 2(Version 4 Integration 2(V4I))。

由于 V4 版本使用一种独特的方式逐步引入下一代软件的组件(component),从V4R13 开始,这一新的产品线为当前的 V4 版本用户提供了一种平滑的过渡方式。新一代的产品线中包含了 CATIA V4 版本中最先进的技术,作为 CATIA P2 解决方案包中的一个功能模块,与 CATIA V4 的集成 2 产品提供了大量的的集成功能,使得 V4 版本的应用程序和 V5 版本的应用程序可以实现无缝的混合应用。用户可以从这两个产品线之间良好的数据兼容性中受益。

(9)CATIA 实时真实化渲染 1(Real Time Rendering 1(RT1))。

实时真实化渲染 1 产品可以通过利用材质的技术规范来生成模型的逼真渲染显示。纹理可以通过草图创建,也可以由导入的数字图像或选择库中的图案来修改。材质库和零件的指定材质之间具有关联性,可以通过规范驱动方法或直接选择来指定材质。实时显示算法可以快速地将模型转化为逼真渲染图。

(10)CATIA CADAM 接口 1(CATIA CADAM Interface 1(CC1))。

CATIA CADAM 接口 1 产品提供给用户一个集成的工具,用来共享 CADAM 工程图(CCD)和 CATIA V5 工程图之间的信息。这个集成的工具使得 CCD 用户可以平稳地把CATIA V5 产品包很容易地集成到他们的环境当中,而同时可以继续维持他们目前的经验和使用 CCD 产品的工作流程。

(11)CATIA IGES 接口 1(CATIA IGES Interface 1(IG1))。

CATIA IGES 接口 1 产品是一种 P1 产品,可以转换符合 IGES 格式的数据,从而有助于用户在不同的 CAD/CAM 环境中进行工作。为了实现几何信息的再利用,用户可以读取/输入一个 IGES 文件,以生成 3D 零件或 2D 工程图中的基准特征(线框、曲面和裁剪的曲面),同时可以写入/输出 3D 零件或 2D 工程图的 IGES 文件。使用与 Windows 界面一致的 File Open 和 File Save As 方式存取 IGES 文件,并使用直接和自动的存取方式,用户可在不同的系统中执行可靠的双向 2D 和 3D 数据转换。以上功能支持 IGES V5.3版本。

● 混合设计软件包(HD2)

HD2 提供了一系列在复杂样机环境下实现高级 3D 机械零件、复杂曲面和装配设计的工具,以及创建和生成 2D 图纸的功能,同时提供了集成的实时渲染和符合通用工业标准的数据接口。作为 P2 平台的配置包,HD2 提供了面向 3D 的高级特征,如漫游、高级特征树的显示和操作等。HD2 可以与 CATIA V5 其他模块集成应用,例如在 HD2 基础上可以进一步无缝地添加复杂曲面功能,采用混合造型方法实现更为复杂的零件设计。

● CATIA 数字化外形编辑 2(Digitized Shape Editor 2(DSE)):用于解决数字化数据导入、坏点剔除、匀化、横截面、特征线、外形和带实时诊断的质量检查等问题,提供数字化数据的输入、整理、组合、横截面生成、特征线提取、实时外形质量分析等功能,可以将航测地形数据或地形等高线数据导入进行三角曲面化,为以后的地形地貌的重构提供数据。该模块适用于 CATIA V5 的其他模块进行设计、自由风格曲面设计、加工等过程之前。

● 快速曲面重构(Quick Surface Reconstruction 2(QSR)):可以快速而又容易地从修整过的数字云点构建出曲面。可以对 DSE 模块进行三角曲面化后的数据进行地形地貌可编辑曲面的重构,从而实现地形地貌以及地质的重构。快速曲面重构产品提供若干方法重构曲面,这些方法取决于外形的类型:自由曲面拟合、机械外形识别(平面、圆柱、球体、锥体)和原始曲面延伸等。QSR 有用于分析曲率和等斜率特性的工具,使用户可以方便地在有关的曲面区域中创建多边形段段。QSR 还包含它自己的质量检查工具。

● CATIA 外形造型 2(Shape Sculptor 2(DSS)):提供了快速造型工具,可以从概念设计或现有的物理模型快速生成、编辑。这种生成直觉外形和概念外形的新方法使汽车和消费品行业的非 CAD 专家能熟练地处理并测试 3D 虚拟模型。其目的是改善设计部门和工程部门之间的协同,使造型工具的使用既方便又充满乐趣。用这种方法,DSS 对现有的 CATIA 曲面造型工具,例如 CATIA Freestyle Shaper 2(FSS)和 CATIA Freestyle Sketch Tracer 2(FSK)进行了补充和加强。特别是在曲面非常复杂时,它可以用于由曲线和曲面生成外形,在模型上增加细节,对现有模型进行雕刻,然后把这些特征复制并粘贴到另一个模型上,或简单地在由 CATIA Digitized Shape Editor 2(DSE)得到的多边形模型上进行工作。

● 改进的 CATIA 创成式外形优化 2(Generative Shape Optimizer 2(GSO)):使用面向流程的特征来增强形状设计和自由风格曲面造型能力,可以加速整体外形的变形设计过程和设计效率。用户通过定义约束,例如目标点和曲线、固定区域,可以方便地使现有的形状变形。

● CATIA 知识顾问 2(Knowledge Advisor(KWA)):可以将隐性的设计实践转化为嵌入整个设计过程的设计知识存储起来,在参数(如几何、材料、成本等)、特征间建立各种简单或复杂的规则。可依据规则实现设计自动化,实现设计的多种选择,使设计人员捕捉各自的技术知识并作为最佳设计进行重用。用户能通过公式、规则、分析和检查,将其知识嵌入到设计中,可以在任何时候重用,实现设计的知识化。设计检查可在整个设计流程中提供设计提示以及设计检验。这样,可以在不同应用环境中考虑和采用这些内在知识。知识的含义也可以访问,比如,一个检查意图器可以高亮显示校验中涉及的参数,从而能快速和方便地知道,究竟规则是怎样被违反的。通过加速根据规则提供设计选择的过程,CATIA 知识顾问 2(KWA)帮助用户做出更好的决定,在更短的时间内得到优化的正确设计。它还可以用来将隐式经验转变为显式知识,以进行自动设计,降低设计风险和重复设计引起的费用。

- 产品知识模板(Product Knowledge Template 2(PKT)):可交互式建立用户的特征,同时将几何定义和相关的参数和关系(即知识)融合其中,并可在设计中在任何 CATPart 文档中进行调用。所定义的这些智能化特征可通过库在整个企业中共享。这样可使设计方法标准化,不需要高级编程即可捕捉企业的专有知识。预定义产品知识模板的重用使最终用户将其作为一个实体,通过给定的一组输入参数即可完成造型,易于理解和使用。对最终用户来说,可简化重用这些特征。RKT 把高度完美的设计方法和设计过程进行简化,并同时继承设计过程中的规则、校验方法和相互之间的关系。
- 业务流程模板运用(Product Knowledge Template 1(KT1)):对开发流程、分析流程进行固化和重用。
- 曲面展开模块(CATIA Developed Shapes 1(DL1)):能够快速展开所定义的曲面;能将一个曲面形状与其对应的平面展开并相互转换;能与 CATIA V5 其他模块生成的面进行关联;能够方便地形成操作过程规则,可以提高生产力。
- 钢结构设计(Structure Design 1(SR1)):采用标准的或用户自定义的截面,使用直线型或曲线型的方式,简单快速地生成钢结构。利用先进的用户界面,借助于设计的全相关性,用户可非常容易地生成和修改钢结构。另外,该产品还提供参数化的索引表,并可生成客户化的材料清单。

1.5 水工专业常用模块

对于水利水电工程专业来讲,CATIA V5R20 三维设计平台常用的软件模块可以归纳为曲面设计工程包(地形/地质专业工程包)、水工设计工程包、施工工程包、金属结构工程包、知识工程工程包等专业工程包。

地形/地质专业需要进行空间复杂曲面及曲面变形的设计,地面模型数据导入与处理,处理从云点到 Mesh 或曲面的生成,由曲面到 Mesh 的转换,推测的地质模型数据生成,由地面模型数据和推测的地质模型数据共同构造保证地质精确度的 Mesh 地质模型,并进行相关计算(如地质层体积、重量),保证地质与水工、施工的开挖信息结合等。曲面设计工程包(地形/地质专业工程包)需要的基本模块有 MD2、GSD、GSO、DSE、QSR、DSS 等。MD2 是基本模块,提供了一个高效和直观的设计环境,设计方法都能捕捉和重用,以提高设计速度与质量。GSD 用于空间复杂曲面及曲面变形的设计。DSE、QSR 用于进行逆向工程,处理从云点到 Mesh 或曲面的生成。DSS 用于由曲面到 Mesh 的转换,保证地质与水工、施工的开挖信息结合。

水工专业的任务是根据地质区域确定坝体位置,完成坝体结构设计,可以进行复杂外形坝体的建模,进行水工布局以及结构设计等。水工设计工程包括 MD2、GSD、GSO、DSE、QSR、PL2 等模块。MD2 是基本模块,可用来设计坝体、厂房、水道及枢纽等建筑物。GSD、GSO 等用来设计比较复杂的曲面,满足复杂外形坝体的建模。PL2 用来进行厂房布局设计及空间预留准备等。

施工专业除进行相关建筑物设计外，还要解决各个水工建筑物布局问题，设计考虑其相互影响的可能，进行布局设计。施工工程包包括 MD2、GSD、GSO、DSE、DSS、QSR、PL2 等模块。MD2 用来进行建筑物的设计，完成常规设计。GSD 等用于复杂曲面和曲线的设计。DSE、QSR 用于进行开挖的设计，处理从云点到 Mesh 或曲面的生成。DSS 用于由曲面到 Mesh 的处理，完成料场的设计。PL2 用于在坝体或山体上进行水道设计及枢纽布置，对各个水工建筑物进行布局设计。

金属结构专业主要完成各种金属结构设计。金属结构工程包主要有 MD2、SR1、KE1 等模块。MD2 用于进行金属结构设计（如闸门）和设备造型及二维出图。KE1 用于进行基于模板的闸门设计。SR1 用于完成板材、型材等钢结构及设备座架设计，可以对节点进行处理，采用模板对端部形式、开孔、连接以及一些小装配（如肘板、梯子、栏杆）进行参数化调用。

知识工程工程包可以将设计中经验、规则固化到 CATIA 中，以便下一次设计检查规范，重用知识。知识工程工程包主要有 MD2、SR1、KWA、KE1、PKT、KT1 等模块。利用 KWA、KE1 可将电站设计中经验、规则固化到 CATIA 中，以便下一次设计检查规范，重用特征设计，提高设计速度，节省设计时间。运用 PKT、KT1 来建立模板，将盲目的设计转化为规范化的设计，允许用户捕捉并重用企业的知识，并确保设计符合企业的最佳经验和标准，提高设计速度。

第 2 章　CATIA V5 基础知识

CATIA V5 是法国达索系统(Dassault Systemes)公司推出的新一代产品,它致力于满足以设计流程为中心的设计需求。它提供了业界领先的基于特征的三维设计功能、装配体设计、二维工程图生成的高效工具。

它可运行于 UNIX 及 Windows 两种环境,与 Windows 的当前标准完全兼容。

作为业界开放的解决方案,它提供的接口符合最常见的数据交换工业标准。为满足与原 CATIA V4 解决方案间设计数据的交换处理需要,V5 提供了与 V4 数据的双向互操作功能。

本章的主要内容是介绍 CATIA V5 软件的安装方法、基本界面构成及基本操作功能。

2.1　CATIA V5 安装方法

2.1.1　CATIA V5 的运行环境

在没有 VPM 的情况下,服务器只是用来管理许可证,CATIA 的数据都是保存在本地机上,所以对硬件要求并不高,需要准备的是:

(1)一台 CATIA 许可服务器(一般配置即可,Windows XP 系统)。

(2)良好的网络环境,以保证 CATIA 用户能实时获得许可。

(3)硬件环境要求:Intel 奔腾 II 或 III 以上的 CPU、256M 以上的内存、2G 以上的硬盘、1024 × 768 以上分辨率的显示器、16M 以上显卡(推荐 1280 × 1024、支持 OpenGL、支持 24 位真彩双缓冲区/24 位 Z 缓冲区/Stencil 缓冲区),推荐使用 3 键鼠标并需要 CD – ROM。

(4)软件环境要求:Windows XP、Windows Vista、Windows 7 等之一即可。

而 VPM 需要高端服务器来存放数据。

2.1.2　CATIA V5R20 程序安装

CATIA V5R20 共有 9 张光盘,其中 3 张安装文件(CAT2 – R20 – WIN – 1 ~ 3),1 张文件目录说明(PDir – R20 – 1),2 张程序补丁(SP2 – R20 – WIN – 1 ~ 2),1 张补丁文件目录说明(SP2_PDir – R20 – 1),2 张帮助文档(SP2_CAT_Doc – R20 – En – 1 ~ 2)。

具体安装过程如下:

(1)首先安装名称叫"CAT2 – R20 – WIN – 1"的光盘,在根目录下找到 setup. exe 文件,双击运行。

(2)选择默认选项,或选择自己指定的安装目录,开始安装。

(3)根据提示,接着安装名称叫"CAT2 – R20 – WIN – 2"的光盘。

(4)根据提示,接着安装名称叫"CAT2 – R20 – WIN – 3"的光盘,直至安装完成。

（5）插入名称叫"SP2 – R20 – WIN – 1"的光盘，在 INTEL 文件夹目录下找出startSPK. exe 的程序补丁文件，双击运行后，同样是全部选择默认选项，直至安装完成。

（6）根据提示，接着安装名称叫"SP2 – R20 – WIN – 2"的光盘。

（7）文件目录说明的两张光盘可以不安装，直接打开使用。

至此，程序的安装就全部完成。

有的用户可能会出现无法安装或安装不完全的情况，这跟每个用户的机器配置以及系统等因素有关系，原因很多。用户可以反复试验几回或者重新安装操作系统再安装软件。

2.1.3　帮助文档安装

具体安装过程如下：

（1）插入帮助文档光盘（盘名为 SP2_CAT_Doc – R20 – En – 1），则帮助文档安装程序自动运行。如果不能自动运行，则可在根目录下找到 setup. exe 文件，运行即可。

（2）选择默认选项，或选择自己指定的安装目录。

（3）根据提示，安装第二张帮助文档光盘（盘名为 SP2_CAT_Doc – R20 – En – 2），直至安装完成。

进入 CATIA 后，选择菜单【帮助】→【CATIA V5 帮助】或按 F1 键，系统就会自动跳转到脱机网页界面，如图 2-1 所示。如果不能自动进入，则需指定帮助文档的安装路径。

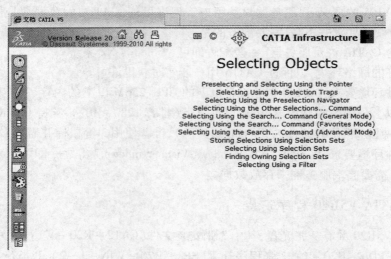

图 2-1　CATIA V5 帮助文档脱机网页界面

在页面上点击 ⌂，则可出现如图 2-2 所示页面。根据模块图标可以找到你所需要的命令的帮助说明，或者点击某命令，再按 F1 键，系统会自动跳到该命令的帮助说明，也是网页形式。

提示：刚开始学习 CATIA 时，一定要学会常看帮助文档，这对加强记忆使用到的命令和认识了解命令的功能作用的原理帮助很大。

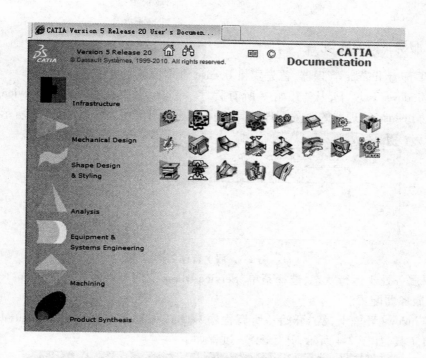

图 2-2 模块图标页面

2.2 LUM(license 管理器)的安装与配置

CATIA V5 软件的许可证管理以 IBM 的 license 管理器 License Use Runtime(LUM)为管理工具。

CATIA V5 license 使用许可管理基于网卡。运行程序根据网卡的物理地址算出一个 8 位的十六进制数,CATIA V5 供应商根据这个数字和其他信息(如操作系统、购买的模块及数量、license 类型等)计算密码,生成的密码只能在装这块网卡的计算机上生效。

License 分为固定(Nodelocked)和浮动(Concurrent)两种类型。固定 license 只能在拥有这个 license 的计算机上使用;而拥有浮动 license 的计算机可以作为 license 服务器,其他与其相连的计算机都可以使用它的 license。

License 管理器在服务端和客户端都需要安装,安装方式相同,配置不同。下面分别就 license 的安装、服务端配置和客户端配置进行说明。

2.2.1 LUM(license 管理器)的安装

运行安装介质上的 arkwin468.exe 文件,安装 license 管理器(在服务端和客户端都需要安装)。

除安装目录外,其他安装设置采用默认即可。安装目录要选择在 C 盘根目录下,不能是中文路径。

2.2.2 服务端 LUM 配置

（1）要配置 license 管理器，首先要将 license 管理器的服务停止。

在 Windows 环境下，从"开始→所有程序→License Use Runtime→Service Manager Tool"启动 license 管理器的服务管理工具，确认服务处于停止状态，如图 2-3 所示。

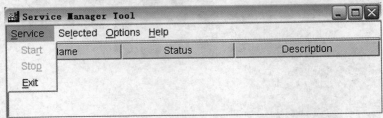

图 2-3　服务管理工具

如果服务处于运行状态，选择菜单"Service→Stop"，即可将服务停止。

（2）服务器配置。

在 Windows 环境下，从"开始→所有程序→License Use Runtime→Configuration Tool"启动配置工具，如图 2-4 所示，开始配置，过程如下：

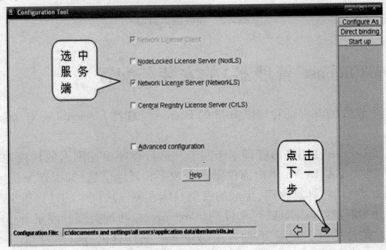

图 2-4　Configuration Tool 页面

A. 在 Configure As 下，只选中 Network License Server（NetworkLS），其他不选，如图 2-4 所示。

B. 在 Log events 下，选中 All events，便于在出现问题时，根据记录确定问题所在，并指定保存文件位置，如图 2-5 所示。

C. 添加服务器（license 所在的主机）。在 Direct binding 下，在 Name 中指定服务器的名称或其 IP 地址，并只选择 NetworkLS，端口号采用默认，然后点击 Add 按钮添加新的服务器，如图 2-6 所示。

D. 在 Start up 下，选中 Start services at system startup，如图 2-7 所示。

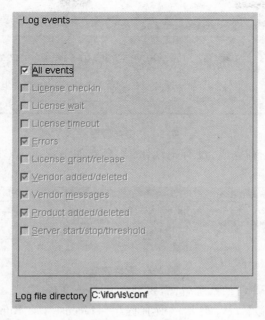

图 2-5　Log events 页面

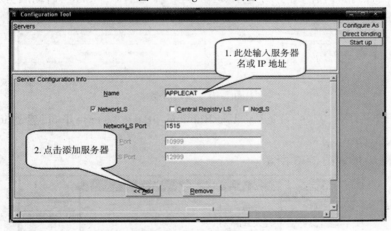

图 2-6　添加服务器

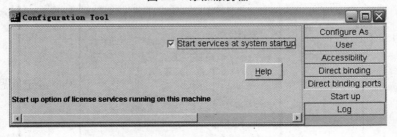

图 2-7　Start up 页面

　　E. 现在就完成了服务管理工具的配置工作,关闭窗口时,会提示是否保存上述设置,选择"Yes"保存设置,如图 2-8 所示。

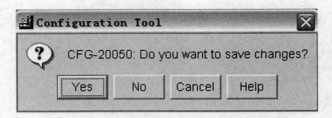

图 2-8　保存设置

F. 如果一切工作顺利完成，没有出现错误，会有如下提示，点击"OK"即可，如图 2-9
所示。

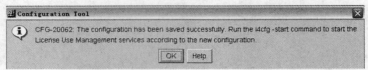

图 2-9　配置完成

（3）在配置完服务管理工具之后，需要导入 license 文件。

A. 在 Windows 环境下，从"开始→所有程序→License Use Runtime→Service Manager
Tool"启动 license 管理器的服务管理工具，并从菜单"Service→Start"启动服务，见图 2-10。

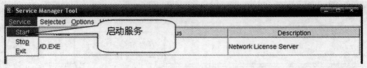

图 2-10　启动服务

B. 从"开始→所有程序→License Use Runtime→Basic License Tool"启动license文件基
本工具，导入 license 文件。

过程如图 2-11 ~ 图 2-13 所示。

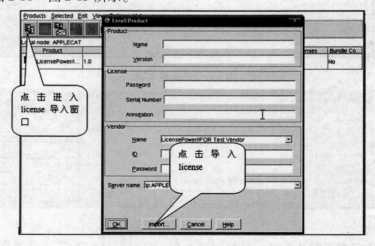

图 2-11　导入 license 文件

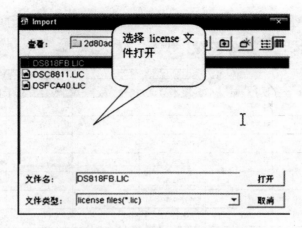

图 2-12 选择 license 文件打开

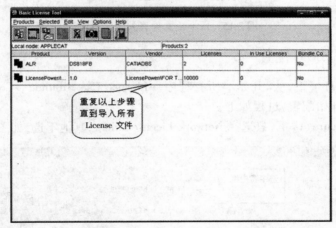

图 2-13 导入所有 license 文件

C. 也可以直接从 Products→Enroll, 选择 Multiple certificates..., 在打开对话框中, 选择要导入的 license 文件打开即可, 见图 2-14。

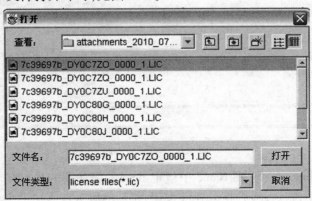

图 2-14 打开对话框

D. license 文件导入完毕, 会出现如图 2-15 所示界面。

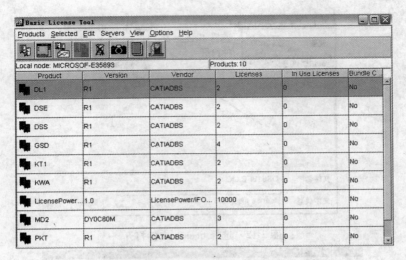

图 2-15　license 文件导入完毕界面

2.2.3　客户端 LUM 配置

在 Windows 环境下,从"开始→所有程序→License Use Runtime→Configuration Tool"启动配置工具,开始配置,过程如下:

(1)在 Configure As 下,只选择 Network License Client,其他不选,如图 2-16 所示。

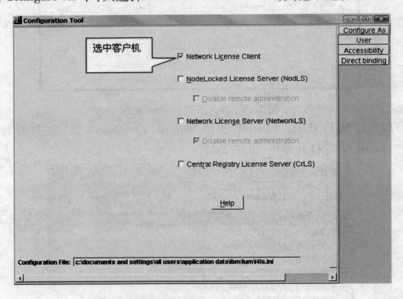

图 2-16　选中客户机

(2)在 Direct binding 下,在 Name 中指定 license 服务器的名称或者 IP 地址,只选择 NetworkLS,端口采用默认,然后点击 Add 按钮,将新的服务器添加进来,如图 2-17 所示。

添加服务器时,要保证能跟服务器连通,连接不通时需要将本机的杀毒软件及防火墙全部暂时关闭。

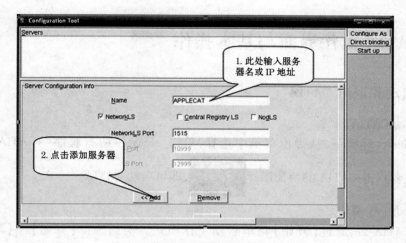

图 2-17　添加服务器

（3）其他项目都采用默认。在设置完成后,关闭工具,显示如图 2-18 中的保存提示,选择"Yes"保存设置即可。

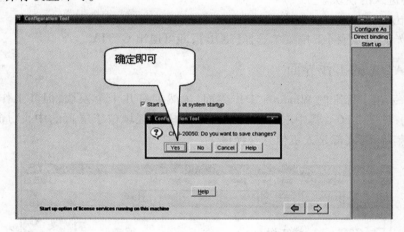

图 2-18　保存提示

（4）启动 CATIA 软件,因没有指定任何功能模块,会弹出如图 2-19 所示的提示对话框,单击确定,配置所需的模块。

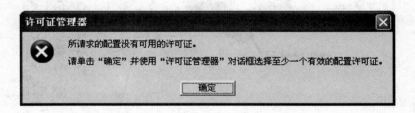

图 2-19　提示对话框

选定所需的模块,取消掉那些没有购买的模块,重启 CATIA 即可。

2.3　CATIA 工作界面与基本操作

2.3.1　启动和退出 CATIA

（1）启动 CATIA。

在 Windows 环境下，从弹出菜单中选择，单击"开始→所有程序→CATIA→CATIA

V5R20"，或者双击 CATIA 的快捷图标 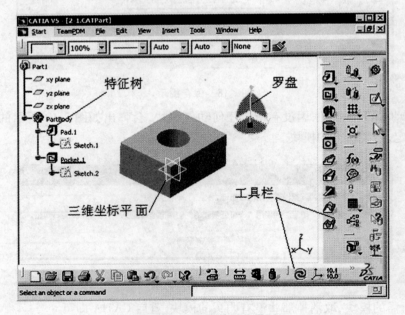，即可启动 CATIA。

（2）启动工作模块。

进入 CATIA 后，通过【开始】菜单启动工作模块。例如选择【开始】→【Mechanical Design】→【Part Design】，即可开始零件的三维建模。

也可以通过【文件】菜单开始一个新文件，或者打开一个已有的文件，文件的具体类型确定了要进入的模块。

（3）退出 CATIA。

从【开始】或【文件】下拉菜单选择【退出】，即可退出 CATIA。

2.3.2　CATIA 的工作界面

CATIA 采用了标准的 Windows 工作界面，虽然拥有几十个模块，但其工作界面的风格是一致的，见图 2-20。其中二维作图或三维建模的区域位于屏幕的中央，周边是工具栏，顶部是菜单条，底部是人机信息交换区。

图 2-20　CATIA 的工作界面

2.3.3 常用工具栏

CATIA 有四大类常用工具栏,这些工具栏可以在界面上用鼠标拖动和关闭。工具栏中带三角下标的命令可以扩展为多项命令。

(1)标准工具命令,见表 2-1。

表 2-1　标准工具命令

图标	功能	图标	功能	图标	功能
	产生新文档		打开已有文档		保存文档
	不作打印设置		剪切对象		拷贝对象
	粘贴对象		撤销操作		恢复上次撤销的操作
	获取工具栏图标的联机帮助				

(2)视图工具命令,见表 2-2。

表 2-2　视图工具命令

图标	功能	图标	功能	图标	功能
	飞行模式选择		将物体充满全屏		平移视图
	旋转视图		放大视图		缩小视图
	法线视图		创建多视图		轴测图
	正视图		后视图		左视图
	右视图		俯视图		底视图
	已命名的视图		着色		含边线着色
	带边着色但不光顺边线		含边线和隐藏边线着色		含材料着色
	线框		自定义视图参数		隐藏/显示
	交换可视空间				

（3）常用工作台工具命令，见表2-3。

表2-3　常用工作台工具命令

图标	功能	图标	功能	图标	功能
	草图编辑器		零件设计		装配设计
	创成式曲面设计		线框和曲面设计		产品结构
	工程制图		自定义工作台		

（4）知识工程工具命令，见表2-4。

表2-4　知识工程工具命令

图标	功能	图标	功能	图标	功能
	公式		URL 和注释		设计表
	规则		知识工程检查		锁定选定的参数
	解锁选定的参数		等效尺寸		

2.3.4　常用水工专业 CATIA 的环境设置

CATIA 环境设置需要用户通过【工具】→【选项】的各个页面进行定制，如图 2-21 所示。

图 2-21 中，左边的树结构包括针对各种配置及模块的设置类别。类别的名称与【开始】菜单中列出的内容是一致的。点击树结构前的"+"可以显示子类的设置。

设置变量在 Windows XP 系统中的存储位置见表 2-5。

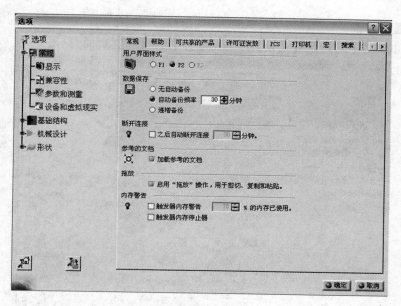

图 2-21　选项对话框

表 2-5　设置变量在 Windows XP 系统中的存储位置

变量	存储位置
CATUserSettingPath	C：\DocumentsandSettings\user\ApplicationData\DassaultSystemes\CATSettings
CATTemp	C：\DocumentsandSettings\user\LocalSettings\ApplicationData\DassaultSystemes\CATTemp
CATCache	废弃不用
CATReport	C：\DocumentsandSettings\user\LocalSettings\ApplicationData\DassaultSystemes\CATReport
CATErrorLog	C：\DocumentsandSettings\user\LocalSettings\ApplicationData\DassaultSystemes\CATTemp\error.log
CATMetasearchPath	C：\DocumentsandSettings\user\LocalSettings\ApplicationData\DassaultSystemes\CATTemp
CATW3PublishPath	C：\DocumentsandSettings\user\LocalSettings\ApplicationData\DassaultSystemes\CATTemp

2.3.4.1　常规设置

选择下拉菜单【工具】→【选项】→"常规"类中的"常规"页面,见图 2-21。

其中,建议勾选"断开连接"选项,并选择"自动备份频率"的时间,此时,当不使用程序持续至设定时间后,系统自动中止与服务器的连接,软件许可可由其他人使用。

2.3.4.2 显示设置

选择下拉菜单【工具】→【选项】→"显示"类中的"性能"页面,见图2-22。

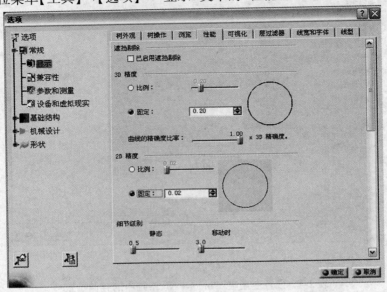

图 2-22 "性能"页面

其中,"遮挡剔除"选项用于避免重新显示隐藏元素,尤其是当显示高度分隔的场景如建筑物时,重新显示隐藏元素无益改善显示性能。

"2D 精度"及"3D 精度"选项用于控制曲面的插值分段系数(因为几何体的曲面是由多边形网格来构造的)。有两种选择:

● 固定:对所有物体设定一个固定的分格值,不随物体的尺寸变化。当取低值(靠近1)时表示用很精细的网格渲染曲面,但缺点是使用视图显示几何体时刷新速度变慢。当取高值(靠近10)时表示使用很粗糙的网格,其显示精度低,但显示几何体时刷新速度更快。

● 比例:根据物体的大小自动计算分格,与几何元素的大小成比例,物体尺寸越大,分格越粗糙。对相同的比例值,小物体的分格值通常比大物体更精细。右边的预览区域显示每个设置的效果。在做大模型设计的时候,建议选择按比例调整精度,不要把精度调得太高,比如3D调到0.08,2D调到0.05;否则,会出现机子卡或者死机的情况。

"细节级别":当用户不必持续观察几何体高层次的细节时,可以使用静态设置,以提高显示质量。

● 静态:即使用户不想移动几何体,去除不需看到的细节也是有用的。设置一个低值表示可看到所有的细节,高值表示可移去细节。

● 移动时:若此值设置为高值,则可更快地移动大的零件。当用户移动零件后释放鼠标时,将重新显示一般的细节级别。

以上两种情况下,值越高,细节级别越低。通常,将"静态"设成低值,如0.5,将"移动时"设成高值,如6.7,会改善显示性能。

2.3.4.3 可视化设置

选择下拉菜单【工具】→【选项】→"显示"类中的"可视化"页面,见图2-23。

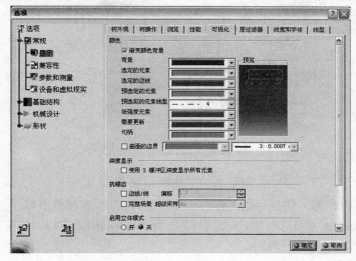

图 2-23 "可视化"页面

勾选"渐变颜色背景"选项,使所有打开的文档、预览及工作台列表区域的背景显示为一个渐变的颜色背景。

勾选"抗锯齿"选项,对所有边界和直线激活"抗锯齿"功能,使得锯齿形的直线和边界变得更光顺。

2.3.4.4 DXF 输入/输出格式

当用户将 CATDrawing 二维图文件与 DXF/DWG 文件进行相互转化时,需要定制单位,输入对象及格式等。

选择下拉菜单【工具】→【选项】→"兼容性"类中的"DXF"页面,见图2-24。

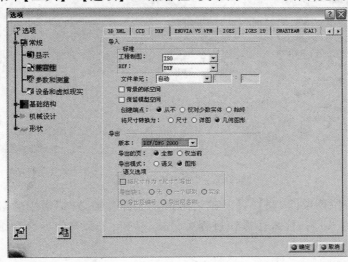

图 2-24 "DXF"页面

在"文件单元"选项,可以输入单位制或在输入文件及生成文件之间定义一个绘图缩放系数,见图 2-25。

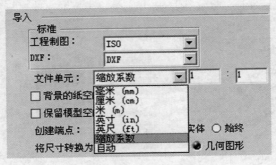

图 2-25 "文件单元"选项

通过选项可以使输入的目标既可作为工作视图,也可作为背景图幅。

CATIA V5R20 支持 DXF/DWG 版本格式为 AutocadR12,R13,R14、2000、2004 及 2007。

2.3.4.5 结构树显示内容

选择下拉菜单【选项】→【常规】→"参数和测量"类中的"知识工程"页面,选择带值、带公式,见图 2-26。

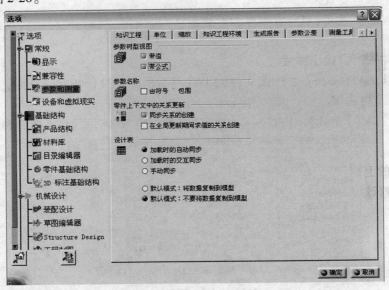

图 2-26 "知识工程"页面

另外,选择下拉菜单【选项】→【基础结构】→"零件基础结构"类中的"显示"页面,进行如图 2-27 所示的设置,使得在操作过程中公式、参数、关系等信息会在结构树中显示,便于用户查看、修改。

2.3.4.6 单位制

选择下拉菜单【工具】→【选项】→"参数和测量"类中的"单位"页面,见图 2-28。

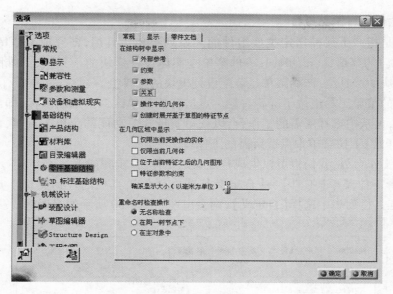

图 2-27 "显示"页面

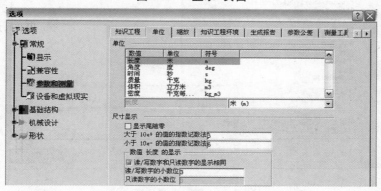

图 2-28 "单位"页面

在对话框的上部,每个数值后列出了其缺省的单位和符号,点击单位窗口的图标▼,则可进行单位修改,见图 2-29。

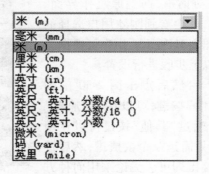

图 2-29 单位修改

注意:长度、质量及时间的缺省值为:毫米(mm),千克(kg),秒(s)。

2.3.4.7 工作台自定义设置

工作台是指产生某种指定类型组件的一系列菜单工具组,即完成 CATIA 某类功能(或产品模块)的菜单集合。例如,零件菜单是实体设计模块的工具组,二维图菜单是二维图设计模块的工具组,产品菜单是装配设计模块的工具组。

CATIA 的菜单工具组位于屏幕右侧。点击右部菜单区最上部的图标,即出现一个大的图标集合,可从中选择所需的工作台,以获得实现相关功能的菜单工具组,也可从顶部菜单区的【开始】下拉菜单中点选所需的工作台。

除标准工作台外,我们也可以生成自定义的工作台,步骤如下:

(1)选择下拉菜单【工具】→【自定义】,或在任何工具栏的任何图标上点击鼠标右键,在弹出工具栏列表中选择【自定义】,则会出现如图 2-30 所示的对话框。

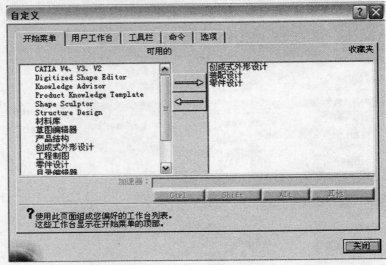

图 2-30 自定义对话框

(2)选择"开始菜单"页面,选择多个用户所需的工作台后单击向右的箭头图标,使其出现在"收藏夹"中。单击关闭按钮,关闭自定义对话框,回到原工作界面。此时单击右上角工作台图标,就会看到刚才用户选择的工作台的图标都出现了,如图 2-31 所示。用户可根据工程需要,将常用的工作台按以上步骤进行设置。

图 2-31 工作台的图标

(3)用户选择一个工作台然后点击图 2-30 中的"Ctrl"、"Shift"、"Alt"或"其他"按键,可以在"加速器"域中建立它们的快捷方式。通过"其他"按键可以让用户看到可用的快捷键列表。只需选一个快捷键,然后按"添加"按键,或双击一个快捷键即可。无论采用何种方法,均在"加速器"域中显示相应的项,例如:Ctrl + 。

用户定义的快捷方式将出现在"开始菜单"的工作台名称旁。

（4）点击"用户工作台"页面。注意：若当前有一个激活的工作台，则"新建"选项是激活的；若无文档打开，则"新建"选项是不可用的，如图 2-32 所示。

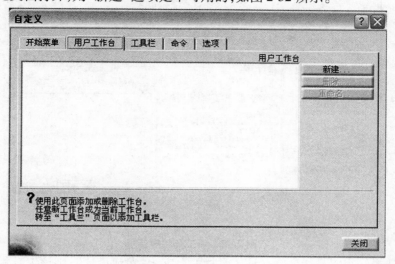

图 2-32　"用户工作台"页面

（5）击点"新建"选项显示新用户工作台对话框，见图 2-33。

图 2-33　新用户工作台对话框

（6）键入新的工作台名称，然后按"确定"确认，将工作台名加入列表中，见图 2-34。

图 2-34　用户工作台列表

激活"新工作台001"通过右上部的图标 完成。

（7）在自定义对话框中点击"工具栏"页面，然后点击"新建"选项将工具栏加入到"新工作台001"中，显示新工具栏对话框及一个空的工具栏，见图 2-35。

（8）命名新的工具栏如"黄河设计"，将它包括在用户定义的工作台中，见图 2-35。

（9）从工作台列表中选择一个工作台。隶属所选工作台的工具栏显示在工具栏列表中。

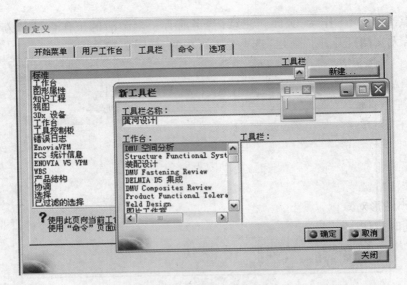

图 2-35　新工具栏对话框

（10）选择一个工具栏。命名该工具栏的名字为"黄河设计"，则该工具栏的内容加在用户的空工具栏"黄河设计"中，见图 2-36。

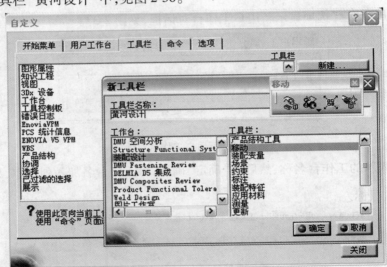

图 2-36　选择工具栏

（11）在工具栏中，点击"黄河设计"，点击"添加命令"按钮，则可对工具栏添加命令，如添加"凹槽"、"背视图"。

（12）点击"确定"按钮，关闭新工具栏对话框。用户自定义工具栏"黄河设计"则出现在界面上，见图 2-37。

用户可拖动新的工具栏至右边的应用窗口。

注意：用户自定义的工作台在生成后始终保持激

活状态,除非用户激活另一工作台。

2.3.5　鼠标操作

CATIA 推荐用 3 键或带滚轮的双键鼠标,各键的功能如下。

(1)左键:确定位置,选取图形对象、菜单或图标。

(2)右键:单击右键,弹出上下文相关菜单。

(3)中键或滚轮:

A.按住中键或滚轮,移动鼠标,拖动图形对象的显示位置。

B.按住中键或滚轮,单击左键,向外移动鼠标,放大图形对象的显示比例;向内移动鼠标,缩小图形对象的显示比例。

C.同时按住中键或滚轮和左键,移动鼠标,改变对图形对象的观察方向。

以上操作可以改变图形对象的位置、大小和将图形对象旋转一定角度,但只是改变了用户的观察位置和方向,图形对象的位置并没有改变。

2.3.6　指南针操作

指南针是由与坐标轴平行的直线和 3 个圆弧组成的,其中 X 和 Y 轴方向各有两条直线,Z 轴方向只有一条直线。这些直线和圆弧组成平面,分别与相应的坐标平面平行,见图 2-38。

通过菜单【视图】→【指南针】可以显示或隐藏指南针。

当指南针与形体分离时,利用指南针可以改变形体的显示状态。当指南针附着到形体的表面时,利用指南针可以改变形体的实际位置。

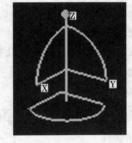

图 2-38　指南针

2.3.6.1　改变形体的显示位置

当光标接近指南针的直线和圆弧段时,直线或圆弧段呈红色显示,光标由箭头改变为手的形状。按住鼠标左键,沿指南针的直线移动时,形体将沿着相应的方向做同样的"移动"。按住鼠标左键,沿指南针的弧线移动时,形体将绕相应的坐标轴方向做同样的"旋转"。

用光标指向指南针顶部的圆点时,圆点呈红色显示。按住鼠标左键,拖动圆点绕另一端红色的方块旋转时,形体也会跟着"旋转"。

以上操作只是改变了观察形体的位置和方向,形体的实际位置并没有改变。

2.3.6.2　改变形体的实际位置

当光标指向指南针的红色方块时,光标改变为⊕。按住鼠标左键,拖动指南针到形体的表面,指南针呈绿色显示,坐标轴名称改变为 U、V、W,表示指南针已经附着到形体的表面上,见图 2-39。

其操作方法和操作过程与改变形体的显示位置相同,但改变的是形体的实际位置。

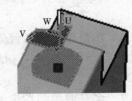

图 2-39　指南针附着到形体表面

用鼠标拖动指南针底部的红色方块,或者选择菜单【视图】→【重置指南针】,指南针即可脱离形体表面,返回到原来位置。

2.3.7 特征树操作

特征树以树状层次结构显示了二维图形或三维形体的组织结构。根结点的种类和CATIA 的模块相关,例如零件建模模块的根结点是 Part,绘制二维图形模块的根结点是Drawing。带有符号"⊕"的结点还有下一层结点,单击结点前的"⊕",显示该结点的下一层结点;单击结点的"⊖",返回到该结点。结点后的文本是对该结点的说明。

2.3.7.1 显示或隐藏特征树

通过功能键 F3 可以显示或隐藏特征树。

2.3.7.2 移动特征树

将光标指向特征树结点的连线,按住鼠标左键,即可拖动特征树到指定位置。

2.3.7.3 缩放特征树

将光标指向特征树结点的连线,按住 Ctrl 键和鼠标左键,特征树将随着鼠标的移动而改变大小。

2.3.7.4 显示零件几何体的第一层结点

选择菜单【视图】→【树展开】→【展开第一层】,将显示零件几何体的第一层结点,见图 2-40。

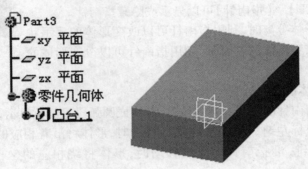

图 2-40　显示零件几何体的第一层结点

2.3.7.5 显示零件几何体的前两层结点

选择菜单【视图】→【树展开】→【展开第一层】,将显示零件几何体的前两层结点,见图 2-41。

2.3.7.6 不显示零件几何体的下一层结点

选择菜单【视图】→【树展开】→【全部折叠】,将不显示零件几何体的下一层结点,见图 2-42。

2.3.7.7 展开或关闭指定结点的下一层结点

单击结点前的符号"⊕",将显示该结点的下一层结点;单击结点前的符号"⊖",将关闭该结点的下一层结点。

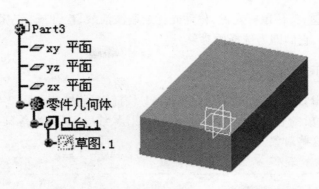

图 2-41　显示零件几何体的前两层结点

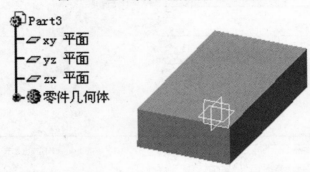

图 2-42　不显示零件几何体的下一层结点

2.3.8　选择操作

CATIA 能够以多种方式连选元素,当然只有 Visible(可视)和 Selectable(可选)的元素才能被选上。

2.3.8.1　选择一个物体

用光标指向要选择的对象或特征树的结点,光标改变为手的形状,待选择的对象呈红色显示,单击鼠标左键即可。

2.3.8.2　选择多个物体

可以有多种方法:

(1)当选择不同的几何体或树形结构图上的其他结点时,按住 Ctrl 键再用鼠标左键点击,即可连续选择物体。

(2)单击图标█,将光标移至合适的位置,按住鼠标左键,移动光标至另一位置,松开鼠标左键,则这两个位置形成一个矩形窗口,整体在矩形窗口内的对象呈红色显示,它们即为选择的对象。单击图标█则与之相反。

(3)单击图标█,选择过程同(2),除整体在矩形窗口内的对象被选中外,与矩形窗口接触的对象也被选中。单击图标█则与之相反。

(4)单击图标◉,整体在多边形窗口内的对象被选中。多边形是用鼠标左键拾取的点确定的,双击鼠标左键,确定多边形的最后一个点。

（5）单击图标，按住鼠标左键,移动光标绘制波浪线,松开鼠标左键,与波浪线相交的对象呈红色显示,它们即为选择的对象。

2.3.9 查找操作

选择菜单【编辑】→【搜索】或者选用 Ctrl + F 快捷键,将弹出如图 2-43 所示搜索对话框。输入要查找对象的名称、类型、颜色、线型、图层、线宽、可见性等某些属性,单击"确定"按钮即可找到这些对象。

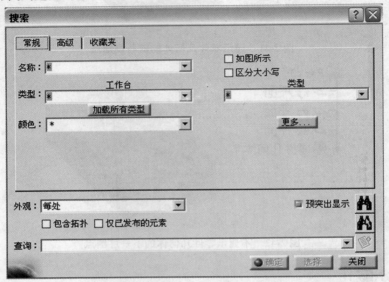

图 2-43 搜索对话框

2.3.10 显示控制

2.3.10.1 鸟瞰

（1）鸟瞰特征树。

选择菜单【视图】→【规格概述】或快捷键 Shift + F2,在作图区将增加如图 2-44 所示鸟瞰特征树窗口。鸟瞰特征树窗口尽可能大地显示了完整的特征树。内部的矩形窗口对应着作图区的显示范围。用鼠标拖动矩形窗口的左下角或右上角,矩形窗口变小或变大,作图区的特征树随着变大或变小,按住鼠标左键拖动矩形窗口的位置,特征树的显示范围随着做同样的改变。

（2）鸟瞰几何对象。

选择菜单【视图】→【几何概述】,在作图区将增加如图 2-45 所示鸟瞰几何对象窗口。鸟瞰几何对象窗口的作用和操作与鸟瞰特征树窗口类似。

2.3.10.2 显示与隐藏

CATIA 模型的显示空间分为两个:"可见"与"不可见"。顾名思义,一个是可见物体所在的空间,另一个是不可见物体所在的空间。这两个空间的可见性可以相互切换,当不可见物体所在的空间切换为可见时,则当前可见物体就切换到不可见空间。

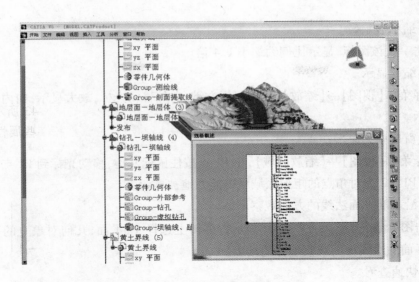

图 2-44　鸟瞰特征树窗口

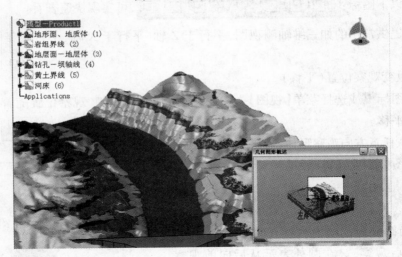

图 2-45　鸟瞰几何对象窗口

物体可见性转换:在结构树或图形上选中某物体后,点击下部菜单区的图标 ,则该物体即可在可见空间和不可见空间转换。

可见与不可见空间转换:点击下部菜单区的图标 ,则可实现转换。当不可见物体所在的空间切换为可见时,就可编辑该步操作前在不可见空间的物体。

2.3.10.3　视图变换

(1)最佳显示 。

单击该图标或选择菜单【视图】→【全部适应】,全部图形对象按最佳比例显示。

(2)放大显示 。

单击一次该图标,显示比例约放大 1.4 倍。

（3）缩小显示 。

单击一次该图标，显示比例约缩小 1.4 倍。

（4）缩放显示。

选择菜单【视图】→【缩放】，按住鼠标左键，向外移动光标，放大显示；向内移动光标，缩小显示。

（5）窗口放大显示。

选择菜单【视图】→【缩放区域】，在 P1 点按住鼠标左键，移动光标到 P2 点，松开鼠标左键，以 P1、P2 为对角点的矩形区域尽可能大地被显示。

（6）沿基准平面法线的方向观察形体。

单击图标，选择基准平面，例如从特征树上选择 xy 平面，几何对象上的平面等，则显示从平面的法线方向观察形体的结果。

（7）快速查看。

单击以下图标： ，可实现快速查看。

系统提供常用的如三维轴测视图，平行于 Z 轴、平行于 X 轴、平行于 Y 轴等视线的视图。

（8）改变观察位置（平移）。

单击图标或选择菜单【视图】→【平移】，按住鼠标左键，观察位置随着鼠标的移动做同样的平移。

（9）从任意方向观察形体（旋转）。

单击图标或选择菜单【视图】→【旋转】，按住鼠标左键，出现一个 × 和一个虚线的圆，见图 2-46。× 表示人眼的位置，圆心位于坐标系的原点，× 与圆心连线即为观察方向。× 在圆内表示从前向后观察，× 在圆外表示从后向前观察。图形对象随着鼠标沿弧线的移动而旋转。

图 2-46 从任意方向观察形体（旋转）

2.3.10.4 显示模式

物体的显示模式主要分为：

线框模式：以线框模式显示物体，见图 2-47（a）。

着色模式：以上色渲染模式显示物体，见图 2-47（b）。

带边线着色模式：以上色渲染模式显示物体时，同时显示物体边缘（不包括隐藏边），见图 2-47（c）。

带所有边线着色模式：以上色渲染模式显示物体时，同时显示物体边缘（包括隐藏边），见图 2-47（d）。

带边线着色模式(不光顺边线)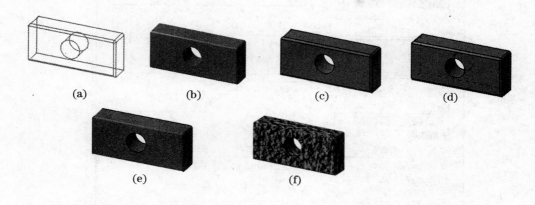:以上色渲染模式显示物体时,同时显示物体边缘,但不光顺边线,见图 2-47(e)。

含材料着色模式▦:根据材料不同着色,见图 2-47(f)。

自定义模式:建立用户自己的显示模式。

图 2-47　物体的显示模式

2.3.11　修改几何对象的图形特性

图形特性是指几何对象的颜色、透明度、线宽、线型、图层这样的一些属性,有三种修改方法。

2.3.11.1　通过图形特性工具栏修改几何对象的图形特性

首先选择要修改图形特性的几何对象,通过如图 2-48 所示图形属性选项选择新的图形特性,然后用鼠标左键单击作图区的空白处即可。

图 2-48　图形属性选项

2.3.11.2　通过上下文相关菜单修改几何对象的图形特性

将光标指向待修改的几何对象,单击鼠标右键,在上下文相关菜单选"属性",弹出如图 2-49 所示有关特性的属性对话框,输入新的图形特性,单击"确定"按钮即可。

2.3.11.3　用特性刷修改几何对象的图形特性

单击图标✍,选取待修改的几何对象,再选取样板对象,待修改几何对象的图形特性将改变为与样板对象的图形特性一致。

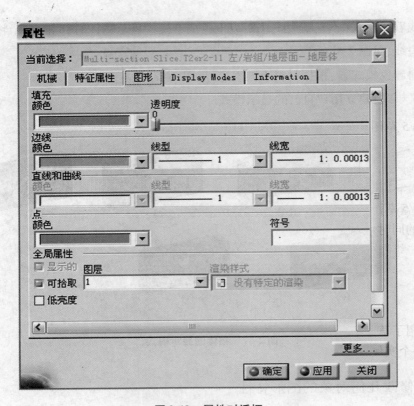

图 2-49　属性对话框

第3章 草图设计

CATIA V5 草图功能作为三维实体设计与三维曲面设计的基础,在三维零件设计的同时提供了一个强大的辅助二维线框工作环境,在 CATIA V5 的各个产品中都得到了广泛的应用。草图模式下在特定的二维平面上绘制线性结构图元,退出草图模式后将草图产生的图元以旋转、拉伸或扫描的方式,建构出实体模型特征。

CATIA V5 草图功能为设计者提供了快捷精确的二维线框设计手段。使用草图在构造二维线框的同时可以对这些几何图形产生约束,一旦需要可随时对其进行编辑,以获得任何所需的二维线框。

用户可以在草图上绘制出概念草图,然后再利用其他功能绘制出零件详细部分。草图工作平面上提供许多功能,以方便用户绘制出矩形、圆形、多边形、样条曲线(B-Spline curve)等。

本章介绍了草图环境的设置、轮廓图形的创建、草图操作、约束设置等方面的基本知识,最后用一个实例来展示应用。

3.1 进入草图编辑器

有以下几种方式进入草图编辑器。

3.1.1 用【开始】菜单生成新的草图

(1)选择菜单【开始】→【机械设计】→【草图编辑器】。

(2)在结构树 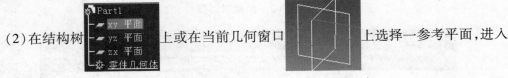 上或在当前几何窗口 上选择一参考平面,进入

如图 3-1 所示的草图设计环境。

3.1.2 用【新建】命令生成新的草图

(1)选择菜单【文件】→【新建】,此时会弹出一个新建对话框,见图 3-2。

(2)选取 Part 选项。如果你在自定义时有相应的设置,此时会出现新建零件对话框,可以输入新零件的名字等特性。

(3)按确定按钮,进入如图 3-3 所示的零件设计环境。

(4)在结构树上或在当前几何窗口上选择一参考平面。

(5)点击草图图标,则进入如图 3-1 所示的草图设计环境。

注意:在以这种方式进入草图设计环境的情况下,常见草图所参考的坐标系是以系统

的绝对坐标系为参照创建的。其坐标原点是由绝对坐标系的原点投影到草图平面所生成的,与三维几何体没有任何关联。

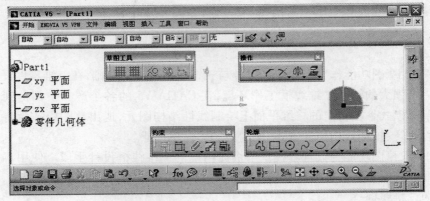

图 3-1 草图设计环境

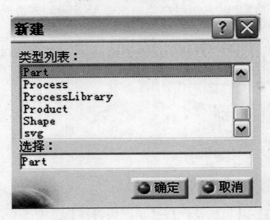

图 3-2 新建对话框

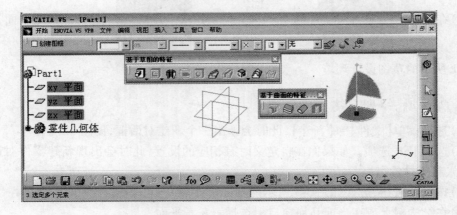

图 3-3 零件设计环境

3.2 草图编辑器环境设定

草图工作环境分为 4 类：

➤提供用户选择平面上的对象、进入与离开草图模块的功能。

➤拥有绘制各种二维曲线图形的图标。

➤提供移动、旋转、偏置、缩放等各种二维曲线的编辑功能。

➤提供曲线约束关系的各种约束设置方法。

合理设置草图工作环境,可以帮助设计者更有效地使用草绘命令。选择菜单【工具】→【选项】→【机械设计】→【草图编辑器】,打开草图的环境参数设置界面,用来设定不同的参数。草绘设置界面如图 3-4 所示。

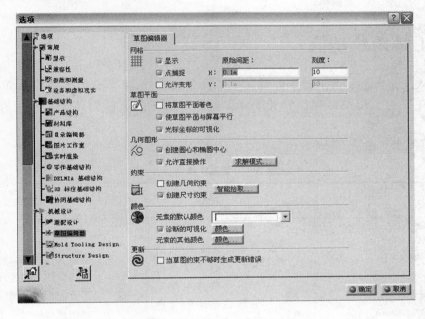

图 3-4　草绘设置界面

各设置项的意义是明显的,其中:

➤原始间距处数值代表主网格线距离。

➤刻度处数值代表主网格线之间的网格数目。

➤允许变形表示允许 V 方向网格线不等于 H 方向网格线。

➤求解模式下有三种模式(见图 3-5):

标准模式:保持原有约束移动尽可能多的元素。

最小移动:保持原有约束移动尽可能少的元素。

松弛:以最小能耗模式移动元素。

➤智能拾取选项可根据用户需要来决定过滤掉何种不需要的捕捉方式,见图3-6。

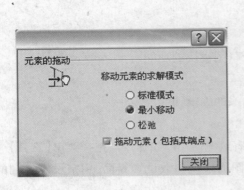

图3-5　求解模式

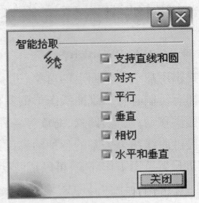

图3-6　智能拾取

3.3　工具条及功能

除进入工作台和退出工作台两个工具条命令外,草图有四大类工具条,这些工具条可以在界面上用鼠标拖动和关闭。工具条中带三角下标的命令可以扩展为多项命令。

(1)草图工具命令,见表3-1。

表3-1　草图工具命令

图标	功能	图标	功能	图标	功能
▦	显示/关闭栅格	▦	自动捕捉栅格点,激活时所做草绘不论起始点或终点都只能落在栅格的交点上(智能拾取起作用时除外)	◙	创建参考元素或标准元素之间切换。参考元素是为了方便标准元素的创建,在创建特征时不予考虑且离开草绘模块时不显示
◈	创建几何约束,激活时创建智能拾取得到的几何约束	▱	创建尺寸约束,激活时创建智能拾取得到的尺寸约束		

(2)轮廓命令,见表3-2。

表 3-2 轮廓命令

图标	功能	图标	功能	图标	功能
	创建直线和圆组成的轮廓		创建直线		创建相切圆弧
	创建三点圆弧		创建矩形		创建导向矩形
	创建平行四边形		创建长圆孔		创建长圆弧孔
	创建锁孔		创建六边形		创建圆
	通过三点创建圆		输入坐标值创建圆		三处相切创建圆
	通过三点创建圆弧		用三点限制创建圆弧		创建基本圆弧
	创建样条曲线		创建过渡线		创建椭圆
	创建由焦点控制的抛物线		创建由焦点控制的双曲线		创建圆锥曲线
	创建直线		创建无限长直线		创建双切线
	创建角分线		创建轴		创建点
	创建坐标点		创建等距点		创建交点
	创建投影点				

（3）操作命令，见表3-3。

表3-3　操作命令

图标	功能	图标	功能	图标	功能
	倒圆角（裁剪所有元素）		倒圆角（裁剪首先选择的元素）		倒圆角（不裁剪）
	倒角（裁剪所有元素）		倒角（裁剪首先选择的元素）		倒角（不裁剪）
	裁剪（裁剪所有元素）		裁剪（裁剪首先选择的元素）		打断
	快速裁剪		打断并擦除所选区域内元素		打断并擦除所选区域外元素
	打断并保留所选元素		封闭圆、椭圆或样条曲线		创建相反圆弧或椭圆弧
	镜像		对称		平移
	旋转		缩放		偏移
	将3D元素投影到草绘平面		创建3D元素与草绘平面相交的元素		将3D元素轮廓边界投影到草绘平面

（4）约束命令，见表3-4。

表3-4　约束命令

图标	功能	图标	功能	图标	功能
	使用对话框进行约束		创建快速约束		创建接触几何约束
	固联,将元素连接一起形成固定集合		自动创建约束		模拟约束效果

约束符号如表3-5所示。

表3-5　约束符号

图标	功能	图标	功能	图标	功能
⌐	垂直	⊕	一致	V	竖直
H	水平	⚓	固定	⁄⁄	平行
R25	半径/距离/长度	D50	同心	◉	同心

约束颜色提示如表3-6所示。

表3-6　约束颜色提示

颜色	功能	颜色	功能	颜色	功能
白色	表示当前元素	橘红色	表示已选择的元素	绿色	表示已约束元素
黄色	表示不能修改的元素	棕色	表示不变化的元素	蓝色	表示固定的元素
紫色	表示过约束元素	红色	表示前后矛盾的元素		

当工具条被关闭后,可按下述办法复原:

(1)选择菜单【工具】→【自定义】,弹出自定义对话框(见图3-7)。

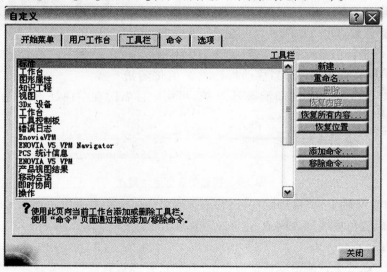

图3-7　自定义对话框

(2)选择工具栏标签,单击"恢复位置"。

(3)单击"确定"。

(4)单击"关闭"。

3.4 智能拾取

智能拾取也称自动拾取或动态导航,是一种智能工具,可以帮助设计者在使用大多数草绘命令创建几何外形时准确定位。在智能拾取环境下,当光标接近特定的位置(如直线的端点、中点、圆心等)或特定的方向(如水平线、铅垂线、法线、切线等)时,系统自动将光标指出的大概位置调整为特定的位置或特定的方向,同时以专用符号或辅助线的形式向用户报告特定位置或特定方向的种类,若此时单击鼠标左键,即可得到特定的位置或特定的方向。智能拾取也是一种约束,是将光标约束到光标附近已有图形的特征点上,或者将光标约束到特定的直线上。智能拾取可以大幅度提高工作效率,降低为定位这些元素所必需的交互操作次数。智能拾取可用 3D 图形窗口和智能拾取指针、工具栏、下拉菜单以及 Ctrl 或 Shift 键等方式来实现。

使用智能拾取可以定位任意点、坐标位置点、已知一点、曲线上的极点、直线中点、圆或椭圆中心点、曲线上任意点、两条曲线交点、竖直或水平位置点、假想的通过已知直线端点的垂直线上任意点以及任何以上几种可能情况的组合。

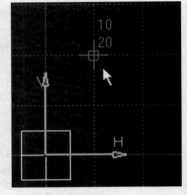

智能拾取通过符号和数值表明指针目前所处的状态,当移动鼠标时在屏幕上和工具条中就会显示水平坐标 H 和竖直坐标 V,顶部的是水平坐标。

(1)任意点,见图 3-8。

(2)坐标位置点。

图 3-8 智能拾取任意点

通过输入坐标值定义所需位置,如在 H 栏中输入一数值,智能拾取将锁定 H 值,当移动指针时 V 值将随指针变化,见图 3-9。假如想重新输入 H、V 值,可用鼠标右键在空白处点击,在弹出菜单选择 Reset 后重新输入。

点坐标:	H:	4m	V:	-0.03m

图 3-9 智能拾取坐标位置点

在 H 轴或 V 轴上:当移动鼠标时,若出现水平的假想蓝色虚线则表明 V 值为 0,若出现竖直的假想蓝色虚线则表明 H 值为 0,见图 3-10。

(3)已知一点。

当已知一点处于智能拾取指针捕捉范围内时,智能拾取首先捕捉这一点,然后出现点与点一致符号◉,见图 3-11。

(4)曲线上的极点。

当智能拾取指针位于曲线极点或其假想延长线极点时,智能拾取会自动捕捉这一点,并显示点与点一致符号◉,见图 3-12。

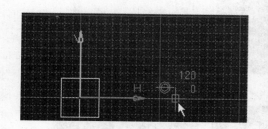
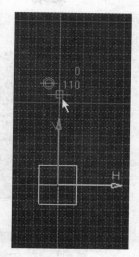

图 3-10　智能拾取在 H 轴或 V 轴上

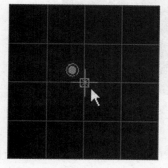

图 3-11　智能拾取已知一点

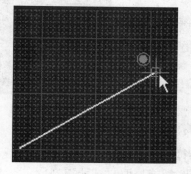

3-12　智能拾取曲线上的极点

（5）直线中点。

当智能拾取指针位于直线中点时,智能拾取会自动捕捉中点,并显示点与点一致符号◉,也可以使用弹出菜单选择中点选项,见图 3-13。

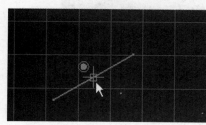

图 3-13　智能拾取直线中点

（6）圆或椭圆中心点。

当智能拾取指针位于圆或椭圆上时,使用弹出菜单选择同心选项,智能拾取会自动捕捉圆心点,并显示点与点一致符号◉,见图 3-14。

（7）曲线上任意点。

当智能拾取指针在曲线或其假想延长线上移动时,智能拾取自动拾取此曲线,并显示与曲线一致符号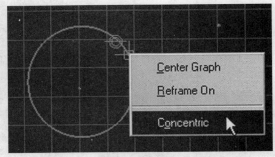,这表示已捕捉到曲线上一点,但这点还有一个自由度即可沿曲线滑动,见图3-15。

图3-14 智能拾取圆或椭圆中心点

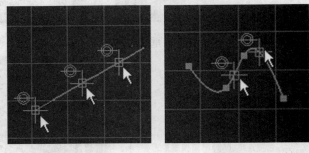

图3-15 智能拾取曲线上任意点

(8)两条曲线交点。

当智能拾取指针捕捉到两条曲线交点时,这两条曲线同时被选中,并显示与曲线一致符号,智能拾取自动捕捉到这一交点,见图3-16。

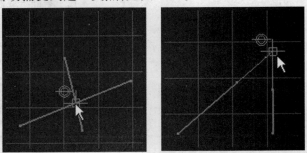

图3-16 智能拾取两条曲线交点

(9)假想的通过已知直线端点的垂直线上任意点。

当智能拾取指针位于通过一直线端点且与此直线垂直的假想线位置时,智能拾取会自动捕捉这一位置,并保持这一垂直假想线,见图3-17。假如希望指针在偏离这一垂直假想线时仍保持捕捉垂直状态位置,可以按住 Ctrl 键。

(10)竖直或水平位置点。

当智能拾取指针位于与一点的假想连线成竖直或水平位置时,智能拾取会试图保持竖直或水平位置,见图3-18。

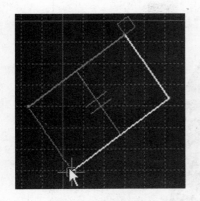

图 3-17 智能拾取假想的通过已知直线
端点的垂直线上任意点

图 3-18 智能拾取竖直或水平位置点

使用智能拾取还可根据已创建元素特征自动寻找与将创建的元素可能会产生平行、相切、垂直、重合等关系的位置,见图 3-19。

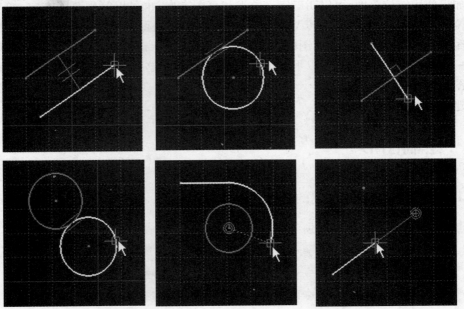

图 3-19 自动寻找平行、相切、垂直、重合等关系的位置

由于智能拾取会产生多种可能的捕捉方式,因此设计者可以使用鼠标右键弹出菜单进行选择,或按住 Ctrl 键对所捕捉方式予以固定,也可按住 Shift 键放弃任何捕捉方式。菜单因所选元素不同会出现不同内容。

3.5 定位草图

进入草图环境时,不要点击草图图标☑,而是点击☑,则以定位草图的方式进入草图设计环境,如图 3-20 所示。此时平面参考坐标系是由用户自己定义并创建的,与三维几何体具有关联性。

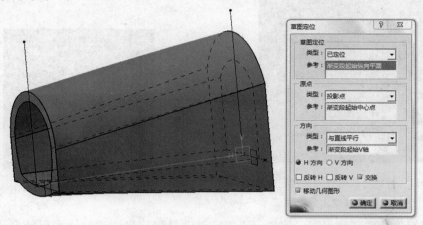

图 3-20　以定位草图的方式进入草图设计环境

　　如果使用定位草图，可以明确定义原点和草图方向；也可以管理草图方向，如勾选草图定位对话框中的反转 H、反转 V 或交换选项则会使坐标轴方向调整；草图的元素是根据草图的坐标轴而不是根据草图的外部元素来定位，这保证了修改草图支持面时草图轮廓的稳定性。当有需要时，可以重新定义原点和参考面，这样便于根据其他参考来重新定位草图。

　　建议用户使用这种方式进入草图设计环境。

3.6　绘制图形

3.6.1　创建直线和圆组成的轮廓

　　点击🔲，工具栏如图 3-21 所示。

图 3-21　创建直线和圆组成的轮廓工具

　　可在数值框内键入坐标值或直接在屏幕上点击，画直线点击◢，画相切圆点击◯，画三点圆点击◯。若所画轮廓封闭则自动退出命令。若需不封闭轮廓，可在所需轮廓最终位置双击或再次点击🔲即可。绘制结果如图 3-22 所示。

3.6.2　创建矩形

　　点击🔲，系统提示选择矩形第一点，可在屏幕上点击或在工具栏内输入数值，接着系统提示选择矩形第二点完成矩形绘制。或者在输入一个点之后，在工具栏的"宽度"和"高度"编辑框分别键入矩形的宽度和高度，即可得到该矩形。宽度和高度的数值可以是负数，表示沿坐标轴的反方向。

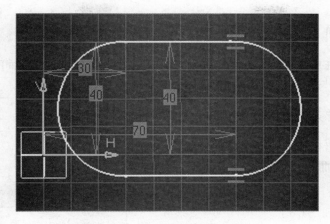

图 3-22　创建直线和圆组成的轮廓

若数值都是通过工具栏输入,且工具栏中几何约束和尺寸约束都激活,则结果如图 3-23所示。

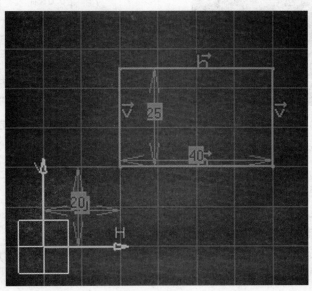

图 3-23　创建矩形

点击◇,系统提示选择矩形第一点,可在屏幕上点击或在工具栏内输入数值,接着系统提示选择矩形第二点和第三点完成任意方向的矩形绘制,见图 3-24。

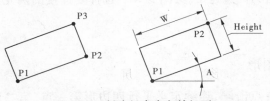

图 3-24　创建任意方向的矩形

3.6.3　创建圆

点击 ⊙,先在屏幕上定义圆心位置,再定义半径。掠过已知圆时可使用右键弹出菜单来创建另一个与其半径相等的圆,见图3-25。

3.6.4　创建样条曲线

点击 ↷,点击样条曲线要通过的控制点,双击结束操作。

要编辑样条曲线,可双击控制点,出现如图3-26所示对话框。

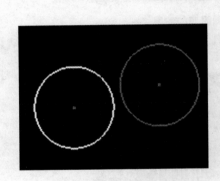

图 3-25　创建圆

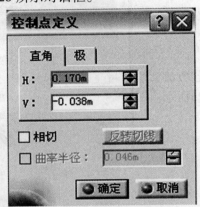

图 3-26　控制点定义对话框

可重新输入坐标值,对控制点进行编辑。

选中相切标签,显示该点处的切线方向,可点击反转切线按钮改变相切方向。

选中曲率半径标签,可对曲率半径进行编辑。

编辑样条曲线还可通过双击样条曲线或选择【编辑】→【样条线 1. 对象】→【定义】来进行,在弹出对话框进行所需设置,见图3-27。

选中某控制点后可进行在当前点之后增加点、在当前点之前增加点、替换当前点、删除当前点和封闭样条曲线等操作。

3.6.5　创建过渡线

点击 ↗,工具栏上显示圆弧连接 ↗、样条曲线连接 ～、点连续 ∧、切线连续 ⌒、曲率连续 ⌒ 等五种选项,缺省为圆弧连接,见图3-28。选择要连接的两元素,系统则按相应连接模式进行连接。

3.6.6　创建其他图形

创建平行四边形:点击 ▱,连续定义平行四边形第一点、第二点及第三点,即产生平行四边形。

创建长圆孔:点击 ▣,先在屏幕上定义第一个圆心点,再定义第二个圆心点,接着再

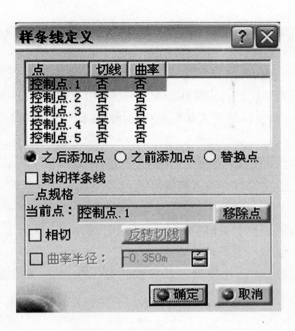

图 3-27　样条线定义对话框

图 3-28　创建过渡线工具

定义圆弧半径。

创建长圆弧孔:点击　,先在屏幕上定义一参考圆以确定第一个长圆弧孔圆心位置,再定义第二个长圆弧孔圆心位置,接着再定义圆弧半径。

创建六边形:点击　,先在屏幕上定义六边形中心位置,再定义六边形参考线与 H 轴角度,最后定义六边形大小。

通过三点创建圆:点击　,在屏幕上连续定义三点以确定一个圆。

输入坐标值创建圆:点击　,输入圆心坐标及半径值。

三处相切创建圆:点击　,连续选择三个元素(包括点)以确定一个圆。

通过三点创建圆弧:点击　,先定义起始点位置,再定义第二点位置,最后定义终点位置。

用三点限制创建圆弧:点击　,先定义起始点位置,再定义终点位置,最后定义第二点位置。

创建基本圆弧:点击　,先定义圆心位置,再定义起始点位置,最后定义终点位置。

创建椭圆:点击　,先定义椭圆中心,再定义长半轴端点位置,最后定义椭圆大小。

创建由焦点控制的抛物线:点击　,先定义抛物线焦点和顶点,再定义抛物线起始点和终点。

创建由焦点控制的双曲线:点击▯,先定义双曲线焦点和中心点,再定义顶点,最后定义双曲线起始点和终点。

创建直线:点击▱,定义起始点和终点。如需创建一条与已存在直线相等或以此直线为基准旋转一角度的直线,可将指针移到此直线上,用右键弹出菜单,选择等长或选择以此直线为基准旋转一角度。若在工具栏上选择▱,则表示所画直线将以此直线起始点为对称原点对称。

创建无限长直线:点击▱,工具栏上出现▱▯▱,分别对应水平方向、竖直方向及任意方向。点击所需模式,在屏幕上点击所需直线位置生成直线。对任意方向模式还需再定义与 H 轴夹角。

创建双切线:点击▱,分别选择第一个元素和第二个元素,将创建一直线与此两元素相切,相切位置决定于鼠标点击位置。

创建角分线:点击▱,分别选择第一条直线和第二条直线,将创建此两直线角分线(无限长直线)。

创建轴:点击▮,分别定义第一点和第二点位置生成轴。在一个草图里只能有一根轴,若试图再画第二根轴,第一根轴则转为参考元素。不能使用▯将轴转为参考元素。若已选中一根直线,点击▮则将此直线转为轴。

创建点:点击▪,在屏幕上直接定义一点。若复选多点(至少两点),点击▪,则生成所选点的重心点。

创建坐标点:点击▱,选择参考点,定义坐标值。

创建等距点:点击▱,选择直线或曲线,在对话框中输入希望创建的点的数量或间距,即可得到等距点。

创建交点:点击▱,分别选择两条线,得到交点。或复选几个元素,点击▱,再选一条线,得到交点。

创建投影点:复选或单选点,点击▮,选择一条线,得到投影线上的点。

3.6.7 建立辅助作图线

辅助作图线(参考元素或构造元素)的特点是,它的线型为虚线,不能作为创建三维形体的截面轮廓线,离开草图设计环境或者再次进入草图设计环境,将自动消失。但是,辅助作图线具有与普通线同样的各种约束功能,也可以与普通线相互转换。在辅助作图线的参照下,可以快速、准确地绘制图形。

单击草图工具栏的图标▨,若该图标呈橙色显示,所绘制的图形即为辅助作图线;再次单击图标▨,所绘制的图形即为普通线。

前述建立的图形均可变为辅助作图线。

3.7 草图操作

3.7.1 倒角

3.7.1.1 倒圆角

使用倒圆角可以创建与两个直线或曲线图形对象相切的圆弧。

单击◠图标,工具栏出现如图 3-29 所示几种选项。

图 3-29 倒圆角工具

其中,裁剪所有元素◠图标为缺省状态,分别选择第一条线、第二条线,拖动鼠标或输入数值定义圆弧半径,系统完成倒圆角并将两线裁剪,见图 3-30。

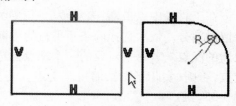

图 3-30 倒圆角并将两线裁剪

点击裁剪首先选择的元素图标◠,系统完成倒圆角后将裁剪首先选中的元素,见图 3-31。

点击不裁剪图标◠,系统完成倒圆角后不裁剪任何元素,见图 3-32。

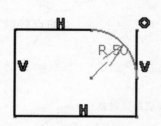

图 3-31 倒圆角后裁剪
首先选中的元素

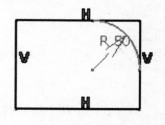

3-32 倒圆角后不裁剪任何元素

其余几个命令分别为针对标准线和参考线的指令。

3.7.1.2 其他倒角

可创建与两条直线或两个曲线图形对象相交的直线,形成一个倒角。

单击图标◠,选取两个图形对象或者选取两个图形对象的交点后工具栏扩展为如图 3-33所示。

图 3-33 其他倒角工具

新创建的直线与两个待倒角的对象的交点形成一个三角形,选择工具栏上的三种图

标 ,分别以以下三种方法确定倒角的大小:新直线的长度及其与第一个被选对象的角度,两个被选对象的交点与新直线交点的距离,新直线与第一个被选对象的角度及其与第一个被选对象的交点到两个被选对象的交点的距离。

3.7.2　裁剪或延长操作

点击 ✗ ,草图工具栏出现如图 3-34 所示两种选择。

图 3-34　裁剪或延长操作工具

在工具栏中点击 ✗ ,表示裁剪所有元素。选择元素时指针所处的位置为裁剪后所需保留的部分。依次选择两条不平行的待剪切或延长的直线或曲线,它们的交点将为两对象新的端点。若每个对象的一个端点在选择点与交点之间(延长线相交),该对象延长至交点,否则(实际相交),缩短至交点。若剪切圆或椭圆,0°位置是它们的另一个端点,见图 3-35。

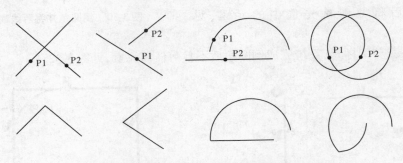

图 3-35　同时剪切或延长两个直线或曲线对象

在工具栏中点击 ✗ ,表示裁剪首先选择的元素,只剪切或延长一个直线或曲线对象。首先选择一条待剪切或延长的直线或曲线,再选择一条直线或曲线作为剪切或边界的对象,它们的交点将为第一个对象新的端点。若该对象的一个端点在选择点与交点之间(延长线相交),该对象延长至交点,否则(实际相交),缩短至交点。若剪切圆或椭圆,0°位置是它们的另一个端点,见图 3-36。

动态改变一条直线或曲线的长度:在工具栏中点击 ✗ 或 ✗ ,选取一条待改变长度的直线或曲线,移动光标,所选对象的与光标最近的一个端点将随之改变,单击鼠标左键即可确定该端点新的位置,见图 3-37。

3.7.3　打断操作

点击 ✗ ,选取一条待切断的直线或曲线,输入断点的位置,被选的对象被切断为两个对象。若切断圆或椭圆,0°位置是它们的另一个端点。若选择的断点不在此元素上,则投影至该元素上,然后在此点处将元素断开,见图3-38。

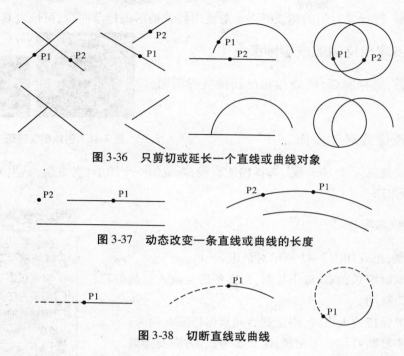

图 3-36　只剪切或延长一个直线或曲线对象

图 3-37　动态改变一条直线或曲线的长度

图 3-38　切断直线或曲线

3.7.4　快速裁剪操作

点击⊘,草图工具栏出现如图3-39所示三种选择。

图 3-39　快速裁剪工具

点击▣,表示打断并擦除所选区域内元素。若选到的对象不与其他对象相交,则删除该对象;若选到的对象与其他对象相交,则该对象的选取点处与其他对象相交的一段被删除,且每次只修剪一个对象。图3-40显示修剪前的图形及修剪结果,圆点表示选取点。

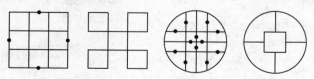

图 3-40　快速修剪图形

点击▣,表示打断并擦除所选区域外元素,保留结果与点击▣相反。

点击▣,表示打断并保留所选元素,所有元素都保留。

3.7.5 封闭圆、椭圆或样条曲线操作

点击 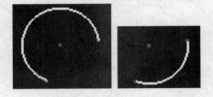 ，选择要封闭的圆或椭圆。对使用 ✗ 裁剪后的样条曲线，可恢复其初始形状。

3.7.6 创建相反圆弧或椭圆弧

点击 ◌ ，选择圆弧，则创建相反圆弧或椭圆弧，见图3-41。

图3-41　创建相反圆弧或椭圆弧

3.7.7 镜像或对称操作

单选或复选元素，点击 ◫ ，选择轴或直线，则镜像一个图形；点击 ◫ ，只生成对称的图形，消除原图形。

3.7.8 平移操作

点击 → ，出现如图3-42所示对话框。

检查复制模式状态，选中复制，在实例后可输入复制数目；不选中则为移动。

若选中保持约束模式，则复制后元素保持原有约束。

选择要复制或移动的元素，定义参考点、方向及距离。

3.7.9 旋转操作

点击 ◑ ，出现如图3-43所示对话框。

检查复制模式状态，选中复制，实例后可输入复制数目；不选中则为旋转移动。若选中约束守恒模式，则复制后元素保持原有约束。

选择要旋转元素，定义旋转中心点及旋转参考方向和角度值。

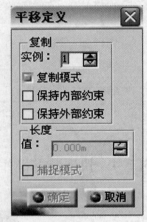

图3-42　平移定义对话框

图3-43　旋转定义对话框

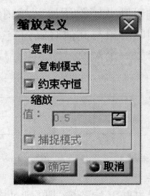

图3-44　缩放定义对话框

3.7.10 缩放操作

点击 ⚙,出现如图 3-44 所示对话框。

检查复制模式状态,选中复制,实例后可输入复制数目;不选中则为比例缩放。若选中约束守恒模式,则复制后元素保持原有约束。

选择要缩放元素,定义缩放原点,输入比例值。

3.7.11 偏移操作

点击 ✒,则草图工具栏变为如图 3-45 所示。

图 3-45　偏移工具

选择偏移模式,选择要偏移的元素。

点击 🔳,只偏移所选择的单一的元素,见图 3-46。

点击 🔳,则偏移所选择的元素和与之相切的元素,见图 3-47。

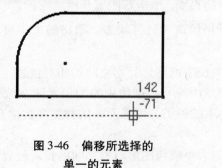

图 3-46　偏移所选择的
单一的元素

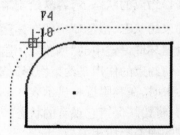

图 3-47　偏移所选择的元素
和与之相切的元素

点击 🔳,则偏移所选择的元素和通过点与之相连的元素,见图 3-48。

点击 ✒,则与上述三个命令组合,在内外两个方向偏移相应的元素,见图 3-49。

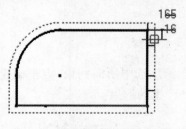

图 3-48　偏移所选择的元素和
通过点与之相连的元素

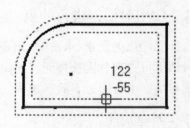

图 3-49　在内外两个方向
偏移相应的元素

在偏移时,将工具条中的实例数变为大于 1 的整数,则实现多重复制,见图 3-50。

3.7.12 草图中3D元素操作

在草绘界面下单选或复选3D边界,点击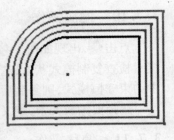,将3D元素投影到草绘平面。

在草绘界面下单选或复选3D曲面,点击，创建3D元素与草绘平面相交的元素。

在草绘界面下选择单选或复选规则曲面,点击，将3D元素轮廓边界投影到草绘平面。

图 3-50　多重复制

使用或生成的线与3D是关联的,无法对其编辑。要想去除关联,可选择需要独立的元素,在菜单中选择【插入】→【操作】→【3D 几何图形】→【隔离】即可。

3.8　设置约束

在草图设计环境下,利用约束功能,可以便捷地绘制出精度更高的图形。根据作图需要,可以选择栅格约束、几何约束或尺寸约束。

栅格约束就是用栅格约束光标的位置,约束光标只能在栅格的一个格点上。显然,在打开栅格约束的状态下,容易绘制精度更高的直线。单击草图工具栏的图标，即可切换栅格约束的状态,橙色显示的图标表示栅格约束为打开状态。栅格的大小可在前述草图编辑器环境设定中的"网格"中定制。

几何约束的作用是约束图形元素本身的位置或图形元素之间的相对位置。当图形元素被约束时,在其附近将显示表3-5所示的专用符号。被约束的图形元素在改变它的约束之前,将始终保持它现有的状态。几何约束的种类与图形元素的种类和数量有关,与智能拾取的种类密切相关。

尺寸约束的作用是用数值与图形对象的大小或与图形对象之间的相对位置建立约束关系。尺寸约束以尺寸标注的形式标注在相应的图形对象上。被尺寸约束的图形对象只能通过改变尺寸数值来改变它的大小,也就是尺寸驱动。进入零件设计(Part Design)模块后,将不再显示标注的尺寸或几何约束符号。

3.8.1 使用对话框进行约束

选择要约束的元素,点击，出现如图3-51所示对话框。

对话框可选部分因选择元素不同而呈现不同选项。选中所需约束,点击确定按钮即可。此对话框也可通过去除已选中的选项而解除已产生的约束。

3.8.2 创建快速约束

点击，选择一个或两个元素,系统产生缺省的尺寸标注,点击右键在弹出菜单中可重新选择所需的尺寸或几何约束,菜单内容因所选元素不同而不同。

对已产生的约束修改可双击该约束,在出现的对话框中的数值栏内可对其进行编辑,或通过选择要编辑元素,使用鼠标右键弹出菜单编辑。

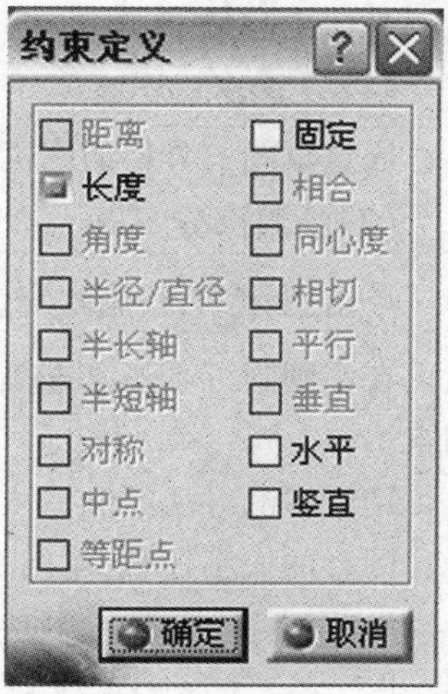

3.8.3 自动创建约束

自动建立约束的必要条件是必须在智能拾取的环境下。在智能拾取状态下,单击草图工具栏的图标 ⚄ ,若该图标呈橙色显示,即可进入几何约束状态;再次单击图标 ⚄ ,即可退出几何约束状态。若图标 ⚄ 呈橙色显示,通过约束工具条中的图标 🔳 ,可以约束图形对象的几何位置,同时添加、解除或改变图形对象几何约束的类型。若图标 ⚄ 呈蓝色显示,通过图标 🔳 ,可以按几何约束条件改变图形对象的几何位置,但并不对图形对象施加几何约束。

单击图标 🔳 ,出现如图 3-52 所示对话框。

点击需要约束的元素,再选择参考元素,若需要可选择对称线,在约束模式中选择链式或基准式,系统会自动产生约束。

3.8.4 创建接触几何约束

点击 ⚄ ,选择第一个元素和第二个元素,系统按同心、一致、相切优先顺序创建几何约束。

图 3-51 约束定义对话框

图 3-52 自动约束对话框

3.9 草图实例

绘制如图 3-53 所示一个机械零件的轮廓图。

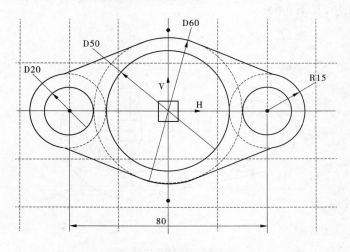

图 3-53 一个机械零件的轮廓图

具体步骤如下：

（1）设置作图环境。

通过草图工具栏的图标 ▧ 和 ▤，打开几何约束和尺寸约束。

（2）绘制部分图形。

单击图标 ▮，绘制轴线；通过图标 ⊙，绘制 4 个圆；单击图标 ╱，绘制直线，直线的起点可在小圆附近且不必准确（也不易准确），直线的终点利用智能拾取功能确定在大圆的切点。

用同样的方法绘制另一条直线。

图形的大小任意，见图3-54。

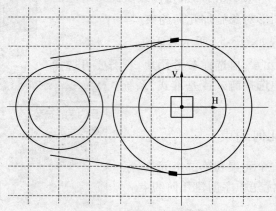

图 3-54　绘制部分图形

（3）添加几何约束。

单击按钮 ◉，选取左边大圆，选取上边直线，所选直线与圆相切。用同样的方法作下边的直线与圆相切，见图3-55。

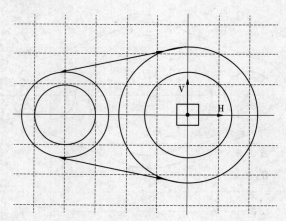

图 3-55　添加几何约束

（4）镜像部分图形。

选取左边两个圆和直线，单击图标，选取轴线，既生成了对称的图形，也得到了相应图形之间的对称约束，见图3-56。

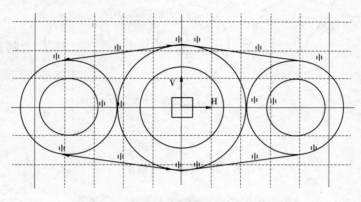

图 3-56　镜像部分图形

（5）快速修剪图形。

单击图标，用光标确定剪去的线段，重复这一过程，结果见图3-57。

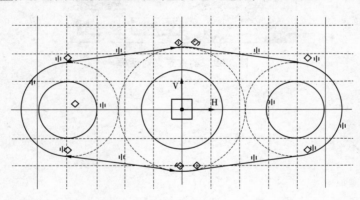

图 3-57　快速修剪图形

（6）添加尺寸约束。

单击图标，依次选取左、右两圆的圆心，确定尺寸线的位置，标注两圆的中心距。标注圆或圆弧的尺寸，利用圆或圆弧的上下文相关菜单确定是按直径还是按半径的标注方式，确定尺寸线的位置，结果见图3-58。

（7）尺寸驱动图形的实际大小。

单击待修改的尺寸，利用随后弹出的如图3-59所示的对话框，修改尺寸值，将所有待修改尺寸变更后，点击确定后即为所要求的草图（见图3-53）。

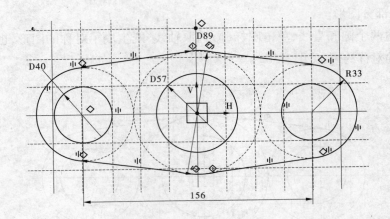

图 3-58　添加尺寸约束

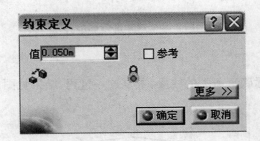

图 3-59　约束定义对话框

第 4 章　实体设计

实体设计也叫零件设计,它延伸了草图设计的概念,通过草图中所建立的二维轮廓,利用零件设计所提供的功能,建立三维实体模型,并对其进行编辑修改,完成整个零件的设计。

在使用零件设计之前,必须有草图,这是零件设计的依据,即在草图设计的基础上,使用零件设计所提供的功能,使二维草图延伸为三维实体。

CATIA V5 实体零件设计模块为 3D 机械零件设计提供了众多强大的工具,可以满足从简单零件到复杂零件设计的各种需求。

零件设计模块基于草图和特征设计,也可以在装配环境中作关联设计,并且可以在设计过程中或设计完成以后进行参数化处理。图形化的树状结构可以清晰地表示出零件的特征组织结构,利用它用户可以更方便地了解设计过程,并对特征进行操作管理,提高设计修改能力。

零件设计为用户提供了各种从二维草图延伸到三维实体的功能,例如旋转、扫掠、拉伸等,让平面图形成为三维实体。也可以在成形的实体上进行打孔、挖洞和倒角等工作,可以建立新的平面等。

零件设计功能大致可以分为以下几类:

- 由二维草图延伸到三维实体的功能。
- 在实体上进行再加工的功能。
- 在曲面上再加工的功能。
- 实体变换。
- 不同实体之间的布尔运算。
- 零件的标注功能。
- 在空间建立点、线、面的功能。

4.1　进入零件设计界面

有以下三种途径进入零件设计界面:

(1)用【开始】菜单生成新的零件实体。选择菜单【开始】→【机械设计】→【零件设计】,进入如图 4-1 所示零件设计界面。

(2)用【新建】命令生成新的零件实体。选择菜单【文件】→【新建】,此时会弹出一个新建对话框,见图 4-2。

选取 Part 选项。如果你在自定义时有相应的设置,此时会出现新建零件对话框,可

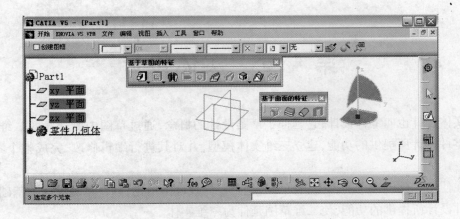

图 4-1　零件设计界面

图 4-2　新建对话框

以输入新零件的名字等特性。

按确定按钮,进入零件设计界面。

(3)从窗口下部的工作台工具条上选择零件设计图标，即可进入零件设计界面。

4.2　实体设计环境设定

合理设置实体设计环境,可以帮助设计者更有效地使用相关命令。对于图形的显示、元素的选取等都有一些默认的设置,这些设置在 CATIA 的环境设置对话框中都可以调整。对于零件设计平台的环境设置,可点取下拉菜单,选择菜单【工具】→【选项】→【基础结构】→【零件基础结构】,打开零件设计的环境参数设定界面,在此窗口中有三个标签,分别对应不同的参数。默认选项如图 4-3 ~ 图 4-5 所示,各设置的意义是明显的,可以根据需要设置,本章不再详细说明。

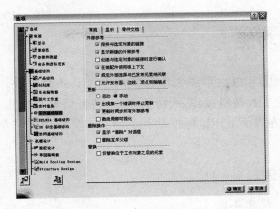

图 4-3　默认常规设置

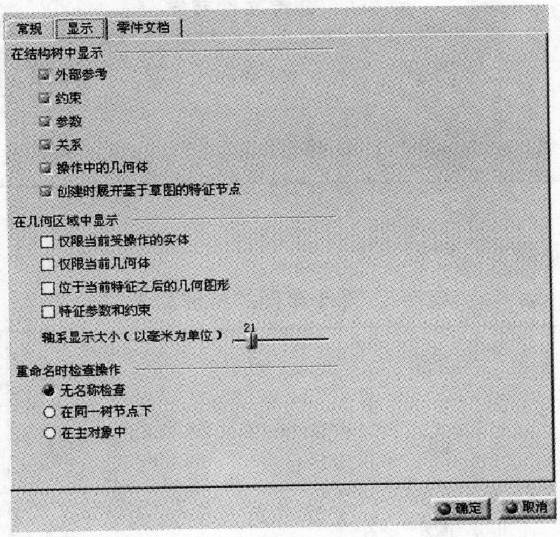

常规 | 显示 | 零件文档

在结构树中显示
- ☑ 外部参考
- ☑ 约束
- ☑ 参数
- ☑ 关系
- ☑ 操作中的几何体
- ☑ 创建时展开基于草图的特征节点

在几何区域中显示
- ☐ 仅限当前受操作的实体
- ☐ 仅限当前几何体
- ☐ 位于当前特征之后的几何图形
- ☐ 特征参数和约束
- 轴系显示大小（以毫米为单位）───┤── 21

重命名时检查操作
- ● 无名称检查
- ○ 在同一树节点下
- ○ 在主对象中

● 确定　● 取消

图 4-4　默认显示设置

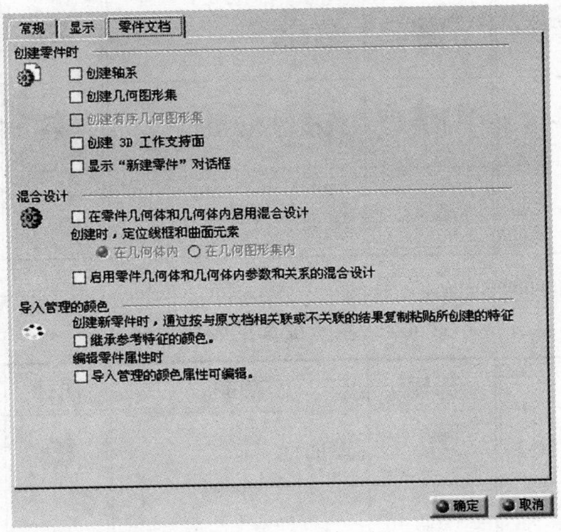

常规 | 显示 | 零件文档

创建零件时
- ☐ 创建轴系
- ☐ 创建几何图形集
- ☐ 创建有序几何图形集
- ☐ 创建 3D 工作支持面
- ☐ 显示"新建零件"对话框

混合设计
- ☐ 在零件几何体和几何体内启用混合设计
  创建时，定位线框和曲面元素
  ● 在几何体内　○ 在几何图形集内
- ☐ 启用零件几何体和几何体内参数和关系的混合设计

导入管理的颜色
创建新零件时，通过按与原文档相关联或不关联的结果复制粘贴所创建的特征
- ☐ 继承参考特征的颜色。
编辑零件属性时
- ☐ 导入管理的颜色属性可编辑。

● 确定　● 取消

图 4-5　默认零件文档设置

4.3 工具条及功能

除进入草图工作台 和退出草图工作台 两个工具条命令外,CATIA V5 的零件设计界面主要由以下三类工具条组成:基本特征创建、特征修饰与操作、特征分析与辅助工具等,这些工具条可以在界面上用鼠标拖动和关闭。工具条中带三角下标的命令可以扩展为多项命令。

4.3.1 基本特征创建

(1)参考元素命令,见表 4-1。

表 4-1 参考元素命令

图标	功能	图标	功能	图标	功能
	创建一个或多个点		创建直线		创建平面

(2)基于草图的特征命令,见表 4-2。

表 4-2 基于草图的特征命令

图标	功能	图标	功能	图标	功能
	拉伸体,创建凸台		带拔模角及倒圆的拉伸体		多轮廓拉伸体
	挖槽		带拔模角及倒圆的挖槽		多轮廓挖槽
	旋转体		旋转槽		打孔
	肋(扫掠体)		狭槽(扫掠槽)		加强筋
	放样体		移去放样体		

(3)基于曲面的特征命令,见表 4-3。

表 4-3 基于曲面的特征命令

图标	功能	图标	功能	图标	功能
	用曲面切割实体		厚曲面		封闭曲面生成实体
	曲面缝合				

4.3.2 特征修饰与操作

（1）特征修饰命令，见表4-4。

表4-4 特征修饰命令

图标	功能	图标	功能	图标	功能
	棱边倒圆		变半径倒圆		面－面倒圆
	三面切圆		倒角		拔模
	根据反射线拔模		变角度拔模		抽壳
	变厚度		生成螺纹		移除面
	替换曲面				

（2）布尔操作，见表4-5。

表4-5 布尔操作

图标	功能	图标	功能	图标	功能
	装配		添加		相减
	求交		联合修剪		移走独立块

（3）特征移动命令，见表4-6。

表4-6 特征移动命令

图标	功能	图标	功能	图标	功能
	平移		旋转		镜像
	对称		矩形阵列		圆形阵列
	用户定义阵列		比例缩放		

4.3.3 分析与辅助工具

（1）工具命令，见表4-7。

表4-7 工具命令

图标	功能	图标	功能	图标	功能
	更新操作		手动更新		自定义坐标系
	中间尺寸		建立基准		打开标准库目录

（2）测量命令，见表4-8。

表4-8 测量命令

图标	功能	图标	功能	图标	功能
	测量两个元素间距		测量单一元素尺寸		测量惯量

（3）分析命令，见表4-9。

表4-9 分析命令

图标	功能	图标	功能	图标	功能
	拔模角分析		曲率分析		螺纹分析
	零件厚度分析				

（4）注释命令，见表4-10。

表4-10 注释命令

图标	功能	图标	功能	图标	功能
	带指引线的注释		带指引线的标示注解		打开/关闭3d标注查询

（5）约束命令，见表4-11。

表4-11 约束命令

图标	功能	图标	功能	图标	功能
	使用对话框进行约束		直接约束		

当工具条被关闭后，可按下述办法复原：

（1）选择菜单【工具】→【自定义】，弹出自定义对话框。

（2）选择工具栏标签，单击"恢复位置"。

（3）单击"确定"。

（4）单击"关闭"。

4.4 基于草图特征创建实体

4.4.1 创建凸台

凸台功能是把指定的封闭的草图曲线沿某一方向进行拉伸的操作，它有三种方式：凸台、拔模与倒圆角的凸台和多轮廓线凸台。

凸台建立的方式有尺寸、直到下一个、直到最后一个、直到平面、直到曲面等五种方式，除尺寸不需要其他物体作为参考基准外，其他的几种都需要有参考平面或实体表面。

点击按钮 的黑倒三角，即可打开凸台工具栏 。

4.4.1.1 凸台：尺寸方式

（1）在凸台工具栏中点击 ，出现如图 4-6 所示对话框。

（2）点击要拉伸的封闭草图曲线（或点击"轮廓/曲面"栏中的"选择"选项栏，再选择要拉伸的草图曲线）。

（3）在"类型"中选择"尺寸"，在"长度"中输入想要拉伸的长度，选择是否反方向拉伸及是否镜像。

（4）若单击"更多"按钮，则出现如图 4-7 所示的对话框。第一限制和第二限制分别代表向上（限制 1）和向下（限制 2）拉伸的凸台厚度，表示同时向上和向下拉伸的厚度值。

也可以使用拖动的方式，拖动限制 1 和限制 2 的箭头，即可改变拉伸的厚度。

（5）点击"确定"按钮，完成拉伸操作。

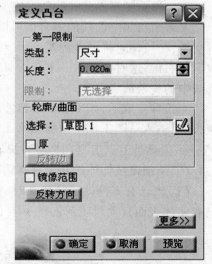

图 4-6　定义凸台对话框

4.4.1.2 其他的拉伸方式

（1）凸台：直到下一个方式。

该方式适用于另一平面或实体已存在，想要将封闭曲线拉伸，并以平面或实体的表面作为边界。封闭的曲线必须与当做边界的平面或实体表面有前后的位置关系，如此才能拉伸。

（2）凸台：直到最后一个方式。

该方式适用于两个以上的实体或平面存在时，想要将封闭轮廓拉伸到距离轮廓最远的平面或实体表面。

（3）凸台：直到平面方式。

想要将封闭轮廓拉伸到已存在的平面或实体表面时，可以用此功能。

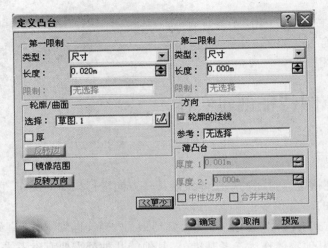

图 4-7 定义凸台

(4)凸台：直到曲面方式。

想要将封闭轮廓拉伸到已存在的曲面或实体时，可以选用此功能。

注意：

● 二维草图平面的轮廓线一定要封闭。

● 多个封闭的曲线的组合也可以拉伸成三维实体，但封闭曲线不能相交；如果轮廓线有交叠，在拉伸时将产生错误。所以，在选择轮廓线时在对话窗口中的选择轮廓线位置点取鼠标右键，这时会显示一个新的窗口，选择"转至轮廓线定义"，按提示选择多条封闭轮廓线中的一条或者几条。

● 拉伸完成后，如果想修改拉伸的图形，则可直接在"树形图"上双击对应的草图对象，即可进入草图工作平面修改草图，退出草图，则实体自动变化。若没有改动，则可以在"工具"工具条上点击 图标进行更新。

4.4.1.3 创建拉伸体的几个特殊情况

(1)当已有零件体特征存在时，做拉伸实体有时可选择不封闭曲线作为轮廓线，利用已有实体表面自动封闭新创建实体不闭合部分，见图 4-8。

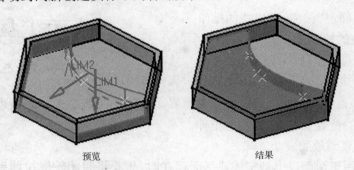

预览　　　　　　　　　　　　结果

图 4-8　创建拉伸体(1)

(2)轮廓线允许为多条封闭曲线，但要求多条轮廓线间不能有相交情况，此时产生的凸台是两条轮廓线之间的部分，见图 4-9。

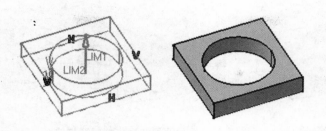

图 4-9　创建拉伸体(2)

4.4.1.4　有拔模角与倒圆角的凸台

此功能模块能使用户在拔模的过程中,一并完成拔模斜角和倒圆角。

操作步骤如下:

(1)进入草图工作平面。

(2)选择要进行拔模操作的草图,然后点击"有拔模角与倒圆角的凸台"按钮 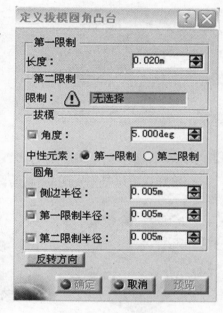。

(3)弹出定义拔模圆角凸台对话框,见图 4-10,在对话框中"第一限制"栏中的"长度"项填入拉伸高度值。

(4)单击"第二限制"栏中的"限制"项,再选择想要作为拔模斜度的基准面(一般选择草图所在面);在"拔模"栏中的"角度"中填入拔模斜角;选择"中性元素"为第一限制(代表拔模后的顶面)或第二限制(在草图所在面的图形,即是拔模的底面),"中性元素"即是拔模后不变的平面。

图 4-10　定义拔模圆角凸台

(5)在"圆角"项中填入倒圆角半径,其中"侧边半径"代表圆弧轴与拔模方向一致的倒圆角半径,"第一限制半径"代表顶面的倒圆角半径,"第二限制半径"代表底面的倒圆角半径。

(6)按"预览"按钮,即可看到所造实体的大概形状,若符合要求,则单击"确定"。

4.4.2　挖槽

此功能也是创建拉伸体的一种,它是在原有实体的基础上去除材料的一种拉伸。挖槽的功能与凸块相反,也有三种方式。

(1) 命令:在已有实体上作减材料拉伸,参数与凸台对话窗口相同。点取该命令后,选择欲拉伸的草绘图,再根据设计的实际情况选择拉伸高度的定义方式(尺寸定义或利用已知条件限制),键入数值或选择参考元素,确认后即可在已有实体特征上减去该部分拉伸体,见图 4-11。

点取箭头,反转方向,可以改变保留材料的区域,见图 4-12。

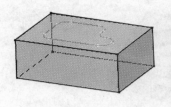 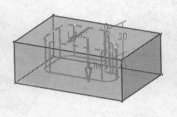 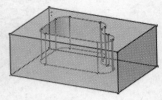

图 4-11　在已有实体上作减材料拉伸

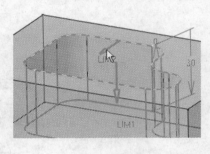 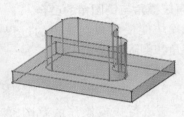

图 4-12　改变保留材料的区域

几个要注意的情况：

A. 轮廓线可以是不封闭的,它会自动延长两端,切割原有实体,见图 4-13。

  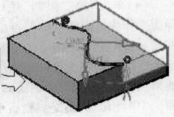

图 4-13　轮廓线不封闭

B. 一个草绘图中可以包含多条不相交的轮廓线,可同时拉伸,但拉伸高度相同,见图 4-14。

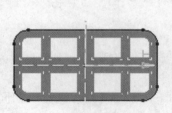 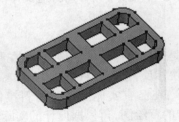

图 4-14　包含多条不相交的轮廓线

C. 用已有特征(实体表面、曲面)作为限制条件时,一定要把端面完全封住,否则它会继续延长,见图 4-15。

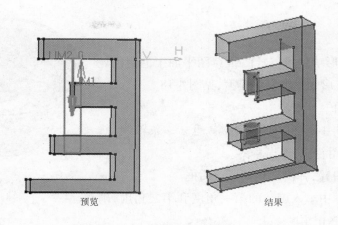

预览   结果

图 4-15   用已有特征作为限制条件

（2）⬛命令：与创建带拔模和倒圆角的拉伸体操作类似，它是在创建凹坑的时候一次完成拔模和倒圆角的操作，见图 4-16。

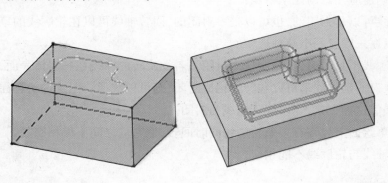

图 4-16   一次完成拔模和倒圆角

（3）⬛命令：与创建多轮廓拉伸体相似，也可同时拉伸一个草绘图中的多个轮廓，并且赋给不同的轮廓以不同的高度值。选择草绘图和该功能以后，在对话窗口中会自动显示草绘图封闭的轮廓数量，选中其中任意一个并赋给相应的高度值，见图 4-17。

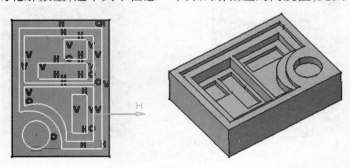

图 4-17   同时拉伸一个草绘图中的多个轮廓

4.4.3 旋转体

利用旋转成形功能可以让二维草图平面上的封闭轮廓相对轴线旋转,形成三维实体模型,见图4-18。

操作步骤如下:

(1)使用草图中的轴功能按钮 ,建立一条轴线,然后建立封闭的草图轮廓,退出草图。

(2)单击按钮 ,弹出旋转成形对话框。

(3)在对话框中填入旋转的第一角度和第二角度,确定旋转的起始和终止角度。

(4)选择要旋转的草图轮廓线。

(5)单击对话框中的"确定"即可完成旋转成形的操作。

旋转体创建应注意的几个事项:

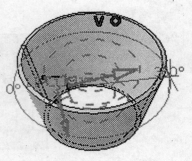

图4-18　旋转成形

● 轮廓线可以是封闭的,也可以是不封闭的,回转轴线可以在轮廓线的草绘图中直接绘制,也可以在三维空间中单独选取。

● 当轮廓线不封闭时,轴线要使之封闭。若欲旋转的曲线在一实体表面,虽然其不封闭,但轮廓缺口的延伸如果可以和转轴构成封闭,则可以成形。但这种状态往往会出现问题,一般不提倡这种方式,建议旋转曲线为封闭。

● 一个草绘面上允许有多条轮廓线同时回转,但它们之间不得相交。

● 回转轴线与轮廓线不能相交。

4.4.4 旋转槽

旋转槽命令 是利用旋转的方式挖除实体上不必要的部分,见图4-19,可以说是与旋转体创建相反的功能。参数的选择设定与旋转体 操作完全相同。

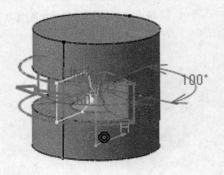

图4-19　旋转槽

4.4.5　打孔

打孔命令◙可以在实体上钻各种孔,见图 4-20。此功能可以直接在已有特征上打孔,孔的中心位置可以在创建孔的时候定义,也可以在生成孔以后修改,可以是直孔、锥孔、沉头孔等,盲孔的底部可以是平底或 V 型。

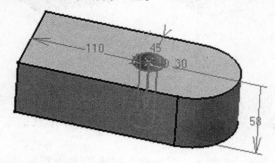

图 4-20　打孔

4.4.6　肋(扫掠体)

肋命令✎可以把一条或多条平面轮廓线沿一条空间曲线扫描,通过参数或参考元素控制扫描过程中角度的变化来得到实体,见图 4-21。

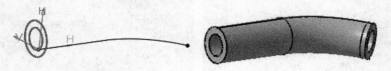

图 4-21　利用肋命令得到实体

几个注意问题:

(1)在定义肋的对话框中,扫描过程中方向的控制有三种:

A. 保持角度:在扫描过程中轮廓线与中心线的夹角始终保持恒值。

B. 拔模方向:在扫描过程中轮廓线与坐标系的夹角始终保持恒值,即在扫描过程中轮廓线以平行关系扫描。

C. 以参考曲面定义角度(参考曲面):在扫描过程中轮廓线以中心线为旋转轴,旋转角度以曲面为参照。

(2)肋的两端自动与原有实体合并。选中“合并末端”参数以后,超出原有实体端面的部分能够自动被裁剪。

(3)在“轮廓”菜单处点击鼠标右键,允许选择草绘图中的个别轮廓,允许一个草绘图中有多条轮廓线同时扫描。

(4)点取草绘图标,可以直接进入草绘平面,创建修改断面轮廓和中心线。

4.4.7　狭槽(扫掠槽)

狭槽的创建方式✎与肋基本相同,可以看做是减材料的一种“肋”,其操作参数与肋相同,见图 4-22。

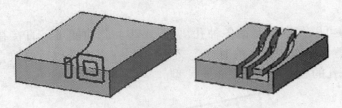

图 4-22 狭槽

4.4.8 放样

放样命令可以创建多截面的扫描体,利用一个以上不同的轮廓,以渐变的方式产生实体。其截面形状要求是平面的封闭轮廓,扫描过程中形状的变化可由引导线或脊线控制。

提示:当选择截面线时,注意各条截面线上的起始点和箭头方向的一致性。

(1)只有截面线时,中间的形状由光滑曲线(曲面)过渡,见图 4-23。

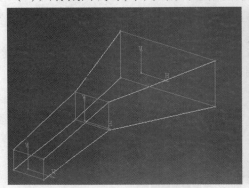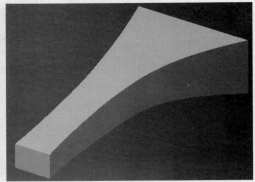

图 4-23 中间的形状由光滑曲线过渡

(2)应用引导线后,中间的过渡形状由引导线控制,引导线要与每个截面线都有交点,见图 4-24。

(3)脊线用来控制扫描体中间的变化趋势,并且可以限制扫描体生成的长度。此线不需要和截面线相交,但一定要光顺——切线连续或有规则的曲率属性连续,并且它的形状要和欲生成的放样体相近。不定义此参数时系统会自动计算出一条脊线,见图 4-25。

(4)截面的匹配方式有 5 种:

A. 比率方式:根据断面线的周长按比例分配。

B. 相切方式:按照相邻两截面线切矢不连续点一一对应,如果两个截面线上端点数量不同,则不能用此选项。

C. 相切然后曲率方式:按照曲率不连续点相匹配。

D. 顶点方式:按照相邻两截面线上的线段端点一一对应,如果端点数量不一致,则不能用此选项。

E. 手动设置截面线的匹配:将需要耦合的点手动设定(在图 4-26 的是否耦合选框中)。

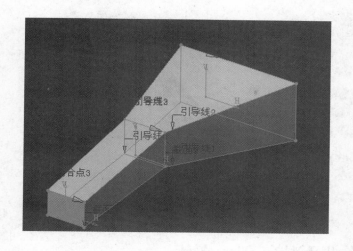

图 4-24　中间的过渡形状由引导线控制

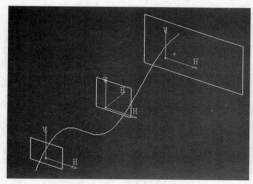 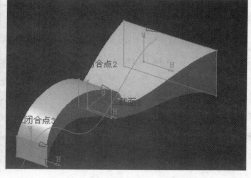

图 4-25　脊线

（5）引导线在端面的限制作用。选定"重新限定"选项,见图 4-27,当引导线端点超出端面轮廓线时,可使放样体沿引导线自动延长。

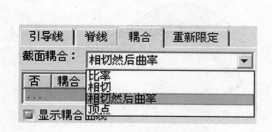

图 4-26　截面的匹配方式

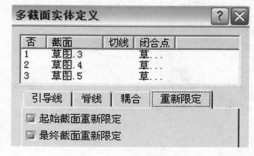

图 4-27　"重新限定"选项

4.4.9　移去放样体

移去放样体命令 是去除材料的放样体创建方式,操作与放样命令相同,见图 4-28。

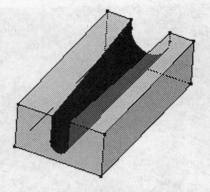

图 4-28　移去放样体

4.5　基于曲面特征创建实体

4.5.1　切割

切割功能 利用曲面特征切割实体。如果某些特征无法直接用实体造型功能完成,可以先利用曲面设计平台的工具创建出来,再利用曲面切割实体的功能得到所需的实体外表面。选中曲面以后会有一个箭头出现,此为曲面的默认法向,箭头指向实体保留部分,见图 4-29。

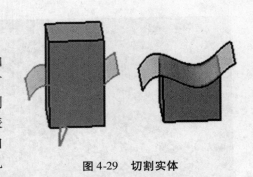

图 4-29　切割实体

4.5.2　曲面增厚

曲面增厚功能 将曲面沿法向单向或双向增厚,即可获得有厚度的实体特征。曲面法向指向第一个增厚方向,增厚的厚度不得大于曲面的最小曲率半径,见图 4-30。

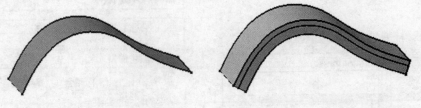

图 4-30　曲面增厚

4.5.3　封闭曲面

封闭曲面功能 可以将封闭或者不封闭的曲面生成实体。对于不封闭的曲面,其端面必须是像平面轮廓之类的简单的几何特征,见图 4-31。

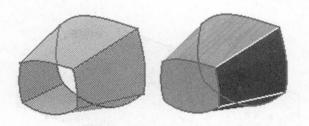

图 4-31　封闭曲面

4.5.4　曲面缝合

　　曲面缝合功能![icon]将曲面缝补到实体上,即通过求曲面和实体的交线,裁剪多余的材料,补足中空的部分。曲面和实体的交线应为一条封闭的轮廓线,即要求填充材料的空间为一封闭的区域。曲面的法向指向实体保留和填充实体部分,见图4-32。

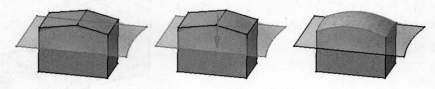

图 4-32　曲面缝合

4.6　常用实体特征修饰

4.6.1　变半径倒圆

　　变半径倒圆功能![icon]用来对实体棱边作变半径的倒圆。

　　(1)选中实体棱边后,在棱边的各节点处会显示该处的倒圆半径值,见图4-33,双击半径值可对其编辑,两节点间的过渡方式分为线性和曲线两种变化方式。

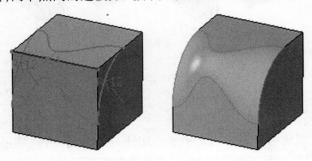

图 4-33　变半径倒圆

　　(2)增加半径变化的节点数量。可以通过鼠标左键直接点取棱边创建节点,也可以先在棱边上创建一些点,增加半径变化点时直接选取,或者选择事先作好的平面,系统会自动求出平面和棱线的交点,并以此为半径变化点,见图4-34。

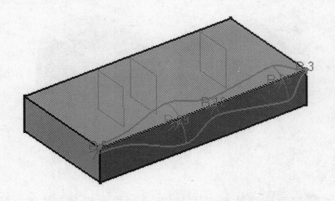

图 4-34　增加半径变化的节点数量

（3）应用脊线对倒圆结果的影响。脊线主要是用来控制倒圆圆弧所处的平面位置的，即每个圆弧都是在脊线的法平面内创建的。脊线的形状将会影响倒圆区域的表面质量。脊线可以是空间曲线，也可以通过草绘功能绘制，见图 4-35。

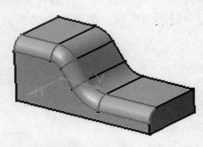

4.6.2　三面切圆

三面切圆功能通过依次选择相对两面和顶面，即可创建一个与原有三个曲面都相切的圆弧面，并把原有顶面移走。如果选中限制元素，还可以只在局部区域创建该圆弧面，见图 4-36。

图 4-35　应用脊线对倒圆结果的影响

要圆角化的两个面　　　　　　　　要移除的面　　　　　　　　结果

图 4-36　三面切圆

4.6.3　抽壳（盒体）

壳体类实体的创建可以先生成一个实心实体，再用抽壳功能把它变为空心实体。在生成壳体时，可以移走不需要的表面，壁厚在原有外表面的基础上可以向内或（和）向外增加，并且可以赋给不同的壁不同的壁厚值，见图 4-37。

4.6.4　变厚度

变厚度功能用来增加或减小实体表面的厚度。选择实体表面后，输入正值，则该

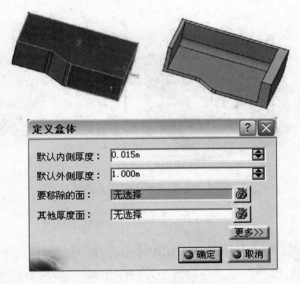

图 4-37　抽壳示例及其设置

表面沿法向增厚;输入负值则减薄,见图 4-38。

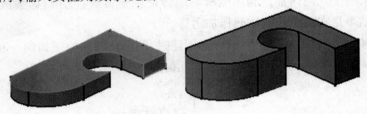

图 4-38　变厚度

4.6.5　替换曲面

替换曲面功能![icon]可将所选择的实体表面用实体上其他面或单独的其他面来替换。

4.7　实体操作

4.7.1　插入新的几何体

基于草图建立、修饰特征的方式所创建的几何体只是一个实体,必须再插入新实体才能进行实体间的逻辑运算。

点取按钮![icon]或选择菜单【插入】→【几何体】,就会在当前文件中创建一个新的几何体,名称按顺序自动生成:几何体.2、几何体.3 等,如果不满意可以对其改名。在一个文件中可以创建多个几何体,几何体之间可以没有任何关系,也可以互相利用其他几何体中的特征作为设计的参考元素。创建几何体的主要目的是便于管理实体的特征。对于一个复杂的实体,把相似的特征或者相对独立的一组特征放到一个几何体内,最后通过布尔运算把多个几何体组合到一起,这样可使设计思路更清晰,修改的时候更方便,见图 4-39。

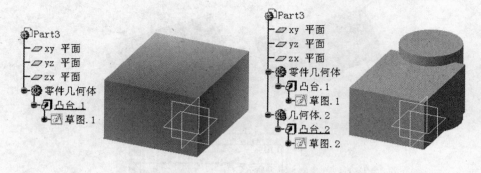

图 4-39　插入一个新的几何体

4.7.2　装配

装配功能 ⚙ 是将一个文件中的两个几何体组合到一起,如果两个几何体都是通过增加材料方式创建的话,组合的结果会将两个几何体加到一起;如果其中一个几何体是利用减材料的特征创建方式(挖槽、移去放样体等)创建的话,组合的结果是在两个几何体间作减运算;如果两个几何体都是利用减材料的特征创建方式(挖槽、移去放样体等)创建的话,组合的结果是在两个几何体间作加运算。

两个几何体都是通过增加材料的方式创建时,两个几何体特征加到一起,从图形上看没有变化,但从历史树中我们可以看到两个几何体变为一个,见图 4-40。

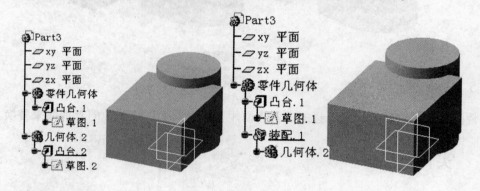

图 4-40　装配几何体

4.7.3　添加

添加功能 ⚙ 可将两个几何体特征加到一起,变为一个几何体,见图 4-41。

4.7.4　相减

相减功能 ⚙ 可使一个几何体从另外一个几何体中移走相应的材料,使两个几何体关联到一起,见图 4-42。

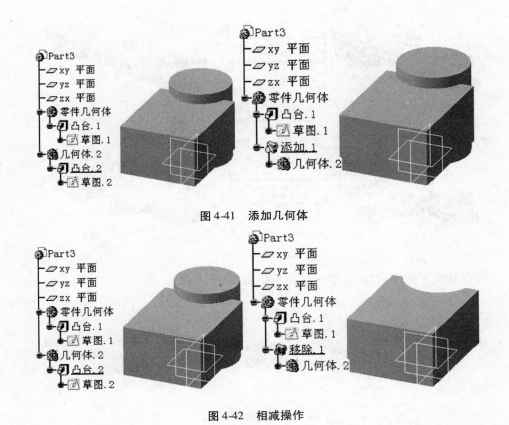

图 4-41　添加几何体

图 4-42　相减操作

4.7.5　求交

求交功能⊗用于获得两个几何体的公共部分,见图 4-43。

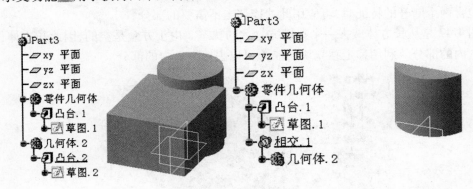

图 4-43　求交操作

4.7.6　联合修剪

联合修剪功能⊗允许几何体间在作加运算的时候,保留需要的部分,移走不需要的部分。

(1)只有选择的部分被移走,其他部分保留,见图 4-44。

图 4-44　联合修剪(1)

(2)只有选择的部分被保留,其他部分移走,见图 4-45。

图 4-45　联合修剪(2)

(3)仅指明了保留区域,移走区域不用指明,见图 4-46。

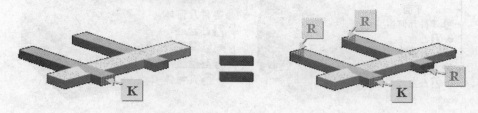

图 4-46　联合修剪(3)

4.7.7　移走独立块

移走独立块功能 可以从参与运算的几何体中去掉选中的某些部分。当一个几何体内包含两个断开的特征时,可应用此功能移走不需要的部分。

图 4-47 是从长方体减去一个拔模方盒后的状态。由于方盒是空的,因此长方体保留了方盒内的部分。利用移走独立块功能 可以去掉方盒内的部分。

图 4-47　移走独立块示例

操作过程步骤是:单击图标 ,选择图 4-47 所示几何体或者在特征树上选择"移除.1",随后弹出定义移除块对话框。单击对话框的"要移除的面",选择长方体顶面中心,被选中的表面呈深红色显示。单击"确定"按钮,结果见图4-48。

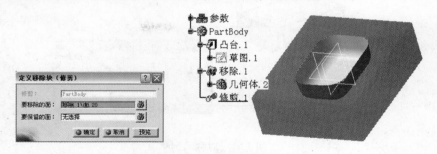

图 4-48 移走独立块设置及结果

4.7.8 平移

点击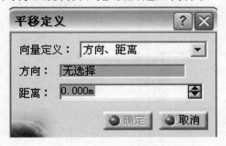,出现如图4-49所示对话框,选择直线、实体棱边或平面定义移动方向,定义移动距离,则以直线方式移动整个几何体。

4.7.9 旋转

点击 ,出现如图4-50所示对话框,选择直线或实体棱边定义旋转轴线,定义旋转角度,则将以旋转方式移动所选几何体。

图 4-49 平移定义对话框

图 4-50 旋转定义对话框

4.7.10 对称

单选或复选元素,点击 ,选择点、直线或面为对称中心、对称轴或对称面,则将当前的形体变换到与指定对象对称的位置,见图4-51。

4.7.11 镜像

镜像功能 与对称功能的相同之处是都指定一个镜像(对称)平面,不同之处是,经过镜像,镜像前的形体改变为一个特征,在镜像平面另一侧新产生一个与之对称的特征,但它们都属于当前形体,见图4-52。另外,镜像时选择的对象既可以是当前形体,也可以是一些特征的集合。

4.7.12 矩形阵列

矩形阵列功能 可以将整个形体或者几个特征复制为 m 行 n 列的矩形阵列。点击

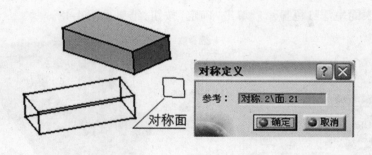

图 4-51　对称示例

图 4-52　镜像示例

时首先预选需要阵列的特征,如果不预选特征,当前形体将作为阵列对象。单击该图标,弹出如图 4-53 所示对话框,定义实例个数和间距等参数即可。

图 4-53　矩形阵列设置及示例

当"保留规格"一项被选时,假如被阵列特征凸台的限制参数为"直到曲面",则阵列后凸台特征的界限也是"直到曲面",见图4-54。

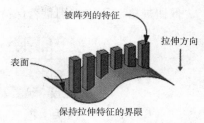

图 4-54　矩形阵列示例

4.7.13　圆形阵列

圆形阵列功能 ⊕ 可以将当前形体或一些特征复制为 m 个环,每环 n 个特征的圆形阵列。点击时首先预选需要阵列的特征,如果不预选特征,当前形体将作为阵列对象。单击该图标,弹出如图4-55所示对话框,定义实例个数和角度间距等参数即可。

图 4-55　圆形阵列设置及示例

4.7.14　用户定义阵列

用户定义阵列功能 ⊅ 是生成用户自定义的阵列。用户定义阵列与上面两种阵列的不同之处在于阵列的位置是在草图设计模块确定的,见图4-56。

图 4-56　用户定义阵列示例

图 4-57 所示对话框中:

"位置":可选择绘制定位点的草图。

"定位":用于改变阵列特征相对于草图点的位置。

"对象":可选择要被阵列的对象,可以是单个特征,一些特征的组合或整个形体。

"保留规格":用来识别是否保持被阵列特征的限制参数,参照矩形阵列。

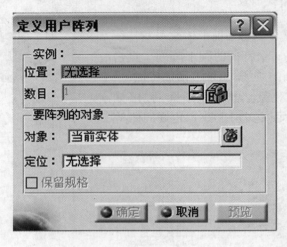

图 4-57   定义用户阵列对话框

4.7.15   比例缩放

比例缩放功能▨可通过基准面和比例因子缩放形体,在缩放过程中形体只在基准面的法线方向上缩放。

(1)以一点为中心将几何体按比例整体缩放,参数大于 1 则放大实体,小于 1 则缩小实体,见图 4-58。

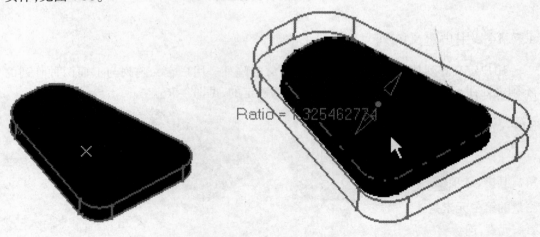

图 4-58   比例缩放示例(1)

(2)以平面为参考元素,单向缩放实体,见图 4-59。

图 4-59　比例缩放示例(2)

4.8　辅助工具

4.8.1　更新操作

当零件有参数改变时,更新操作按钮🔄会自动高亮显示,点击该按钮,系统会按照最新参数重新计算。点击按钮🔄为启用手动更新模式。

4.8.2　用户坐标系

当所设计零件与系统坐标系相距较远或有一个夹角时,为了设计方便,可以自定义用户坐标系。用命令🔧可创建多个用户坐标系,见图4-60。创建的方式有两种:选择已有几何特征,键入坐标值。

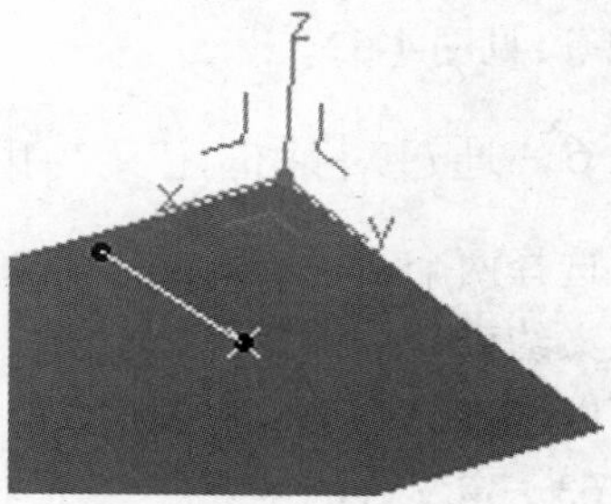

图 4-60　创建用户坐标系示例

4.8.3　建立基准

点击建立基准命令🔧后,再创建的一些参考元素(点、线、平面、曲面等)将没有创建历史记录,为不可编辑元素。

点击此命令一次,只对接下来一步操作有效;双击此命令,可使此命令永久有效,即此后所创建的所有元素都不带历史。如果想恢复历史记录功能,再点击此按钮一次即可。

4.8.4　测量两个元素间距

测量两个元素间距命令📏用于测量两个元素(曲面、棱线、端点、实体等)间的距离或夹角。其中,选项📏表示测量被选元素的距离或角度;选项📏表示可以连续测量,上一次测量的第二元素是下一次测量的第一元素;选项📏也表示可以连续测量,但是固定测量的第一元素,连续测量所选的元素与此元素的距离或角度。图4-61为测量间距对话框。

4.8.5　测量单一元素尺寸

测量单一元素尺寸命令📐用于测量单个元素的几何信息,例如点坐标、线段长度、表

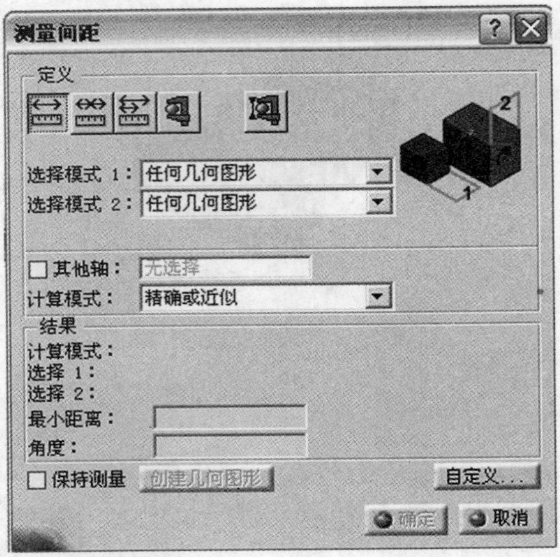

图 4-61　测量间距对话框

面积等,见图4-62。

4.8.6　通过对话框定义约束

选择两个元素(用 Ctrl 键多选)后,点取通过对话框定义约束命令▣后可以弹出一个对话框,允许的约束可以选择,不允许的约束呈灰色显示,不可选取,见图4-63。定义好的约束在三维空间中显示,可以对此约束尺寸修改,从而改变特征形状。

图 4-62　测量单一元素尺寸示例

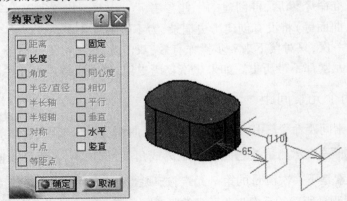

图 4-63　通过对话框定义约束设置及示例

在零件设计平台允许的约束包括:距离、长度、角度、固定、相切、一致、平行、垂直,其符号与草图中的基本相同。通过对约束尺寸的修改可以改变特征形状,当约束尺寸周围有括号时,说明该尺寸不是驱动尺寸,所以不能通过改变它来改变特征形状。

4.8.7 直接约束

直接约束命令 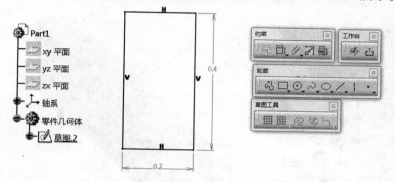 与通过对话框定义约束命令 的区别在于没有对话框弹出,其他的应用都是相同的。

4.9 实 例

建立一根宽为 200 mm 及梁高为 400 mm 的简支梁。

步骤如下:

(1)进入零件设计模块,单击 图标,选择 yz 平面为参考平面,进入草图绘图模式。

(2)单击轮廓工具条中的 图标,绘制梁截面轮廓,如图 4-64 所示。

(3)单击约束工具条中的 图标,对梁宽、梁高进行约束,如图 4-64 所示。

图 4-64 对梁宽、梁高进行约束

(4)单击工作台工具条中的 图标,退出草图绘制模式。

(5)单击基于草图的特征工具条,单击 图标,如图 4-65 所示。

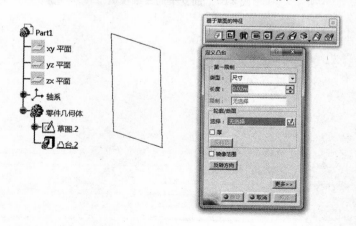

图 4-65 创建凸台

(6)"轮廓/曲面"选择草图 2,"类型"选择长度,"长度"选择 6 m,如图 4-66 所示。

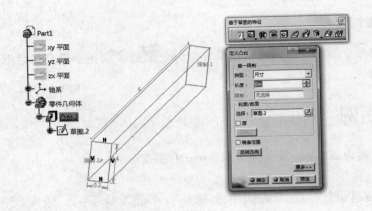

图 4-66　相关设置

（7）单击确定，即可得到该简支梁的三维模型，如图 4-67 所示。

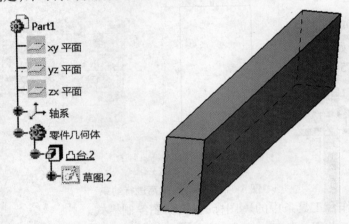

图 4-67　简支梁的三维模型

第 5 章　创成式外形设计

CATIA V5 的创成式外形设计(GSD)模块包括线框和曲面造型功能,它为用户提供了一系列应用广泛、功能强大、使用方便的工具集,以建立和修改用于复杂外形设计所需的各种曲面。同时,创成式外形设计方法采用了基于特征的设计方法和全相关技术,在设计过程中能有效地捕捉设计者的设计意图,因此极大地提高了设计者的质量与效率,并为后续设计更改提供了强有力的技术支持。

5.1　进入创成式外形设计界面

有以下三种途径进入创成式外形设计界面:

(1)用【开始】菜单生成新的零件实体。选择菜单【开始】→【形状】→【创成式外形设计】,进入如图 5-1 所示创成式外形设计界面。

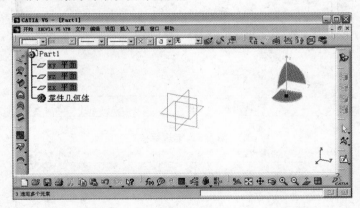

图 5-1　创成式外形设计界面

(2)用【新建】命令生成新的外形几何体。选择菜单【文件】→【新建】,此时会弹出一个新建对话框,见图 5-2。

选取 Shape 选项。如果你在自定义时有相应的设置,此时会出现新建零件对话框,可以输入新零件的名字等特性。

按确定按钮,进入创成式外形设计界面。

(3)从窗口下部的工作台工具条上选择外形设计图标 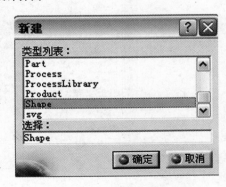,即可进入创成式外形设计界面。

图 5-2　新建对话框

5.2　创成式外形设计环境设定

　　合理设置实体设计环境,可以帮助设计者更有效地使用相关命令。对于图形的显示、元素的选取等都有一些默认的设置,这些设置在 CATIA 的环境设置对话框中都可以调整。对于创成式外形设计的环境设置,除沿用零件设计的相关参数外,还有单独的设置。选择菜单【工具】→【选项】→【形状】→【创成式外形设计】,打开创成式外形设计的环境参数设定界面,在此窗口中有两个标签,分别对应不同的参数。默认选项如图 5-3 和图 5-4 所示,各设置的意义是明显的,不再详细说明,用户可根据需要设定。

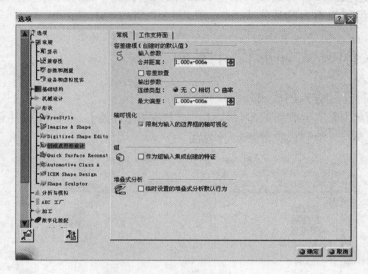

图 5-3　常规标签

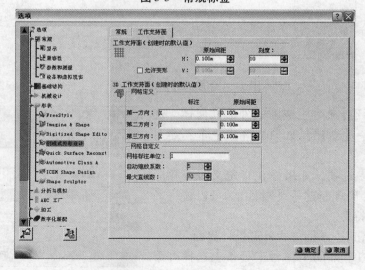

图 5-4　工作支持面标签

5.3 工具条及功能

除进入草图工作台和退出草图工作台两个工具条命令外,CATIA V5 的创成式外形设计界面主要由以下几类工具条组成:线框造型、高级曲面造型、几何操作、分析、约束、注解、工具和复制等,这些工具条可以在界面上用鼠标拖动和关闭。工具条中带三角下标的命令可以扩展为多项命令。

(1)线框造型命令,见表 5-1。

表 5-1　线框造型命令

图标	功能	图标	功能	图标	功能
	创建一个点		创建多点/平面		创建极值元素
	创建极坐标极值元素		创建直线		创建折线
	创建平面		在两平面之间创建多个平面		创建圆
	创建二次曲线		创建平面螺旋线		创建样条线
	创建螺旋线		创建脊线		创建拐角
	创建桥接线		创建平行曲线		创建投影线
	创建组合投影线		创建反射线		创建交线

(2)几何操作命令,见表 5-2。

表 5-2　几何操作命令

图标	功能	图标	功能	图标	功能
	合并几何元素(线、面)		缝补曲面		曲线光顺
	恢复被修剪曲面		分解几何元素		切割曲面或线框元素
	修剪曲面或线框元素		提取曲面边界线		提取
	多重提取		两曲面倒圆		曲面棱线倒圆
	变半径倒圆		面—面倒圆		三面相切倒圆
	平移几何体		转动几何体		对称几何体
	缩放几何体		仿射变形		定位变换
	延长曲线/曲面		曲线/曲面反向		近接,从组合体中提取与参考对象最近部分的元素
	创建规则				

（3）分析命令，见表5-3。

表5-3　分析命令

图标	功能	图标	功能	图标	功能
	曲面连接性检查		曲线连接性检查		拔模角分析
	曲面曲率映射分析		曲线曲率分析		

（4）约束命令，见表5-4。

表5-4　约束命令

图标	功能	图标	功能
	使用对话框进行约束		直接约束

（5）注解命令，见表5-5。

表5-5　注解命令

图标	功能	图标	功能	图标	功能
	带指引线的注解		带指引线的标示注解，创建超级链接		打开/关闭3d标注查询

（6）超级副本工具，见表5-6。

表5-6　超级副本工具

图标	功能	图标	功能	图标	功能
	对象复制		矩形阵列		圆形阵列
	复制几何图形集		创建超级副本		创建用户特征
	将对象存入目录				

（7）高级曲面造型命令，见表5-7。

表5-7　高级曲面造型命令

图标	功能	图标	功能	图标	功能
	创建凸凹		创建包裹曲线		创建包裹曲面
	创建渐变外形				

当工具条被关闭后，可按下述办法复原：

（1）选择菜单【工具】→【自定义】，弹出自定义对话框。

（2）选择工具栏标签，单击"恢复位置"。

（3）单击"确定"。

（4）单击"关闭"。

5.4　线框造型生成

5.4.1　点的生成

在 CATIA V5 中，生成点的步骤为：点击 ·，选择生成点的类型；输入相应参数；点击确定按钮，生成点。其中，点的类型有以下几种：

（1）坐标点：它用于生成相对于参考点来指定 x、y、z 坐标值的点。系统默认参考点为坐标原点，也可以自行指定参考点。

（2）曲线上的点：它用于生成位于指定曲线上，并离参考点为指定距离的点。系统默认参考点为曲线的端点，也可以自行指定参考点。系统提供了三种指定距离的方法：一是指定在曲线上的距离，二是指定在某一方向上的距离，三是指定相对曲线长度的比例。另外，测地距离是指沿曲线从参考点到生成点之间的距离，而直线距离是指从参考点到生成点之间的最短距离。

（3）平面上的点：它用于生成位于指定平面上，并相对参考点为指定 H、V 坐标值的点。

（4）曲面上的点：它用于生成位于指定曲面上，并在指定方向上与参考点相距指定距离的点。

（5）圆心点：它用于生成所选择圆的圆心点。

（6）曲线的切点：它用于生成指定曲线在指定方向上的切点。

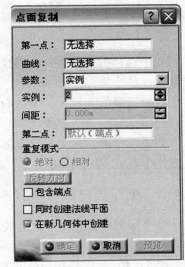

（7）中间点：它用于生成位于指定两点（点 1、点 2）之间，在指定比例上的点。其中，比例值为第一点到生成点之间的距离除以第一点到第二点之间的距离。

5.4.2　创建多点/平面

创建多点/平面功能 用于一次生成多个点，如果选中"同时创建法线平面"选项，还可一次生成多个平面。其操作步骤为：

（1）点击 ，出现如图 5-5 所示对话框。

（2）选择一条曲线或曲线上一点。

（3）输入要创建的点数（实例数）。如果选中"包含端点"选项，则两个边界点分别是第一个实例和最后一个实例。

图 5-5　点面复制对话框

（4）如果在第 2 步中选择的是一条曲线，则生成曲线的等距点。如果在第 2 步中选择的是曲线上一点,则显示一个箭头,表示生成从指定点到箭头对应的曲线端点间的等距点,可以编辑箭头的方向。

(5)如果在第 2 步中选择的是曲线上一点,还可以选择第二点,以生成两点间的等距点。

(6)如果在第 2 步中选择的是曲线上一点,则可以选择"参数"选项中的"实例与间距"项,这样就可以输入两点的间距,用点数(实例)和间距来生成点组。

(7)可以选中"同时创建法线平面"选项,以生成曲线所在点处的法平面。

(8)如果选中"在新几何体中创建"选项,则生成的元素放到一个新的几何体中。

(9)点击"确定"按钮,完成操作。

5.4.3　创建极值元素

创建极值元素功能 可在一个曲线、曲面或凸台上,在指定方向的最大或最小距离的位置上创建一个极值元素,它可以是一个点、一条边界,也可以是一个面。图 5-6 为该功能的对话框。

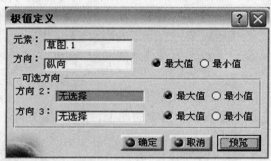

图 5-6　极值定义对话框

如果选择的元素为一条曲线,则在指定方向上生成极值点,即在曲线上,指定方向上的最大或最小坐标点。

如果选择的元素为一个曲面,则根据指定的方向(可以指定其他两个方向),可能会生成一个点或一条边界线。

如果选择的元素为一个实体,则根据指定的方向(可以指定其他两个方向),可能会生成一个点、一条边界线或一个面。

5.4.4　创建极坐标极值元素

极坐标极值元素是平面曲线上的一个在指定方向上的极坐标的极值点。图 5-7 为其对话框。

图 5-7 中,轮廓是指极值元素所在的曲线,支持面是指轮廓所在的面,轴部分用来指定极坐标的坐标原点及参考方向。

此功能可以创建四种类型的极坐标极值元素,见图 5-8。

图 5-7　极坐标极值定义对话框

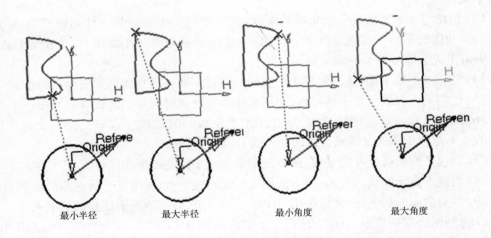

最小半径　　　　　最大半径　　　　　最小角度　　　　　最大角度

图 5-8　极坐标极值元素类型

5.4.5　直线的生成

在 CATIA V5 中提供了多种生成直线的方法。如果指定支持面,最后生成的直线会被投影到支持面上。

点击✐,出现如图 5-9 所示对话框。通过选择线型,可以通过两点生成直线(点 - 点)、通过点和指定方向生成平行的直线(点 - 方向)、生成通过一点与一曲线成一定角度的直线(曲线的角度/法线)、生成曲线的切线、生成曲面法线、生成两直线之间的角分线等。

5.4.6 折线的生成

所谓折线是指由多条首尾相连的直线组成的直线段组,在相邻两直线之间可以倒角。它对创建管道之类的柱圆很有帮助。

点击⌒,选择组成折线的点,可以通过对话框右侧的按钮编辑点;也可以对除端点外的所有点添加倒角半径,方法是在列表中选择要添加倒角的点,在半径域中输入倒角半径。可以预览结果,也可以按"确定"后生成折线。

5.4.7 平面的生成

点击▱,在 CATIA V5 中提供了以下几种生成平面的方法:

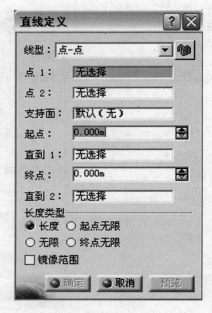

图5-9   直线定义对话框

(1)创建偏移平面:该方法用于生成一个与参考平面平行,并相距一定距离的平面。

(2)创建过点且平行于参考平面的平面:该方法用于生成通过一点,并与参考平面平行的平面。

(3)创建与参考平面成一定角度的平面:该方法用于生成过某一转动轴且与参考平面成指定角度的平面。如指定角度为 0°,则待生成平面与参考平面平行;如指定角度为 90°,则待生成平面与参考平面垂直。

(4)过三点创建平面:该方法用于生成同时通过不在一条直线上的三个点的平面。

(5)过两共面直线创建平面:该方法用于生成同时通过两条共面直线的平面。

(6)过一点和一直线创建平面:该方法用于生成同时通过一点和一条直线的平面。所选的点不能位于所选直线或直线的延长线上,否则无解。

(7)创建平面曲线所在的平面:该方法用于生成平面曲线所在的平面。

(8)创建垂直于曲线的平面:该方法用于生成通过一点,并垂直于所选曲线的平面。

(9)创建曲面的切平面:该方法用于生成通过一点,并与所选曲面相切的平面。

(10)利用公式创建平面:该方法用于生成公式为 $AX + BY + CZ = D$ 的平面。其中公式中的 A、B、C、D 四个参数的数值由用户输入。

(11)创建一组点的拟合平面:该方法生成一组点的拟合平面。所生成平面是按如下算法完成的:已知点与所生成平面之间距离值的总和为最小(最小二乘法)。

5.4.8 在两平面间创建多个平面

点击▨,在两平面间创建多个平面,该功能用于在两个已有平面间创建指定数量的平面。其操作比较简单,首先选择两个平面,然后输入要生成的平面数(实例),最后点击"确认"按钮,即可一次生成多个平面。如果选择了"在新几何体中创建"选项,则在特征树中,生成的平面组放于一个新的几何体中。

5.4.9　圆的生成

点击⬭,生成一个圆,用此功能既可以生成平面圆,也可以在曲面支持面上生成圆在该支持面上的投影。它提供了以下几种定义圆的方法:

(1)定义圆心和圆的半径:该方法是通过定义圆心、半径和支持面的方法来定义圆的。

(2)定义圆心和圆上一点:该方法是通过定义圆心、圆周上一点以及支持面的方法来定义圆的。

(3)定义圆上两点和圆的半径:该方法用于生成已知圆上两点及半径的圆。所选择的点应位于支持面上,且两点间距必须小于等于二倍的半径值。

(4)三点圆:该方法用于生成通过指定三点的圆。

(5)双切、半径定义圆:该方法用于生成与所选择的两个元素(点或曲线)相切的,指定半径值的圆。当有多个可能的结果存在时,可以在所想生成圆的位置点击左键,以生成所需的圆。

(6)双切、点定义圆:该方法用于生成通过一点,并与所选择的两个元素(点或曲线)相切的圆。

(7)三切圆:该方法用于生成与指定三元素(点或曲线)相切的圆。

5.4.10　拐角的生成

拐角是指在两个线框元素之间生成一个定半径的圆弧段,并与这两个线框元素相切,即在两个线框元素之间倒圆角。生成拐角元素的步骤如下:

(1)点击拐角工具条⬭或选择菜单【插入】→【线框】→【圆角】,出现如图5-10所示对话框。

(2)选择曲线或点作为元素1。

(3)选择曲线作为元素2。

(4)选择支持面。

(5)输入半径值。

(6)当有多个可能的结果存在时,选"下一个解法"按钮,以生成所需拐角。

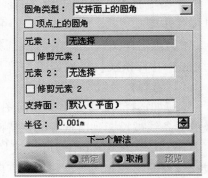

图 5-10　圆角定义对话框

(7)可以选择"修剪元素"选项,将拐角元素的多余部分剪切掉。

(8)按"确定"按钮,生成拐角。

5.4.11　连接曲线的生成

连接曲线是指在两个线框元素之间生成满足指定几何约束条件(点连续、相切连续、曲率连续)的中间曲线。其生成步骤为:

(1)点击连接曲线工具条⬭或选择菜单【插入】→【线框】→【连接曲线】,出现如图5-11所示对话框。

（2）选择第一曲线及连接曲线在该曲线上的边界点，可以用鼠标动态移动边界点。

（3）选择第二曲线及连接曲线在该曲线上的边界点。

（4）指定连续性类型：点连续、相切连续、曲率连续。

（5）如果必要的话，指定"张度"，该值表示所选曲线对所生成的曲线贡献率的大小，其值越大，表示所选曲线对所生成的连接曲线的贡献越大，即所生成的曲线越逼近所选曲线。

（6）在曲线的每一个端点上都显示一个箭头，它表示曲线在端点的方向。可以点击箭头，以改变其方向。

（7）可以选择"修剪元素"选项，将拐角元素的多余部分剪切掉。

（8）按"确定"按钮，生成连接曲线。

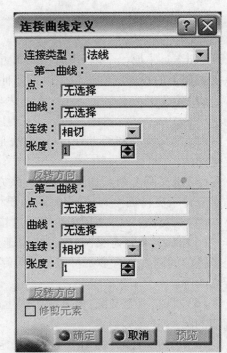

图5-11　连接曲线定义对话框

5.4.12　样条线的生成

样条线是由一系列点拟合而成的光滑曲线。其操作步骤为：

（1）点击样条线工具条 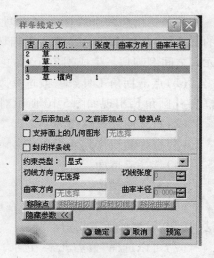或选择菜单【插入】→【线框】→【样条线】，出现如图5-12所示对话框。

（2）选择样条线所通过的点。

（3）如选择"支持面上的几何图形"选项，则待生成的样条线被投影到所选择的支持面上。

（4）在样条线的点上，可设置切线方向，使样条线在该点的切线方向与设定切线方向平行。

其方法是：在对话框上侧列表中选择要设置相切方向的点，在对话框上侧的"切线方向"输入框中选择一条直线或一个平面来指定一个方向，或在该输入框用弹出菜单来指定一个方向。

（5）如有必要，可对要生成的样条线进行修改、编辑处理：在所选点之后添加点；在所选点之前添加点；移去所选点；用另一点替代所选点。

（6）也可在所选点上进行以下信息的编辑处理：切线方向、切线张度、曲率方向、曲率张度。

（7）如要生成封闭样条线，点选"封闭样条线"选项。

（8）按"确定"按钮，生成样条线。

图5-12　样条线定义对话框

5.4.13 脊线的生成

脊线是一条与一系列平面或平面曲线垂直的曲线。脊线在扫掠曲面、放样曲面等造型时特别有用。

点击█,可生成脊线,CATIA V5 提供了两种生成脊线的方法:

(1)利用一组平面生成脊线(如图 5-13(a)所示)。选择一组平面,系统会生成一条与所有平面垂直的脊线。也可以指定一个开始点,如果所选择的开始点不在所选择的平面上,系统会自动将其投影到第一个平面上作为脊线的开始点。

(2)利用两条引导线生成脊线(如图 5-13(b)所示)。选择两条引导线,系统会自动生成相对应的脊线。这种脊线在创建扫掠面时非常有用。

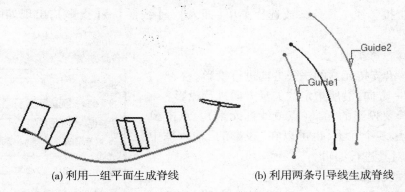

(a) 利用一组平面生成脊线   (b) 利用两条引导线生成脊线

图 5-13   脊线的生成

5.4.14 平行曲线的生成

创建平行曲线功能用于生成参考曲线的平行曲线。其生成步骤为:

(1)点击平行曲线工具条❤或选择菜单【插入】→【线框】→【平行曲线】。

(2)选择平行曲线的平行模式:

●直线距离:在此模式下,平行曲线之间的距离是指两线的最短距离。

●测地距离:在此模式下,平行曲线之间的距离是指平行曲线与参考曲线在支持面上的距离。

(3)选择平行圆角类型,该选项对曲线出现尖角时有用。

●尖拐角:平行曲线考虑到原始参考曲线的角度。

●圆拐角:在原始曲线的尖角处,平行曲线加倒角。

(4)选择要平行处理的曲线。

(5)选择曲线所在的支持面。

(6)指定偏移类型,并输入相应的参数。

●常量:输入偏距值。

●法则曲线:指定规则。

(7)选择"双侧"选项,则生成以参考曲线为对称线的两条平行曲线。如需一次生成多条间距一致的平行曲线,可以选择"确定后重复对象"选项。

(8)按"确定"按钮,生成平行曲线。

5.4.15 投影线的生成

创建投影线功能用于把几何元素投影到支持面上,生成投影元素。能够投影的元素有:

- 点,投影到曲面或线框元素上。
- 曲线,投影到曲面上。
- 多点或多个线框元素,投影到曲面上。

生成投影线的具体步骤为:

(1)点击投影线工具条 或选择菜单【插入】→【线框】→【投影】,出现如图 5-14 所示对话框。

(2)选择投影类型:

- 法线:沿支持元素的法矢方向进行投影。
- 沿某一方向:沿所指定的矢量方向进行投影。

图 5-14 投影定义对话框

(3)选择要投影的元素(点或线框元素)。点击 ,可以一次投影多个元素,也可以在"投影的"输入框中,用弹出菜单对其进行编辑。

(4)选择支持面。

(5)如果选择沿某一方向投影,则选择投影矢量。

(6)如果有多个可能的结果,选择"近接解法"选项,以保留最近的投影。

(7)按"确定"按钮,生成投影元素。

5.4.16 组合投影线(相贯线)的生成

组合投影线也叫相贯线,其定义为:两条曲线分别沿着两个给定方向(默认的方向为曲线的法线方向)拉伸,拉伸的两个曲面(实际上不生成曲面的几何图形)在空间的交线。

生成组合投影线的具体步骤为:

(1)点击组合投影线工具条 或选择菜单【插入】→【线框】→【混合】。

(2)选择组合曲线的类型:

- 法向:沿曲线所在平面的法向进行拉伸而得到交线。
- 沿方向:按指定的方向对曲线进行拉伸而得到交线。

(3)选择两条参考曲线。

(4)如果选择"沿方向"组合方式,则要连续选择两个拉伸方向(方向 1、方向 2)。

(5)如果有多个可能的结果,选择"近接解法"选项,以保留最靠近第一条参考曲线的结果。

(6)按"确定"按钮,生成组合曲线。

5.4.17 反射曲线的生成

反射线定义为:光线由特定的方向射向一个给定曲面,反射角等于给定角度的光线即为反射线。反射线是所有在给定曲面上的法线方向与给定方向夹角是给定角度值的点的集合。

其具体的生成步骤为:

(1)点击反射线工具条✎或选择菜单【插入】→【线框】→【反射线】。

(2)连续选择支持面与指定的方向。

(3)输入角度值,也可以用鼠标动态修改角度值。

(4)在"角度参照"中,如果选择了"法向"选项,该角度为所选矢量方向与曲面法矢方向之间的夹角。如果选择了"切向"选项,该角度为所选矢量方向与曲面切平面之间的夹角。

(5)按"确定"按钮,生成反射曲线。

5.4.18 相交元素的生成

该功能用于生成两相交几何体的相交点或相交线。相交几何体可以是线框或曲面。相交元素大致包括四种情况:①线框元素之间;②曲面之间;③线框元素和一个曲面之间;④曲面和拉伸实体之间。

其具体的生成步骤为:

(1)点击相交元素工具条✎或选择菜单【插入】→【线框】→【相交元素】。

(2)连续选择两个几何体(线框或曲面)(第一元素、第二元素),两者都可以多选。

(3)选择所生成相交元素的类型:

• 曲线:当一曲面与另一曲面相交时,可以选此项。

• 点:当一曲线与另一曲线或一曲面相交时,可以选此项。

• 轮廓线:当一曲面与另一曲面或实体相交时,可以选此项。

• 面:当一曲面与另一实体相交时,可以选此项。

(4)点击"确定"按钮,生成所选两几何体的交点、交线或相交面。

5.5 曲面造型功能

曲面造型命令除在工具条中点击外,还可通过菜单【插入】→【曲面】找到相应的命令。

5.5.1 拉伸面的生成

拉伸面是将一轮廓线沿一指定方向拉伸一定距离而得到的曲面。

其具体的生成步骤为:

(1)点击拉伸工具条✎。

(2)选择轮廓线。

（3）选择拉伸方向。拉伸方向可以是坐标轴 x/y/z、定义的直线段或平面元素。如选择平面元素，则曲线拉伸方向为所选平面的法矢方向。

（4）输入确定拉伸范围的参数：限制1、限制2，或把操作箭头定位在限制1、限制2字符上，按住左键，随鼠标动态修改其值大小。

（5）可以点击"反转方向"选项，反置曲面拉伸方向。

（6）点击"确定"按钮，生成拉伸面，见图5-15。

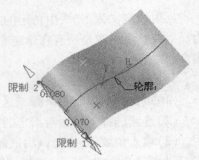

图 5-15　创建拉伸面示例

5.5.2　旋转面的生成

旋转面是指将一轮廓线绕一轴线转动一定角度而生成的曲面。

其具体的生成步骤为：

（1）点击旋转面工具条 。

（2）选择轮廓线。

（3）选择旋转轴。注意：轮廓线和旋转轴不能相交。

（4）输入确定旋转面的旋转范围的参数：角度1、角度2，或把操作箭头定位在图形窗口角度1、角度2字符上，按住左键，随鼠标动态修改其值大小。

（5）点击"确定"按钮，生成旋转面。

5.5.3　球面的生成

其具体的生成步骤为：

（1）点击球面工具条 。

（2）选择球心。

（3）选择球面轴线，它决定球的方位。

（4）输入球半径。

（5）修改所需球面的范围：纬线起始角度和终止角度，以及经线的起始角度和终止角度。既可以输入相应的数值，也可以通过鼠标动态修改。

（6）点击"确定"按钮，生成球面，见图5-16。

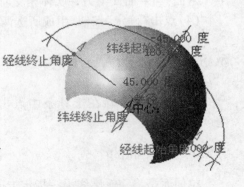

图 5-16　创建球面示例

5.5.4　偏移曲面的生成

该功能用于生成指定曲面的偏移曲面。其具体的生成步骤为：

（1）点击偏移工具条 。

（2）选择要偏移的曲面。

（3）输入偏移距离值。

（4）可以通过点击偏移方向箭头或按"反转方向"按钮反置偏移方向。

（5）如要多次偏移，可以点选"确定后重复对象"选项。如点选了"确定后重复对象"选项，则需输入重复次数。

（6）可以选择"双侧"选项，生成以参考曲面为对称面的两个对称偏移曲面。

（7）点击"确定"按钮，生成偏移曲面，见图5-17。

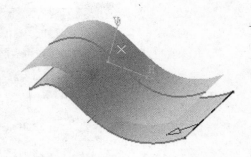

图 5-17　创建偏移曲面示例

5.5.5　扫掠曲面的生成

该功能用于生成扫掠曲面，它是将平面轮廓线沿用户定义的参数（如引导曲线或参考元素）运动，在轮廓线运动、变化过程中，轮廓线所在的平面始终与脊线垂直，而生成的曲面。

在创建扫掠曲面时，对所用元素的要求为：

- 在构造扫掠曲面时，轮廓线只能有一条，且必须是平面曲线。
- 用一条或两条引导曲线控制扫掠曲面的生成。引导曲线必须至少满足切线连续要求，它可以是平面曲线或空间曲线。
- 可定义一个参考曲面来引导和控制扫掠曲面。
- 可定义一条脊线来控制轮廓线的运动方位，在生成扫掠曲面过程中，引导曲线所在的平面始终与脊线垂直。脊线必须至少满足切线连续要求。

用此功能，可以生成四种轮廓类型的扫掠曲面。

5.5.5.1　显式轮廓类型

该类型要求明确指定扫掠曲面的轮廓线。其中，轮廓线不能呈现 H 型或 T 型形状。其创建的具体步骤为：

（1）点击扫掠工具条，出现如图5-18所示对话框。

（2）选择显式轮廓线扫掠方式。

（3）选择平面轮廓线。

（4）选择引导线。

（5）如有必要，选择脊线。如果没有选择脊线，系统就自动将引导线作为脊线。

（6）如果造型需要，可选择 1～2 个边界。

（7）如果需手动定位轮廓线，就选择"定位轮廓"选项。然后，就可以直接操纵轮廓线或用参数定位轮廓线。

（8）选择"光顺"选项，以生成光顺的扫掠曲面。

（9）点击"确定"按钮，生成所需的扫掠曲面（如图5-19所示）。

5.5.5.2　直线轮廓类型

该功能用来生成扫掠曲面，用于构造扫掠曲面的轮廓线为直线段。用直线轮廓生成扫掠曲面的对话框如图5-20所示。

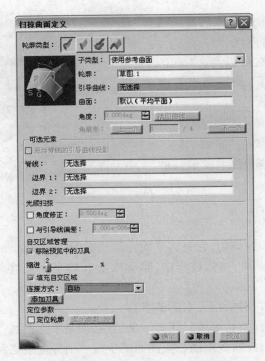

图 5-18   用显式轮廓生成扫掠曲面的对话框

直线轮廓有以下五种类型：

● 两条限制线：在这种情况下，用户需指定两条引导线（引导曲线 1、引导曲线 2），可以指定一个或两个数（长度 1、长度 2）来控制轮廓线的尺寸，其中第一个尺寸（长度 1）指轮廓线相对第一条引导线伸出的长度，第二个尺寸（长度 2）指轮廓线相对第二条引导线伸出的长度。各参数的意义可以参见对话框左侧的示意图。

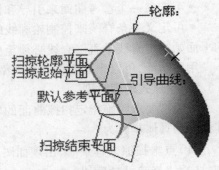

图 5-19   显式轮廓类型示例

● 一条限制线和一条中间线：在这种情况下，用户需指定两条引导线（引导曲线 1、引导曲线 2），系统将第二条引导线作为扫掠曲面的中间曲线。

● 采用参考曲线：选择一条引导线、一条参考线和输入角度值；输入一个或两个值来定义待生成扫掠曲面的宽度。

这种扫掠曲面按如下方式生成：以选择的引导线和参考线构成一个参考曲面，以引导线为基准线，且与参考曲面成输入角度值来构成扫掠曲面，扫掠曲面的宽度由输入的一个或两个值来决定。如输入一个值，则生成的扫掠曲面以引导线为曲面的边界线，曲面的宽度值为输入值；如输入两个值，则生成的扫掠曲面以引导线为曲面的中间线，以引导线为基准进行计量，曲面两侧的宽度分别为输入的两个值。

● 采用参考曲面：选择引导线、参考面和输入角度值；引导线必须完全在参考面内；输入一个或两个值来定义待生成扫掠曲面的宽度。

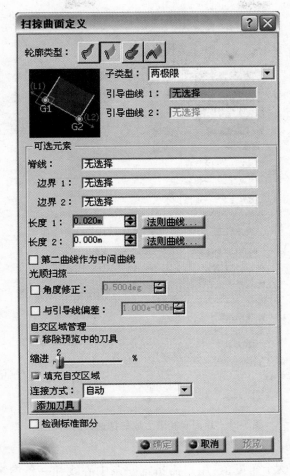

图 5-20 用直线轮廓生成扫掠曲面的对话框

　　这种扫掠曲面按如下方式生成:以选择的引导线为基准,生成的扫掠曲面与参考面的法矢方向成输入角度值来构造扫掠曲面。如输入一个值,则生成的扫掠曲面以引导线为曲面的边界线,曲面的宽度为输入值;如输入两个值,则生成的扫掠曲面以引导线为曲面的中间线,以引导线为基准进行计量,曲面两侧的宽度分别为输入的两个值。

　　•采用相切曲面:选择引导线和相切参考曲面,根据引导线和参考面的相互位置关系,有可能有多种答案,可以使用"下一个"按键来选择所要的曲面。

5.5.5.3　圆弧轮廓类型

　　该功能用于生成圆弧轮廓扫掠曲面。用圆弧轮廓生成扫掠曲面的对话框如图 5-21所示。它有以下六种扫掠方式:

　　•三条引导线:用户需指定用于确定圆弧轮廓形状的三条引导线。

　　•两条引导线和一个半径值:用户需输入用于确定圆弧轮廓形状的两条引导线及圆弧半径值。在这种情况下,有可能有多个答案,可以使用 Other Solution 按键来选择所需的曲面。

　　•一条中心线和一个半径值:用户指定一条中心线和一个半径值来确定圆弧轮廓

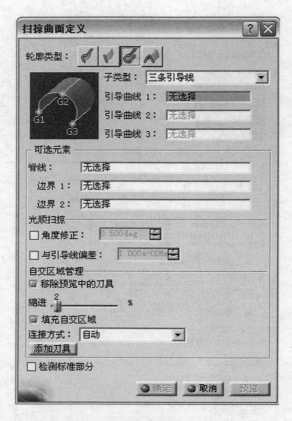

图 5-21　用圆弧轮廓生成扫掠曲面的对话框

形状。

● 一条中心线和两个角度值：用户需指定一条中心线和一条参考线，以及两个角度值。其中参考线与中心线各点之间的距离确定圆弧轮廓的半径值，两个角度值确定圆弧轮廓曲面的大小。

● 两条引导线和一个相切参考面：用户需指定两条引导线和一个相切曲面，生成的扫掠曲面在其中一条引导线上与参考曲面相切。在这种情况下，有可能有两种答案，可以从中选择所需曲面。

● 一条引导线和一个相切参考面：用户需指定一条引导线、一个相切参考面，以及圆弧轮廓的半径值，以确定圆弧轮廓形状。

各种生成方式示例见图 5-22。

5.5.5.4　二次曲线轮廓类型

该功能用于生成二次曲线轮廓扫掠曲面，如椭圆扫掠曲面、抛物线扫掠曲面和双曲线扫掠曲面。这些曲面是通过引导曲线、相切条件、角度和参数来定义的。用二次曲线轮廓生成扫掠曲面的对话框如图 5-23 所示。二次曲线轮廓扫掠方式有下列四种：

● 两条引导线：在该方式下，用户需指定两条引导线及各自的相切面，并相对于相切面定义角度值。另外，用户可以通过给定参数值来确定通过点的位置和二次曲线曲面的类型，其取值范围为 0~1。

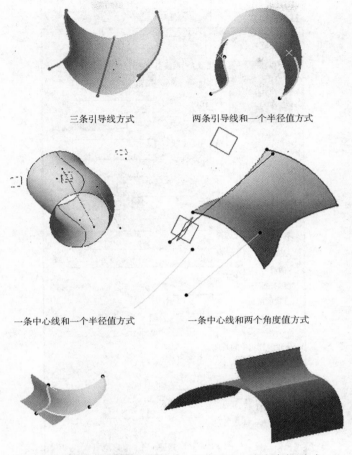

三条引导线方式   两条引导线和一个半径值方式

一条中心线和一个半径值方式   一条中心线和两个角度值方式

两条引导线和一个相切参考面方式   一条引导线和一个相切参考面方式

图 5-22　各种扫掠方式示例

● 三条引导线:在该方式下,用户需指定三条引导线和第一条及最后一条引导线的相切面,并相对于相切面定义角度值。

● 四条引导线:在该方式下,用户需指定四条引导线和第一条引导线的相切面,并相对于相切面定义角度值。

● 五条引导线:在该方式下,用户需指定五条引导线,系统用这五条曲线确定二次曲线轮廓的形状。

5.5.6　适应性扫掠曲面的生成

命令 用于生成适应性扫掠曲面。这种扫掠曲面的轮廓线不明确指定,且沿引导线方向有约束条件(对话框见图 5-24)。其生成步骤为:

(1)选择引导曲线。如果还不存在引导曲线,可以用右键弹出菜单创建一条直线或边界线作为引导线。系统默认引导线为脊线。

(2)如有必要,可选择参考曲面。引导线必须完全位于参考曲面上,系统用该曲面确定扫掠曲面的局部坐标系。如果所选择的引导线是一个曲面的边界线,则系统自动选择

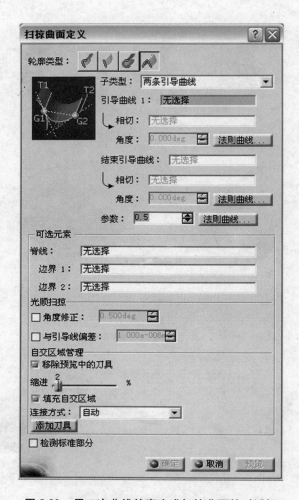

图 5-23　用二次曲线轮廓生成扫掠曲面的对话框

该边界所属的曲面为参考曲面。也可以用右键弹出菜单选择参考曲面。

　　（3）选择草图曲线,作为扫掠曲面的一条轮廓线。这时显示一个坐标系用以表示第一个断面线所在的平面。草图曲线所在的平面必须与脊线相垂直。

　　（4）选择引导曲线的终点,以生成另一截面线,在该截面线上显示一个坐标系。截面列表自动刷新为:

　　●第一个截面线位于所选草绘曲线和引导线相交的位置上。

　　●第二个截面位于所选引导线的所选点位置上。可以利用关联式菜单,对截面线进行编辑处理。

　　（5）按"预览"键,预览扫掠曲面。

　　（6）在"参数"选项窗口中,显示组成扫掠曲面的元素,可以编辑这些元素。

　　（7）在"参数"选项窗口中,显示和重新定义指定断面线的约束条件。

　　（8）在"重新限定"选项窗口中,可以指定脊线和离散步长。步长越大,就越精确,但操作速度就越慢。

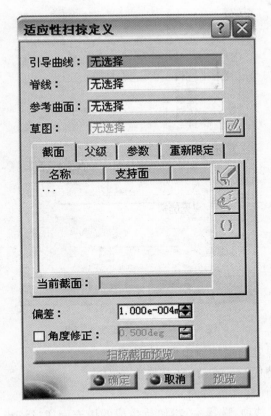

图 5-24　适应性扫掠定义对话框

(9)点击"确定"按钮,生成自适应扫掠曲面。

注意:在生成适应性扫掠曲面的草图时,虽然草图形状相同,但如果对草图的约束方式不同,最后生成的适应性扫掠曲面的形状也不同。

5.5.7　填充曲面的生成

命令▲用于生成填充曲面,它是由 N 个边界所组成的曲面,待生成的曲面与周围曲面相切(对话框见图 5-25)。其生成步骤为:

(1)选择曲线或曲面的边界形成封闭边界。也可以为每条曲线选择支持曲面,这样能保证待生成填充面与支持面相切。

(2)指定选择支持面与待生成填充面之间的连接类型(连续):

- 点连续。
- 相切。

(3)如有必要,可对所选择的边界曲线进行编辑处理,以获得所需要的边界。编辑类型包括:

- 在当前选择边界之后增加新边界(之后添加)。
- 用另一曲线替代所选曲线(替换)。
- 移去所选元素(移除)。

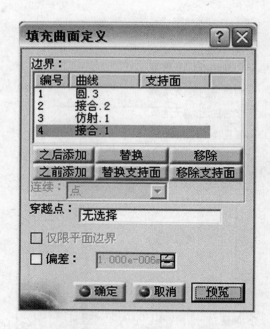

图 5-25　填充曲面定义对话框

- 在当前选择边界之前增加新边界(之前添加)。
- 用另一支持面替代所选支持面(替换支持面)。
- 移去所选支持面(移除支持面)。

(4)选择"穿越点"选项,选择一点,使待生成的填充面通过该点。

(5)点击"确定"按钮,生成所需的填充面。

填充曲面示例见图5-26。

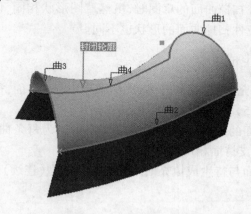

图 5-26　填充曲面示例

5.5.8　放样曲面生成

在介绍放样曲面造型方法之前,有必要先介绍一下与此相关的几个概念。

(1)断面曲线:在利用放样曲面构造曲面时,其中某一方向的曲线一定为平面曲线,这一平面曲线称为断面曲线。断面曲线必须满足位置连续要求,所有的断面曲线必须同为封闭曲线或开放曲线。

(2)断平面:包含断面曲线的平面被称为断平面。在曲面生成过程中,断平面始终与被称为脊线的曲线相垂直。

(3)脊线:在曲面生成过程中,始终与断平面垂直的曲线称为脊线。脊线必须满足相切连续要求。由于脊线控制断面曲线的走势,对生成曲面的形状及等参数曲线的分布规律影响很大,因此在生成曲面时,要慎重选择脊线。选择脊线的一般原则为:脊线应为比较光顺的曲线、直线或某一坐标轴,为了使生成的曲面具有较少的曲面数量,最好选择某条比较光顺的引导线作为脊线。

(4)引导线:引导线是指在曲面生成过程中,控制断面曲线运动方位的曲线,它类似于导轨的作用。引导线可以是平面或空间曲线,但必须为相切连续曲线。

(5)断面曲线支持面:在定义放样曲面时,在首尾两个断面曲线处,可定义相切支持面,这两个支持面与待生成的放样曲面相切。

(6)引导线支持面:在定义放样曲面时,在每条引导线处,可定义相切支持面,这个支持面与待生成的放样曲面相切。

(7)断面曲线之间的参数对应性(耦合):我们知道,在利用相同的断面曲线生成曲面时,由于曲面的生成方法不同,会生成形状各异的曲面,即曲面的 V 向等参数曲线的分布规律有所不同,这种曲面特有的等参数分布规律就是曲面的参数对应性(耦合)。

CATIA V5 为用户提供了如下四种参数对应性方法:

● 比率法。比率法是指曲线的参数值按曲线弧长比例的大小进行计算,即曲线上任意一点的参数值与始点到该点的弧长的绝对值除以始点到终点的整条曲线弧长的绝对值的比率相关。生成曲面的 V 向等参数曲线是所定义的各断面曲线的弧长等参数点所构成的曲线。

● 相切。该方法是按如下方法生成曲面的 V 向等参数曲线的:定义构成曲面的断面曲线与方向,使这些曲线方向一致,搜索每条断面曲线上的相切不连续点,并对其排序,把每条断面曲线上排序号相同的相切不连续点,连成一条样条曲线,该样条曲线就是生成面的 V 向等参数曲线。该方法要求构成曲面的每条断面曲线具有相同数量的相切不连续点。

● 相切后曲率。该方法是按如下方法生成曲面的 V 向等参数曲线的:定义构成曲面的断面曲线与方向,使这些曲线的方向一致,搜索每条断面曲线上的曲率不连续点,并作排序,把每条断面曲线上排序号相同的曲率不连续点连成一条样条曲线,该样条曲线就是生成曲面的 V 向等参数曲线。该方法要求构成曲面的每条断面曲线具有相同数量的曲率不连续点。

● 手工定义对应点。该方法是按如下方法生成曲面的 V 向等参数曲线的:定义构成曲面的断面曲线与方向,使这些曲线的方向一致,在每一条断面曲线上定义对应点,把各断面曲线的对应点连接成一条样条曲线,该样条曲线就是生成曲面的 V 向等参数曲线。

(8)闭合点(开始点)定义:当构成放样曲面的所有断面曲线为封闭曲线时,为了使生成的曲面不发生扭曲变形,必须定义好每条封闭曲线的方向和闭合点。闭合点既是曲线的始点,又是曲线的终点。

(9)曲面在引导方向上的限制:放样曲面提供了曲面在引导曲线方向的曲面生成范围的控制。当第一个或最后一个断面曲线不通过引导曲线的始点或终点时,该选项起作用。该选项是一个开关量,当开关量处于开通状态时,所生成的曲面以第一个和最后一个断面曲线作为生成曲面的边界曲线;当开关量处于关闭状态时,所生成的曲面的边界曲线通过引导线的两个端点。

从以上分析我们可以看出:放样曲面是一种功能非常强大的曲面造型功能,它是通过断面曲线沿引导曲线运动变化而产生的曲面。在断面曲线运动、变化过程中,断平面始终与脊线相垂直。它还可以定义与周围曲面的相切关系和每个断面曲线之间的参数对应关系等。

点击 ⎇,生成放样曲面的具体步骤为(对话框见图 5-27):

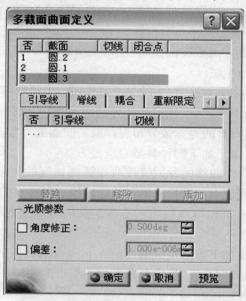

图 5-27　多截面曲面定义对话框

(1)连续选择截面曲线,可以为第一个或最后一个截面曲线定义相切曲面,如果是封闭截面曲线,则选择闭合点。

(2)如有必要,选择一条或多条引导线,引导线必须与每个截面曲线相交。也可以为每条引导线施加相切连续条件。

(3)选择脊线,脊线必须与每个断平面垂直。

(4)如有必要,对构造放样曲面的参考元素(截面曲线、引导曲线)进行编辑处理,如移去所选曲线,用其他曲线替代所选曲线,增加另一曲线。

(5)如有必要,选择曲面参数对应性类型(耦合)和曲面在引导曲线方向的限制范围选项(重新限定)。

(6)点击"确定"按钮,生成所需的曲面。

放样曲面示例见图5-28。

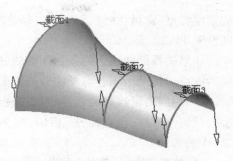

图5-28　放样曲面示例

5.5.9　过渡曲面(桥接曲面)

该功能用于生成两元素之间的过渡曲面(桥接曲面)。

点击 ⬱，出现如图5-29所示对话框。

(1)连续选择第一曲线、第一支持面、第二曲线、第二支持面。所选曲线可以是曲面边界或任意其他曲线。

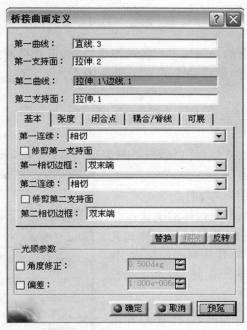

图5-29　桥接曲面定义对话框

(2)使用"基本选项"设定连续性类型(第一连续、第二连续),它表示待生成曲面与支持曲面之间的连续性。连续性类型有:点连续、相切连续、曲率连续。

(3)激活"修剪第一支持面"和"修剪第二支持面"选项,支持面可被它所在的曲线所修剪,并且生成的过渡面与原支持面合并成一个曲面。如果不选择这两个选项,则生成的过渡面为一个单独的特征。

可以在待生成过渡面与支持面的边界端点上施加相切连续约束(第一相切边框、第二相切边框):

- 双端点相切:在边界的两个端点上都施加相切连续约束。
- 不相切:在边界的两个端点上都不施加相切连续约束。
- 开始点相切:仅在边界的始端点施加相切连续约束。
- 终止点相切:仅在边界的末端点施加相切连续约束。

(4)使用"张度"选项设定张度类型(第一张度、第二张度),它定义待生成过渡曲面的张度类型:常量、线性、S 型。如果是常量类型,则设置 T1 值;如果是线性或 S 型类型,则设置 T1、T2 值。

如果选择的曲线为两条封闭曲线,则有必要选择闭合点,它既是曲线的起点,也是曲线的终点。借助于闭合点及曲线的方向,可以防止使生成的过渡面发生扭曲变形。

如有必要,可选择曲线参数对应性选项(耦合)来生成满足参数对应性关系的曲面。参数对应性方法有:比率法、相切、相切后曲率和手工定义对应点,详见"放样曲面的生成"中的说明。

(5)点击"确定"按钮,生成所需的过渡曲面。

5.6　几何操作

几何操作是指对已有的几何体进行各种编辑处理,以获得所需的几何体,如修剪、延伸、倒圆等处理方式。几何操作命令除在工具条中点击外,还可通过菜单【插入】→【操作】找到相应的命令。

5.6.1　合并曲线或曲面

该功能用于合并曲线或曲面(对话框见图5-30)。其操作步骤为:

(1)点击接合图标 .

(2)选择要合并的曲线或曲面。

该命令提供了三种选择几何体的模式:

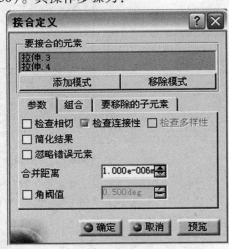

图 5-30　接合定义对话框

● 标准模式(不按任何按钮):如果所选几何体已存在于列表中,就将其从列表中删除;如果所选几何体还没在列表中出现,就将其添加到列表中。

● 添加模式(按下"添加模式"按钮):如果所选几何体还没在列表中出现,就将其添加到列表中,否则不起作用。

● 移除模式(按下"移除模式"按钮):如果所选几何体已在列表中出现,就将其从列表中删除,否则不起作用。也可以从列表中选择要编辑的几何体对象,点击右键,选择快捷菜单中的"替换选择"或"清除选择"。

(3)按"预览"按钮,预览合并结果,并显示合并面的定位。左键点击定位箭头,会使定位方向反向。

(4)在"参数"选项中,可以完成以下操作:

● 如果点选了"检查连接性"选项,会检查要合并的几何体是否首尾相连;如果不是,会出现错误信息。

● 如果点选了"简化结果"选项,系统会尽可能地减少合并面的数量。

● 如果点选了"忽略错误元素"选项,在合并过程中系统会自动忽略不能合并的几何体。

● 对话框中的"合并距离"是指合并间距限定值,即系统认为间距小于该值的两部分可以合并。

● 如果选中"角阈值"选项,可以输入角度合并限定值,即系统认为两相邻部分在边界线上的角度小于该值的,可以合并。

(5)在"要移除的子元素"选项中显示合并的子元素列表。所谓子元素是指构成要合并元素的元素。此选项中,用户可以选择哪些子元素不参与合并。如果选中了"创建与子元素的接合"选项,会用这些子元素生成一个新的合并元素,该合并元素是独立的。

(6)在"组合"选项中,可以重新组织要合并的元素。

(7)点击"确定"按钮,完成几何体的合并。

5.6.2　修补曲面

该功能用于修补曲面,即填充两面之间的间隙。其具体的操作步骤为:

(1)点击修复图标 。

(2)选择要修补的曲面。

(3)可以编辑要修补的曲面列表,详见"合并曲面"中的说明。

(4)在"参数"选项中,完成以下工作:

● 选择连续类型:点连续、相切连续。

● 输入合并距离,它用来指定要修补的最大距离,即只修补间距小于该距离的元素。

● 输入间距目标值,它用于指定修补后曲面间可允许的最大距离。

● 如果连续条件为相切连续,则相切夹角和相切夹角目标值可用,它们分别用来设定要修补的最大相切夹角和修补后曲面的允许最大相切夹角。

(5)在"冻结"选项中,可以设定哪些元素不受该操作的影响。

(6)在"锐度"选项中,可以设定哪些边界不受该操作的影响,其中"锐度角度"用来界定尖角与平角。

(7)点击"确定"按钮,完成操作。

5.6.3　光顺曲线

该功能用于曲线的光顺处理,以生成高质量的几何体。其具体的操作步骤为:

(1)点击曲线光顺图标 。

(2)选择要光顺的曲线,在曲线上会显示关于该曲线的不连续信息(不连续类型及其数值)。

(3)在"参数"选项中,输入连续限定值(相切阈值、曲率阈值、最大偏差)。系统会光顺小于限定值的不连续区域。

(4)如果点选"拓扑简化"选项,系统会自动删除曲率连续的顶点,或两个相距很近的顶点中的一个,以减少曲线段的段数。如果该选项发挥了作用,会出现提示信息。

(5)进入"可视化"选项,设置信息的显示方式。可以将信息的显示设置成以下方式:

- 显示所有信息:点选"全部"选项。其中,改正后的不连续信息以绿色显示,改善后的不连续信息以黄色显示,没有变化的不连续信息以红色显示。
- 仅显示没有改变的不连续信息:点选"尚未更正"选项。
- 不显示任何信息:点选"无"选项。
- 仅在曲线上显示箭头,当鼠标移到箭头上时,才显示不连续信息:点选"交互显示信息"选项。
- 仅显示一个不连续信息,用前进/后退按钮依次显示其他信息:点选"按顺序显示信息"选项。

(6)点击"确定"按钮,完成操作。

5.6.4 恢复被剪切的曲面或曲线

命令 用于恢复被剪切的曲面或曲线。如果曲面或曲线被多次剪切,它将裁剪曲面或曲线恢复到其原始状态。

对于被多次剪切的曲线或曲面,要想将其恢复到上一次剪切的状态,只能用 Undo 命令 来实现。

5.6.5 分解几何元素

命令 用于将多单元实体分解成多个单单元实体。

在该功能中提供了两种分解元素的模式:

- 分解所有单元:将所选择多单元实体中的所有单元分解出来。
- 按区域来分解单元:即部分分解元素,将首尾相连的元素分解为一个实体。

5.6.6 切割元素

该功能用一个或几个几何元素去切割另一个几何元素。

可以用此功能来完成以下操作:

- 用一点、一线框元素或一面去切割一线框元素。
- 用一线框元素或另一面去切割另一面。

完成切割的具体步骤为:

(1)点击分割图标 。

(2)选择被切割元素(要切除的元素)。所选位置将被默认为保留部分的位置。

(3)选择切割元素。此时会显示切割结果的预览,可以通过点击要保留部分或通过按"另一侧"按钮,来改变要保留的部分。

可以选择多个切割元素,但要注意其选择次序。

如果切割元素不足以完全切割被切割元素,系统会自动延伸切割元素以完成切割。

(4)如果选中了"保留双侧"选项,则将同时保留切割后的两部分。

(5)如果选中了"相交计算"选项,则在完成切割的同时,还创建一个独立的相交元素。

(6)如果用一个线框元素切割另一个线框元素,可以选择一支持面来指定切割后要保留的部分。它由支持面的法矢量与切割元素的相切量的矢积决定。

（7）可以将切割元素合并成一个元素。方法是点击"显示参数"，选用菜单中的"包络体"项。

（8）点击"确定"按钮，完成操作。

5.6.7 修剪元素

该功能用于实现两个曲面或两个线框元素之间的相互剪切（对话框见图 5-31）。其具体操作步骤为：

（1）点击修剪图标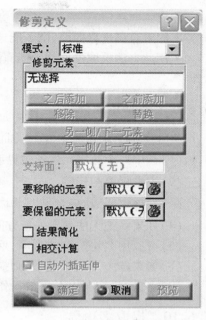。

（2）在修剪元素栏选择要修剪的多个面或线框元素。

此时会显示剪切结果的预览，可以通过点击要保留部分或通过按"另一侧/下一元素"按钮，来改变要保留的部分。

如果两元素不能相互完全切割，系统会自动延伸两元素以完成切割。

图 5-31 修剪定义对话框

（3）在剪切两个线框元素时，可以指定一个支持面，来确定剪切后的保留部分。它由支持面的法向矢量与剪切元素的相切的切向矢量的矢积来确定。

（4）如果选择了"结果简化"选项，则系统会尽量减少最后生成剪切面的数量。

（5）如果选择了"交互计算"选项，会生成两相剪切元素的相交元素。

（6）点击"确定"按钮，完成操作。

5.6.8 提取边界线

该功能用于提取曲面的边界线（对话框见图 5-32）。其具体操作步骤为：

图 5-32 边界定义对话框

（1）点击边界图标。

（2）在"曲面边线"中选择要提取边界的曲面。

（3）选择边界"拓展类型"：

- 完整边界：提取曲面的所有边界。
- 点连续：沿所选边界点连续外衍提取边界。
- 切线连续：沿所选边界相切连续外衍提取边界。
- 无拓展：仅提取选定的边界。

（4）可以用两个元素限制所提取边界线的范围（限制 1、限制 2）。

（5）点击"确定"按钮，生成边界线，它在特征树中显示为"边界.×××"。

注意:

- 如果直接选择曲面,则不能选择边界外衍类型,系统自动提取曲面的整个边界线。
- 用此方法提取的曲线不能直接用于拷贝、粘贴,只能先将曲面拷贝、粘贴后再提取边界。

5.6.9 提取几何体

该方法用于从几何元素(点、曲线、实体等)中提取几何体。其具体操作步骤如下:

(1)选中一个几何元素的边界或面。

(2)点击提取图标 。

(3)选择提取"拓展类型":有四种选择(详见"提取边界线")。

(4)如果系统无法确定外衍方向,系统会发出警告信息,并要求输入支持面。

(5)可以用"补充模式"选项,反选对象,即只选择原来没有被选中的对象。

(6)如果选中"联合"选项,则提取出的元素会被组成几组元素。

(7)点击"确定"按钮,完成操作。

5.6.10 提取多边界

命令 用于从多元素草图中提取一部分元素,这样就可以用这个提取出来的元素生成几何体。所提取的元素在特征树中显示为"多重提取.×××",它的操作与提取几何体一样。

5.6.11 平移几何体

该功能用于将一个或几个几何体沿指定方向移动一定的距离生成一个平移特征(对话框见图5-33)。其操作步骤为:

(1)点击平移图标 。

(2)选择要移动的几何元素。

(3)指定移动的方向。可以用以下几种方向来指定移动的方向:

- 选择一直线来指定方向。
- 选择一平面,用该平面的法线方向来指定移动方向。
- 在方向输入框中用弹出菜单输入矢量的 x、y、z 值。

(4)可以选中"确定后重复对象"选项,一次生成多个移动几何体。

(5)可以通过点击"隐藏/显示初始元素"来隐藏或显示原对象。

(6)点击"确定"键,完成操作。

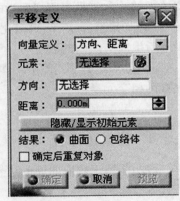

图 5-33 平移定义对话框

5.6.12 旋转几何体

该功能用于将选定的几何体沿某轴旋转一定的角度而得到新几何体。其操作步骤为:

（1）点击旋转图标 。
（2）选择要旋转的几何体。
（3）选择一直线作为旋转轴。
（4）指定旋转角度。
（5）可以选中"确定后重复对象"选项，一次生成多个移动几何体。
（6）可以通过点击"隐藏/显示初始元素"来隐藏或显示原对象。
（7）点击"确定"按钮，完成操作。

5.6.13　对称几何体

该功能通过对称来移动几何体。其操作步骤为：
（1）点击对称图标 。
（2）选择要对称的几何体。
（3）选择"参考"，可以选择一个点、一条直线或一个平面。
（4）可以通过点击"隐藏/显示初始元素"来隐藏或显示原对象。
（5）点击"确定"按钮，完成操作。

5.6.14　缩放几何体

该功能用于改变几何体的大小。其操作步骤为：
（1）点击缩放图标 。
（2）选择要缩放的几何体。
（3）选择参考对象，可以选择一个点、平面或平面型曲面。
（4）输入缩放比例。
（5）点击"确定"按钮，完成操作。

5.6.15　仿射对象

该功能用于对选定的几何体沿三轴方向不均匀缩放，即仿射操作。其操作步骤为：
（1）点击仿射图标 。
（2）选择要操作的几何体。
（3）指定参考坐标系（轴系）：指定坐标原点、xy 平面和 x 轴。
（4）指定三个方向仿射比率。
（5）点击"确定"按钮，完成操作。

5.6.16　定位变换

该功能用于将一个坐标系中的一个或多个几何体移动到另一坐标系中。其操作步骤为：
（1）点击定位变换图标 。
（2）选择要移动的几何体。
（3）选择源坐标系，即几何体当前所在的坐标系。
（4）选择目标坐标系。

(5)点击"确定"按钮,完成操作。

5.6.17 延长曲线/曲面

该功能用于将指定的曲线/曲面延长一定的长度。其操作步骤为:

(1)点击外插延伸图标 。

(2)选择要延长对象的边界。对于曲面,选择要延长端的边界线;对于曲线,选择要延长端的端点。

(3)选择要延长的几何体。

(4)指定限制条件。可以通过如下方式来指定要延长的长度:

- 直接输入长度值。
- 选择约束平面或曲面。
- 使用几何体上的操作箭头。

(5)指定连续类型。

- 相切连续。
- 曲率连续。

(6)对于曲面延长,指定端部类型。

- 延长体与原对象相切。
- 延长体与原对象垂直。

对于曲线延长,可以指定其支持面。这样延长曲线位于支持面上,其长度受支持面边界的限制。

(7)如果想让延长体与原对象合并,可以选中"装配结果"选项。

(8)点击"确定"按钮,完成操作。

5.6.18 创建规则

法则曲线命令 用于在零件文档中创建规则,以用其生成其他几何元素,例如扫掠曲面或平行曲线等。一个规则的定义需要两个元素:一个是参考对象,它一般是一条直线;另一个是定义曲线。所定义的规则为两元素间对应点的距离。

如果不选定对话框中的"定义中的 X 参数",用于定义规则的部分为参考直线与定义曲线的公共区域;否则定义规则的部分取决于定义曲线。

当将定义的规则应用到一个几何元素上时,如果该几何元素的长度不等于参考直线的长度,则系统会自动对规则值进行缩放。创建规则示例见图5-34。

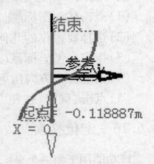

图 5-34 创建规则示例

5.6.19 连接性检查

用连接性检测工具 可以分析两相邻曲线的连接关系,也可以分析所生成的过渡面、填充面或完成曲面匹配操作后的曲面是如何连接的,以及检查边界情况和投影情况(对话框见图 5-35)。

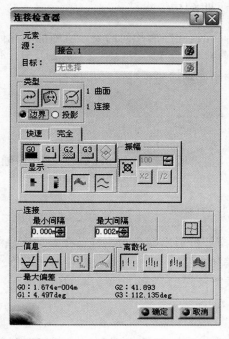

图 5-35　连接检查器对话框

分析类型包括距离(G0)、相切连续性(G1)、曲率连续性(G2)以及曲率 – 相切连续性(G3)。

对话框中"连接"一栏的最大间隔和最小间隔用于输入指定检查的范围,当两面之间的距离大于或小于指定值时,不对其进行检查。

"离散化"用于指定对两面边界线离散成点的离散密度,可以是轻度离散化 ⅲ、粗糙离散化 ⅲ、中度离散化 ⅲ 或精细离散化 ⅲ 几种。

对于分析结果可以以有限色标 ▮、完整色标 ▮、梳状显示 ⅲ、包络线显示 ∾ 或信息显示(∀表示标注最小值,A表示标注最大值)。显示比例可以是由系统自动设定,也可以由用户通过"振幅"一栏 ⊠ 来自行设定。

⊞ 用来控制是否显示内部边。

5.7　约束功能

该部分的功能用于对几何元素施加几何约束,可通过菜单【插入】→【约束】找到相应的命令。

5.7.1　对单个几何元素施加约束

该功能用于对单个几何元素施加几何约束,其操作非常简单,只需在选中要施加约束的几何对象后,点击图标▣,就对其施加了约束。

5.7.2 在几何元素间施加约束

该功能用于在多个几何元素间施加几何约束。所施加的几何约束可以在约束列表中选择。其操作也非常简单,首先选择多个几何元素,然后点击图标▣,系统给出一个几何约束对话框,只需在对话框中选择所想施加的约束即可。

5.8 注解功能

该部分的功能用于向几何体或文档中添加注解性文字,可通过菜单【插入】→【约束】找到相应的命令。

5.8.1 创建带引出箭头的注解

命令▣用于向几何体添加带引出箭头的注解。在添加完注解后,可以通过右键弹出菜单编辑其属性来改变注解的显示。其中可以改变注解的字体、文本框的形状、引出线的颜色、文本框和引出线的线宽及线型、文本框及文本的位置等。

5.8.2 创建超级链接

命令▣用于在文档(产品文档、零件文档等)中添加超级链接,以指向其他位置,如Excel 电子表格、局域网中的网面等。可以向一个对象添加多个超级链接。添加的所有链接都显示在列表中(Link to file or URL),可以选择其中的一个链接,将其删除,或进入所链接的位置,还可对其进行编辑。

5.9 高级复制

5.9.1 对象复制

命令▣用于在创建一个对象的同时,生成该对象的多个实例。它可用于以下几个命令中:
(1)创建位于曲线上的点。
(2)创建与曲线呈一定角度的直线。
(3)创建一定角度上的平面。
(4)创建偏置平面。
(5)创建平行线。
(6)创建偏置曲面。
(7)在移动、转动、缩放几何体时。

5.9.2 矩形阵列

该功能用于将线框元素或曲面元素在两指定轴向上生成矩形阵列。其生成步骤为：

(1)点击矩形阵列图标▦，也可通过菜单【插入】→【高级复制工具】找到相应的命令。

(2)选择要阵列的元素。此时出现对话框，在对话框中每个选项对应一个阵列方向。

(3)选择确定阵列方向的一个参考元素，可以是一条直线、一个平行面或一个曲面边界。

(4)选择参数类型，并输入相应的参数。参数类型有以下几种选项：

● 实例和长度：用户需输入实例数及总长度，系统自动用总长度和实例数计算相邻实例之间的距离。

● 实例和间距：用户需输入实例数和相邻实例之间的距离。

● 间距和长度：用户需输入相邻实例间的距离和总长度，系统自动用总长度和相邻实例间的距离计算实例数。

(5)点击"更多"按钮，在增加的对话框区域可以输入相应参数以确定原对象在阵列中的位置（行数、列数及角度），从而控制阵列的位置。

(6)可以用"已简化展示"选项去除阵列中的某个元素。其作法是选中"已简化展示"选项后，双击要去除的元素。

(7)点击"确定"按钮，完成操作。

5.9.3 圆形阵列

该功能是将原对象按圆形方式生成其他实例。其生成步骤为：

(1)点击圆形阵列图标❂，也可通过菜单【插入】→【高级复制工具】找到相应的命令。

(2)选择原对象，这时会出现对话框。

(3)在"轴向参考"选项中，选择一个确定方向的参考元素，它可以是一条直线、一个平行面或一个曲面边界。

(4)在"轴向参考"选项中，选择参数类型，并输入相应的参数。参数类型有以下几种选项：

● 实例和总角度：需输入实例数和总角度，系统自动由总角度和实例数计算角间距。

● 实例和角度间距：需输入实例数和角间距。

● 角度间距和总角度：需输入角度间距和总角度，系统自动由总角度和角度间距计算实例数。

● 完整径向：需输入实例数，总角度为360°。

(5)进入"定义径向"选项，选择参数类型，并输入相应的参数。参数类型有以下几种：

● 圆和径向厚度：需输入圆的数量和径向的厚度，各个圆在径向厚度范围内均匀分布。

- 圆和圆间距:需输入圆的数量和圆的间距。
- 圆间距和径向厚度:需输入圆的间距和径向的厚度,系统自动计算圆的数量。

(6)点击"确定"按钮,完成操作。

5.9.4 复制几何图形集

图 5-36 插入对象对话框

该功能用于从特征树中复制一个几何图形集。几何图形集是一组点、线、曲面等线框和曲面元素的集合。其操作步骤为:

(1)点击复制几何图形集图标，也可通过菜单【插入】→【高级复制工具】找到相应的命令。

(2)选择要复制的几何图形集。此时会出现插入对象对话框,见图5-36。

(3)在对话框的"输入"区域输入足够的元素作为复制时的参考对象。

(4)如果输入为重复多次的同一元素,可以点击"使用相同的名称"按钮,由系统自动搜索输入元素。

(5)点击"确定"按钮,完成操作。如果选中了"重复"按钮,插入对象对话框不会消失,还可以继续输入。

5.10 超级副本

5.10.1 创建超级副本

超级副本由一组元素(几何元素、约束、公式等)组成,当向不同的环境中粘贴时,能根据环境重新定义。这样,它就抓住了设计意图和设计方法,从而提高了设计结果的可利用性和设计效率。

该功能用于创建超级副本,以备以后使用。其操作步骤为:

(1)点击创建超级副本图标，也可通过菜单找到相应的命令:【插入】→【知识工程模板】→【超级副本】。此时出现定义超级副本对话框,见图5-37。

(2)选择要包含到超级副本中的元素。在对话框的"定义"选项中会自动添加所选元素的信息。

(3)在"定义"选项中,可以命名要创建的超级副本(名称)。

(4)在"输入"选项中,可以对超级副本的参考对象重新命名。方法是选中参考对象后,在名称输入框中输入其新名字。

(5)在"参数"选项中,可以定义超级副本中的哪些参数可以在初始化时改变。方法是选中要定义的参数后,选中发布选项,在名称输入框中输入其新名字。

(6)利用"属性"选项中的图标(Icon)选项,可以为要创建的超级副本指定一个在特

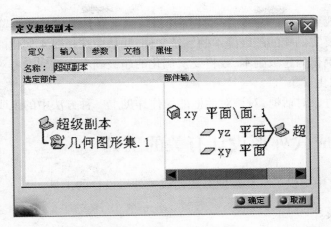

图 5-37　定义超级副本对话框

征树中使用的图标。

（7）点击"确定"按钮,完成操作。

5.10.2　将超级副本存入目录

该功能用于将创建的超级副本存入一个目录文件中,以备以后使用。其操作步骤为:

（1）选择要操作的超级副本。

（2）点击保存在目录中图标█,也可通过菜单找到相应的命令:【插入】→【知识工程模板】→【保存在目录中】。

（3）如果选中"生成新的目录"选项,需要在"目录名"输入框中输入目录名及存放路径。

（4）如果不是第一次使用目录,可以选中"更新一个旧目录"选项,系统自动将选择的超级副本存入最近使用的目录中。

（5）点击"确定"按钮,完成操作。

5.10.3　实例化超级副本

对于创建的超级副本有两种实例化方法:

（1）使用"从文档实例化"命令,其操作步骤为:

● 通过菜单找到相应的命令:【插入】→【从文档实例化】。

● 从对话框中选择包含要实例化的超级副本的零件文档,并点击"打开"按钮,出现插入对象对话框。

● 在对话框中的"参考"选择框中,选择要实例化的超级副本。

● 在对话框的"输入"框中选择超级副本的参考对象,也可以用"使用相同的名称"按钮由系统自动选择。

● 点击"参数"按钮,输入可以编辑的参数。

● 点击"确定"按钮,完成实例化。也可以在点击"确定"按钮之前,用"预览"按钮预览实例化的结果。

（2）使用目录实例化超级副本,其操作步骤为:

- 通过菜单找到相应的命令:【工具】→【目录浏览器】,显示目录浏览器窗口。
- 选择包含要实例化的超级副本的目录文件,并从中选择要实例化的超级副本。
- 双击要实例化的超级副本,或将要实例化的超级副本拖拉到参考对象中,或在其弹出菜单使用"实例化对象"。
- 出现插入对象对话框,对该对话框的操作详见上一种方法中的说明。

5.11　与创成式外形设计有关的工具

在 CATIA V5 中提供了一些辅助完成创成式外形设计的工具。

5.11.1　更新模型

如果选择菜单【工具】→【选项】→【基础结构】→【零件基础结构】→【手动】,在系统设定中将模型更新设置为手动更新,则对模型编辑完成后,模型会显示为红色,执行更新模型工具 ⟳ 可以手动更新模型,使模型重新显示为正常颜色。

5.11.2　生成新坐标系

该工具用于定义一个局部坐标系。其操作步骤为:
(1)点击坐标系图标 ↳,或选择菜单【工具】→【轴系】。
(2)输入坐标系参数。一个标准坐标系由一个坐标原点、三个相互垂直的坐标方向(X、Y、Z)组成。
(3)点击"确定"按钮,生成新坐标系。

5.11.3　显示历史树

该工具用于显示指定元素的创建过程。方法是先选择要查看的元素,然后点击显示历程图图标 ⟲,或选择菜单【工具】→【显示历程图】,就会出现一个窗口,在窗口内显示该元素的创建历史。

5.11.4　在支持面上工作

该工具用于创建一个支持面,这样在后续操作中就不用再显式指定支持面了。
点击 ▦,出现如图 5-38 所示对话框,可以用曲面或平面生成支持面。
如果定义了多个支持面,只能有一个支持面为当前活动支持面,它在特征树中显示为红色。
可以通过弹出菜单切换当前活动支持面,其方法是将鼠标移动到要设置为当前活动支持面的支持面上,点击右键,选择其中的快捷菜单"设置为当前"。或点击 ▦ 进行支持面转换。
可以用曲面或平面生成支持面。如果用曲面生成支持面,需选择一个曲面作为支持面,选择曲面上一点作为支持面原点。如果用平面生成支持面,除需选择一个支持平面和一个支持平面原点外,还可以设置支持平面的 H 方向及栅格线的尺寸。

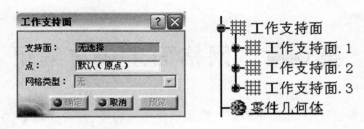

图 5-38　工作支持面设置及特征树

5.11.5　捕捉点

点击捕捉点工具▦,在创建几何元素时,系统会自动捕捉支持面栅格上的交点。

5.11.6　创建平面组

所谓平面组是指在一定方向上的一组平面。其创建步骤为:

(1)点击创建平面组图标▦,出现对话框,见图5-39。

(2)选择平面组的方向、原点,以及间距。

(3)输入在原点两个方向上要创建的平面数(原点之后的平面数、原点之前的平面数)。

(4)输入要生成特征名的前缀。

(5)点击"确定"按钮,完成操作。

图 5-39　平面系对话框

5.11.7　创建基准

工具图标菜单▦是一个开关量,如果使该图标菜单变为红色,则后续创建的几何元素不带历史记录。

5.11.8　插入模式

工具▦用于创建一个几何元素,并将其插入到特征树中,紧靠在主父元素旁边。它可用于以下操作:①两面倒圆;②切割元素;③修剪元素;④延伸元素;⑤合并元素。

其方式是在激活该工具的情况下,执行以上命令。

5.11.9　实体选择器

实体选择器▦是一个下拉式选择框,用此工具可以从大型文档中选择实体(几何图形集或零件),并将其设置为当前实体,还可对当前实体重新命名。

第6章　网格面生成与编辑

在三维建模过程中,尤其是建立三维地质模型过程中,需首先将 CAD 数据转换为点云数据,进而生成三维网格、地质体、地层、构造面等,因此需要了解点云及网格的编辑处理功能。CATIA V5R20 的数字化外形编辑器(DSE)提供数字化数据的输入、清理、组合、截面生成、特征线提取、实时外形及指令分析等功能;外形造型(DSS)模块提供曲面网格化、网格变形、布尔运算、多截片切割、网格面缝合、曲线投影等功能,可以对网格数据进行编辑、交切运算等。

本章主要介绍点云导入导出、点云编辑、创建网格面、交线和曲线、布尔运算、网格变形、设计实例等内容。

6.1 数字化外形编辑

6.1.1 进入数字化外形编辑器

进入数字化外形编辑器(DSE)模块 的方式有以下两种:

(1)通过【开始】菜单进入。

选择菜单【开始】→【形状】→【Digitized Shape Editor】。

(2)通过快捷设置直接进入。

选择菜单【工具】→【自定义】→【开始菜单】→加载 DSE 模块,然后在 CATIA 工作台窗口直接点击 Digitized Shape Editor,即可直接进入 DSE 模块。

DSE 模块设计环境如图 6-1 所示。

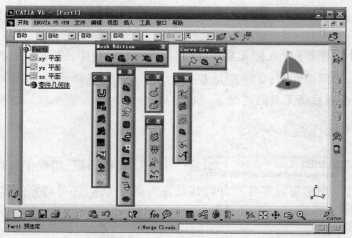

图 6-1　DSE 模块设计环境

6.1.2　数字化外形编辑器环境设定

DSE 模块工作环境设置分为一般设置（General）和显示模式设置（Display Modes）。

（1）一般设置（General）窗口如图 6-2 所示。

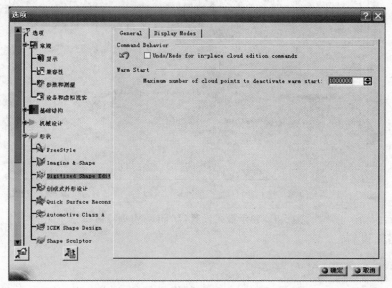

图 6-2　一般设置（General）窗口

一般设置包含命令行为设置（Command Behavior）与热启动设置（Warm Start）。

A. 命令行为设置。

:选中此项可以撤销和恢复在点云编辑时的操作，不选择此项则某些操作无法恢复，如点云过滤、删除等，因此建议选中该选项。

B. 热启动设置。

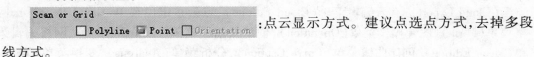:该选项表示设置点云数目达到多少时热启动无效，一般保持默认设置即可。

（2）显示模式设置（Display Modes）窗口如图 6-3 所示。

显示模式设置包括点设置（Point）、线或网格设置（Scan or Grid）、网格面设置（Mesh）、光线可视化设置（Light Visualization）、动态显示设置（Dynamic Display）。

A. 点设置。

:点的样本显示数、着色及点符号等。

B. 线或网格设置。

:点云显示方式。建议点选点方式，去掉多段线方式。

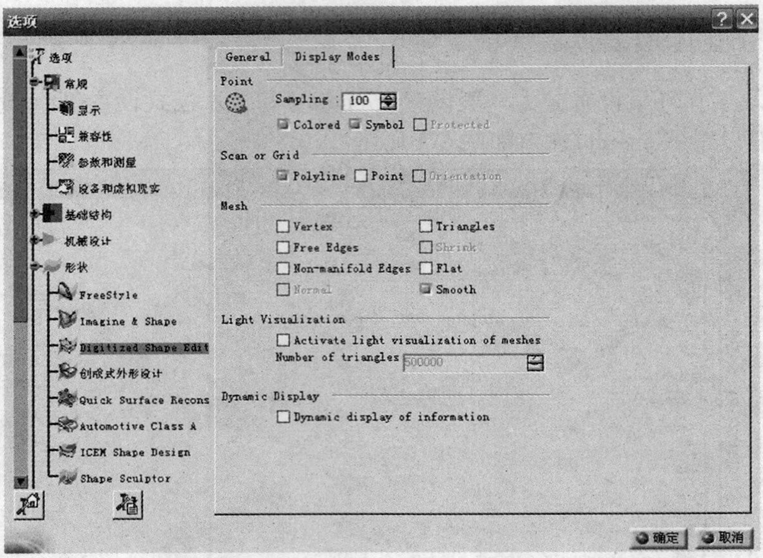

图 6-3　显示模式设置(Display Modes)窗口

C. 网格面设置。

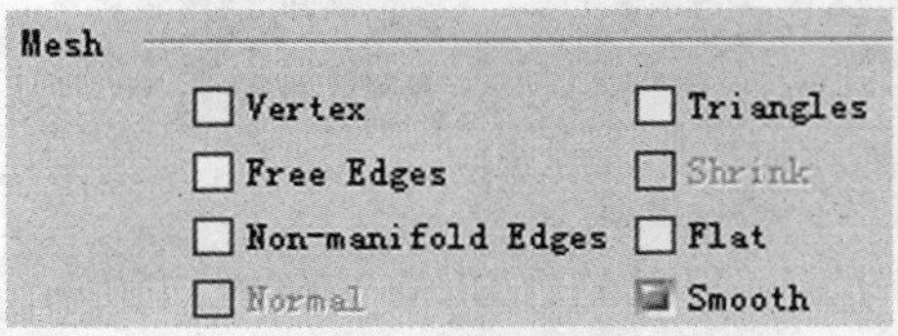

:网格面显示方式。Vertex:显示各三角网格的角点;Triangles:显示三角网格,即用三角形显示多边形;Free Edges:显示网格面自由边界;Non – manifold Edges:显示非流型边界;Flat:显示非光滑网格面(各网格之间不平滑过渡),光线与每个三角形法向一致;Smooth:显示光滑网格面(网格之间平滑过渡),光线将与三角形切向一致。建议选择 Smooth,显示平滑网格面。

D. 光线可视化设置。

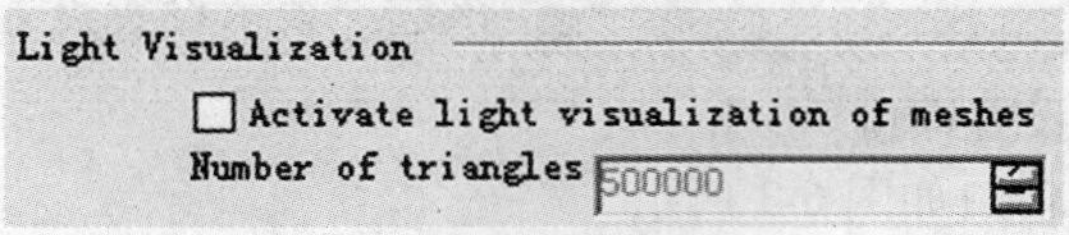

:激活网格的光线可视化功能。Number of triangles 表示显示的三角形数量。

E. 动态显示设置。

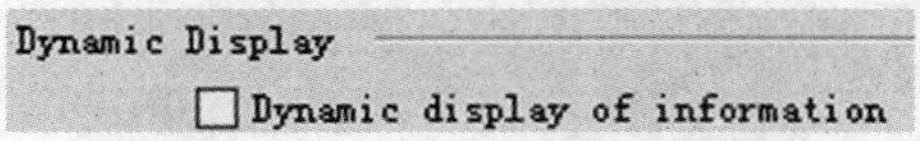

:信息动态显示。

6.1.3　DSE 工具条及功能

数字化外形编辑器(DSE)模块由如下图标菜单组成:导入点云(Cloud Import)、导出点云(Cloud Export)、点云编辑菜单(Cloud Edition)、点云重定位菜单(Cloud Reposit)、网格菜单(Mesh)、图像操作菜单(Operation)、创建扫描线菜单(Scan Creation)、网格编辑菜单(Mesh Edition)、创建曲线菜单(Curve Ceation)、分析菜单(Analysis)、变换菜单(Trans-

· 136 ·

formations)、线框菜单(Wireframe)等。下面将详细介绍各菜单用法。

（1）点云导入导出菜单（Cloud Import/Export），见表6-1。

表6-1　点云导入导出菜单

图标	名称	功能	图标	名称	功能
	Cloud Impor	点云导入		Cloud Export	点云导出

（2）点云编辑菜单（Cloud Edition），见表6-2。

表6-2　点云编辑菜单

图标	名称	功能	图标	名称	功能
	Activating	点云激活		Filter	点云过滤
	Remove	点云删除		Protect	点云保护

（3）点云重定位菜单（Cloud Reposit），见表6-3。

表6-3　点云重定位菜单

图标	名称	功能	图标	名称	功能
	Align with Cloud	点云定位		Align with Surface	曲面定位
	Align using sphere	球定位		Use Align Transformation	使用转换定位

（4）网格菜单（Mesh），见表6-4。

表6-4　网格菜单

图标	名称	功能	图标	名称	功能
	Mesh Creaion	网格创建		Mesh Offset	网格偏置
	Rough Offset	粗略偏置		Flip Edges	翻转边线
	Mesh Smoothing	网格平顺		Mesh Cleaner	网格清理分析（分析检查错误面片）
	Fill Holes	补洞		Interactive Triangle Creation	创建交互式三角网格
	Decimating	抽取（降低网格密度）		Optimize	优化

（5）图像操作菜单（Operation），见表6-5。

表6-5　图像操作菜单

图标	名称	功能	图标	名称	功能
	Merge Clouds	合并点云或网格		Merge Meshes	合并网格
	Extract Data	提取数据		Disassemble Data	拆解数据
	Split	分割网格或点云（原文件保留）		Trim /Split	修剪或分割网格
	Projection on Plane	基于平面投影		Cloud/Point	点云/点

（6）创建扫描线菜单（Scan Creation），见表6-6。

表6-6　创建扫描线菜单

图标	名称	功能	图标	名称	功能
	Projecting Curves	投影曲线		Planar Sections	平面交线
	Scan on Cloud	点云交线		Free Edges	自由边界
	Discretize Curves	离散曲线		Editing Scans	编辑扫描

（7）网格编辑菜单（Mesh Edition），见表6-7。

表6-7　网格编辑菜单

图标	名称	功能	图标	名称	功能
	Add point	增加点		Move point	移动点
	Remove element	删除元素（点、线、面）		Collapse element	折叠元素（点、线、面）
	Flipping Edges	翻转边线			

（8）创建曲线菜单（Curve Ceation），见表6-8。

表 6-8　创建曲线菜单

图标	名称	功能	图标	名称	功能
	3D Curve	三维曲线		Curve of Mesh	网格曲线
	Curve from scans	交线曲线			

（9）分析菜单（Analysis），见表 6-9。

表 6-9　分析菜单

图标	名称	功能	图标	名称	功能
	Information	信息（实体属性信息查询）		Deviation Analysis	偏差分析

（10）变换菜单（Transformations），见表 6-10。

表 6-10　变换菜单

图标	名称	功能	图标	名称	功能
	Translate	平移（原数据保留）		Rotate	旋转
	Symmetry	镜像		Scaling	缩放
	Affinity	仿射		Axis To Axis	定位变换

（11）线框菜单（Wireframe），见表 6-11。

表 6-11　线框菜单

图标	功能	图标	功能
■ Point...	创建点（可输入坐标或曲线、网格上拾取点）	/ Line...	创建线
⟋ Plane...	创建平面	○ Circle...	创建圆

6.1.4　点云处理

6.1.4.1　**点云导入**（Cloud Import）

点云导入是将其他格式数字化数据导入 CATIA，是进行逆向造型的第一步，其他操作都建立在此基础之上。

（1）点击导入（Import）图标，出现对话框，见图 6-4。

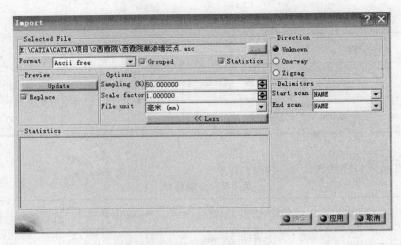

图 6-4　导入对话框

（2）在格式（Format）区选择输入文件格式。

CATIA 为用户提供多种文件输入格式，例如：Ascii free，Atos，Cgo，Hyscan，Iges，Kreon，Stl 等。

（3）在文件选择（Selected File）区选择输入文件并指明文件路径。

（4）选项（Options）区。

A. 样本数（Sampling）：按百分比显示。取样数字就是输入点云、扫描线等数字化文件按百分之几取样。

B. 比例因子（Scale factor）：输入文件按输入比例缩放输入模型。

C. 文件单位（File unit）：输入数据采用的单位，与其他选项关系不大。

（5）统计（Statistics）：如果打开此开关，则显示输入文件相关信息，否则不显示。

（6）点击应用按钮：显示点云。

（7）点击刷新（Update）按钮：将显示输入点云的边界框，通过拖拉边界框的绿色箭头调整要输入的大小。

注意：边界框尺寸与可见点云尺寸一致。

如果打开代替（Replace）按扭，将用新的点云代替当前点云。

（8）若对点云结果满意，则点击确定按钮，生成的元素将增加到结构树上。

说明：编辑器能够记住上次输入文件路径。

6.1.4.2　点云导出（Cloud Export）

点云导出是将选定的点云、交线和网格面等数据输出。当所输出的是曲线时，以曲线输出；当所输出的是点云时，以点云输出；当所输出的既有点云，又有曲线时，将以曲线输出。

（1）选择要输出的元素（Element），然后点击输出（Export）图标，出现导出对话框，见图 6-5。

（2）打开存储路径及输入文件名（File Name）。

（3）选择存储文件的格式（例如：Ascii，Stl，Cgo）。

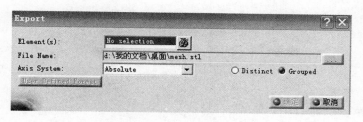

图 6-5 导出对话框

（4）选择坐标系统（Axis System）：绝对坐标（Absolute）与当前坐标（Current）。

6.1.4.3　点云过滤（Filter）

图 6-6　过滤对话框

点云过滤是将过于密集的点云移去一定比例的点，以减少点云数据的数量。

（1）点击过滤（Filter）图标██和需要过滤的点云，出现过滤对话框，见图 6-6。

（2）在过滤类型（Filter Type）选项区域中有两种过滤的方式：公差球（均匀）（Homogeneous）和弦高差（适度）（Adaptative）。

（3）如果选用公差球（Homogeneous）过滤，需要在文本框中设置公差球的半径，此时在几何显示区出现一个球，可以单击改变球的位置。球过滤的方式是：当球位于起始点上，此时被球包围的点仅仅剩下起始点，而其他点被过滤，球移到下一点。按照同样的方法进行操作，直到完成全部过滤。输入的球的半径越大，过滤的点就越多。

（4）如果选用弦高差（Adaptative）过滤，需要在文本框中设置一个数值，表示弦高差。该过滤方式是：根据点与点之间的弦高差，把设置的偏差量以内的点都移除，数值越大，过滤的点越多。利用这种过滤方法，可以使得曲面在曲率变化小的平坦区域过滤较多的点，而在曲率变化较大的地方将过滤较少的点，从而使得过滤更有针对性，保留更多的曲面特征。

（5）在统计（Statistics）列表框中，列出了过滤点云的信息，包括设置的参数，保留下来的点云的数目及比例。

（6）被过滤的点实际并没有被删除，而是被隐藏。如果选中物理删除（physical removal）复选框，表示把过滤的点云真正地删除。

6.1.4.4　点云删除（Remove）

点云删除是将多余的点删除，删除在点云处理时特别有用，你可以删除不需要的点，对点云进行清理，方便后面造型处理。

（1）点击删除（Remove）图标██和点云，出现删除对话框，见图 6-7。

（2）选择需要删除的点云、交线。

（3）在对话框中选择一种拾取元素的模式（Mode）。选择拾取（Pick）按钮，表示一次选中一个点；选择圈定（Trap）按钮，表示一次选择一个三角网格；选择交线/网格（Scan/

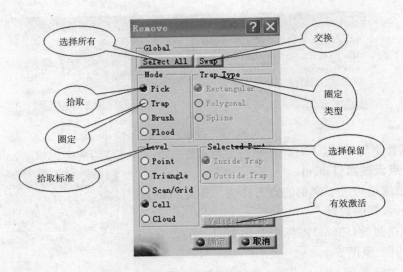

图 6-7　删除对话框

Grid）按钮，表示选择一条交线；选择 Cell 按钮，表示一次选择一个子点云单元；选择 Cloud 按钮，表示一次选中整个点云单元。

圈定（Trap）按钮需要与圈定类型（Trap Type）和选择保留（Selected Part）选项区域一起使用，Trap Type 选项可以选择圈定的类型，包括矩形、多段线、样条曲线三种，在 Selected Part 选项区域中有两种方式，Inside Trap 表示在选中区域内的点云将被移除。

（4）区域选择完后，单击有效圈定（Validate Trap）按钮，确定所选择的点云。

（5）单击选择全部（Select All）按钮，可以选择全部的点。

（6）单击交换（Swap）按钮，可以切换边界的内部或者外部作为选取区域。

6.1.4.5　点云激活（Activating）

在处理较大的点云数据时，工作焦点只是一个较小的范围，CATIA 允许用户只激活工作区域点云，而其他部分点云被隐藏。

（1）点击激活（Activate）图标　和一片点云，出现激活对话框，见图 6-8。

（2）局部激活的操作方法与删除点云的操作基本相同。首先选择需要取出局部特征的点云。

（3）与删除点云的选择方法相同，用 Pick 或者 Trap 方式选择需要的局部特征。

（4）完成选择后，单击确定按钮，完成局部特征的提取。

（5）局部提取移除的部分并没有删除，而是被隐藏起来，可以再次用局部激活功能，单击 Activate All 按钮，可以使点云恢复到完整的点云。

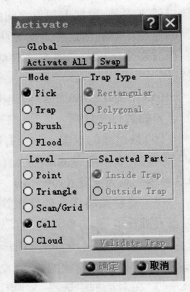

图 6-8　激活对话框

6.1.4.6 合并点云(Merge Clouds)

窗口中的多个点云数据可以进行合并,形成一个整体。

(1)点击合并点云(Merge Clouds)图标,出现合并点云对话框,见图6-9。

(2)选择需要合并的点云,点云清单出现在对话框里。

(3)从合并清单中删除一片点云:激活清单要删除点云的名字,打开删除选项。

(4)替代一片点云:从清单中删除被替代的点云,然后选替代点云。

图 6-9 合并点云对话框

(5)点击确定按钮,点云合并完成,新的名字出现在结构树上。

6.1.5 交线和曲线

6.1.5.1 平面交线(Planar Sections)

该功能是用一组平面与点云或网格面相交,形成一组交线。

(1)在创建扫描线(Scan Creation)工具栏单击平面交线(Planar Sections)图标和做截面线的点云,出现如图 6-10 所示对话框。

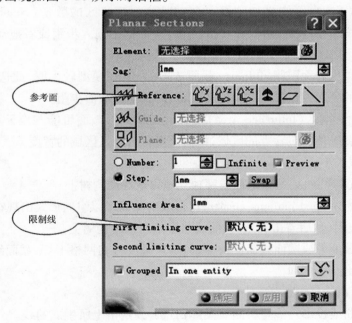

图 6-10 平面交线对话框

对话框自己默认参考平面、截面数和步长。自己定义参考平面是非常有用的,能定义任何位置的参考平面;另外,在固定(Fix)区可以选用是用步长定义截面线,还是用截面数定义截面线。

(2)根据需要,在平面定义(Reference)区挑选参考面类型:

A. 选预先定义平面:XY 平面,XZ 平面,YZ 平面。

B. 点罗盘按扭,根据罗盘的方向选择参考面。

C. 点平面按扭,将一个已存在的平面作参考平面。

D. 点截面导线按扭,选择一条曲线,截面线将与此曲线正交。

(3)参考面确定后,可以改变它的方向通过拖动参考面中心绿色箭头,也可以按交换(Swap)按扭改变方向。

(4)如果需要,可以在任何面上挑选一条或者两条曲线作为限制线,选第一条曲线,则它的名字将出现在第一限制曲线(First limiting curve)区域,选第二条曲线,则它的名字将出现在第二限制曲线(Second limiting curve)区域。

若用另外一条限制线替代已选的限制线,激活被代替线区域,然后选替代线。

(5)定义切割面:

A. 用步距(Step)定义切割面:①打开固定(Fix)区的步距(Step);②在步距(Step)对话框中输入步距;③在数量(Number)对话框中输入切割面数或者拖动绿色箭头达到所需要的面数(数量对话框中的数字会自动更新)。

B. 用数量(Number)定义切割面:①打开固定(Fix)区的数量(Number);②在数量(Number)对话框中输入数量;③在步距(Step)对话框中输入步距或者拖动绿色箭头达到所需要的步距(步距对话框中的数字会自动更新)。

需要时可以打开无限制(Infinite)截面选项(尤其在模型较大时,此选项非常有用),在荧屏上显示的平面仅仅代表参考面的位置,需要定义截面步距。

(6)切割面影响区(Influence Area):当点云较稀时,截面可能与点云不相交,切割面影响区就是指黄颜色所包含点的区域,根据需要自己定义区域的宽度。

(7)截面线类型:

A. 独立型(Distinct):每条截面线都独立地出现在结构树上。

B. 成组型(Grouped into one element):形成的截面线以组的形式出现在结构树上。

(8)点击应用,然后点击确定,截面线名字出现在结构树上。

虽然在点云上形成截面线简便快捷,但是效果没有在网格上好,截面线可以以 ASCII 的文件格式输出。

6.1.5.2 投影曲线(Projecting Curves)

DSE 模块曲线投影功能是将曲线投影到点云或网格上所生成的线。

(1)点击投影曲线(Projecting Curves)图标▧,出现曲线投影对话框,见图 6-11。

(2)选择投影线和目标点云或网格。

(3)投影方向:如果目标是一个点云,投影就会自动计算沿一个方向,如果目标是一个网格,可以从列表中选择投影类型,见图 6-12。

图 6-11 曲线投影对话框

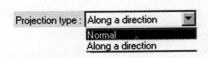

图 6-12 投影类型

如果按投影方向计算,默认情况下提出的方向是 Z 轴;可以选择另外一个方向,采用方向场的上下文菜单中的编辑组件选项可以输入方向坐标;罗盘方向选项采用投影方向的指南针作为当前方向,如果想改变这个方向,可以修改罗盘方向。

(4)如果目标是点云,需为投影线确定离散点数。

(5)如果目标是点云,可以设定焦点距离,输入的曲线是离散的,而每个离散点又投影到点云上,焦点距离就是离散点之间投影到点云间的距离。

(6)如果目标是一个网格,可以设定弦差,这条投影曲线通过弦差进行离散,而且每个离散点根据弦差投影在网格上。

6.1.5.3 点云交线(Scan on Cloud)

点云交线是指用鼠标在点云上选取一系列点构成交线。

(1)点击创建点云交线(Scan on Cloud)图标 和点云。

(2)在点云上点击点,即可创建扫描线。

(3)双击退出操作,扫描线出现在结构树上。

注意:①在选点时,经常用到取消和重做;②在某个点云上生成的交线不能跨越其他点云选点;③如果按住 Ctrl 键移动指针,扫描线被显示。

6.1.5.4 三维曲线(3D Curve)

可以在点云上,或者在空间上任一点建立一条空间三维曲线。

(1)在 Curve Creation 工具栏中单击三维曲线按钮 ,出现如图 6-13 所示对话框。

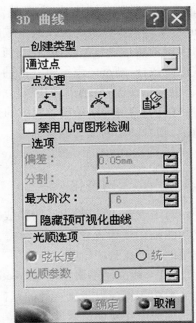

图 6-13 空间曲线对话框

(2)在创建类型列表中选择一种建立曲线的方式。

通过点:通过选择的点建立曲线。

控制点:选择的点是曲线的控制顶点。

接近点:选择的点是曲线的近似点。用这种方式建立的空间曲线,可以在"偏差"文本框中设置建立曲线与所选点之间的最大偏差,在"分割"文本框中可以设置建立曲线的段数,在"最大阶次"文本框中可以设置曲线的阶数。

（3）单击点处理中⚒按钮,可以在曲线上插入一个点。首先选择需要插入点的位置,再选择一点。

（4）单击点处理中⚒按钮,可以移除曲线上一个点。

（5）单击点处理中⚒按钮,可以约束曲线上的点到其他点上。

（6）在控制点上右击,可以对当前点进行编辑、保留、加切线、增加曲率等操作。

6.1.5.5 交线曲线

交线曲线是将交线转换为空间曲线。

（1）在曲线创建(Curve Creation)工具栏中单击交线曲线按钮☒,出现如图 6-14 所示对话框。

（2）在创建模式(Creation mode)选项区域中有两种建立曲线的方式:平滑(Smoothing)表示在移动误差范围内,将交线上的点数据平滑排列,用这些点作为数据点绘制曲线,其中 Max 标出了建立的曲线与交线之间的最大误差;内插(Interpolation)表示在交线上插入点数据,用这些数据作为数据点绘制曲线。

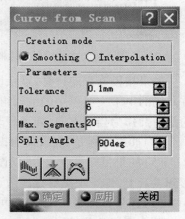

图 6-14 交线曲线对话框

（3）若选择平滑(Smoothing)按钮,可以在参数(Parameters)选项区域中设置相关参数。允许值(Tolerance)文本框中设置的数值是生成的曲线与交线之间的最大允许距离,如果建立的曲线的最大误差超过设置的数值,在几何显示区中用红色标出最大误差值。Order 表示建立的曲线的阶数,Segments 表示建立的曲线的段数。阶数和段数越多,所建立的曲线越接近交线,也就是说,误差越小,但所建立的曲线可能产生越大的波动。

（4）Split Angle 是设置交线的分割角度,也就是说,如果交线的变化角度大于设置的数值,则自动切断成为两条曲线。

（5）若选中 Analyses Curvature ☒按钮,可以对建立的曲线进行曲率分析。

6.1.6 点云网格化

对于点云,难以看出其所构成的几何形状,而网格化功能是在点云上建立三角网格,形成点云曲面,可以方便地勾勒点云的轮廓。

6.1.6.1 建立网格面(Mesh Creation)

本功能是在数字化点云的基础上建立网格面,为后续三维实体建立创造条件。

（1）点击建立网格(Mesh Creation)图标☒,出现对话框,见图 6-15。

（2）可以建立两种形式的网格面,选中 3D Mesher 按钮时建立三维网格,选中 2D Mesher 按钮时建立在某个平面上投影的网格面。

（3）Neighborhood 复选框设置圆球的半径值,在点云

图 6-15 建立网格对话框

中只要某三个点所构成的面被圆球包围,系统以这三点建立一个网格面,因此圆球半径越大,建立的网格面就越密集。

（4）在显示（Display）选项区域中，Shading 复选框表示在点云上网格面打光的情况，Smooth 复选框表示光线将与三角形切向一致，Triangles 复选框表示用三角形显示多边形，Flat 复选框表示光线与每个三角形法向一致。

（5）选择 2D Mesher 复选框，出现如图 6-16 所示对话框，需要选择网格投影的基准面。

（6）增加 Neighborhood 数值可以提高多边形面的质量和减少空洞的产生，但是找到一个既没有孔洞，又没有产生多余三角形面的邻近数字是比较困难的，有空洞的网格面需要进行修补。

图 6-16　选择 2D Mesher 复选框出现的对话框

6.1.6.2　修补网格面（Filling Holes）

建立网格面后，网格面可能存在空洞，可以用修补网格面的功能进行修补。

（1）点击填洞（Filling Holes）图标 和一个多边形面，出现如图 6-17 所示对话框。

（2）选择需要修补的网格面，系统会自动寻找网格面的缺口。其中，绿色 V 表示该缺口的边线已被选中，红色 X 表示该缺口未被选择。在 V 和 X 上右击，在弹出的快捷菜单中选择 Selected 或者 Not Selected 命令可以切换 V 和 X 的类型。

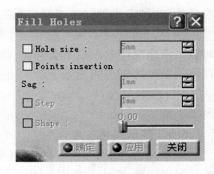

图 6-17　填洞对话框

（3）如果选中洞尺寸（Hole size）复选框，并设置相应的数值，表示若缺口的尺寸小于该数值，则缺口可进行修补，否则不可进行修补。

（4）如果选中内插点（Points insertion）复选框，并在 Sag 文本框中设置网格的最大边长，且网格边长大于 Sag 的数值，那么增加节点。

修补网格面之前要进行网格面片的清理，单击网格清理（Mesh Cleaner） 进行错误网格面片的清理工作，完成后再单击补洞（Filling Holes） 进行漏洞修补，修补过程中还需对结合网格编辑菜单中增加点（Add point） 、移动点（Move point） 、Remove element（删除点、线、面） 、Collapse element（折叠点、线、面） 、翻转边（线 Flipping Edges） 等工具协同进行漏洞修补。

6.1.6.3　偏置网格面（Mesh Offset）

网格面偏置，是将网格面沿着网格面的法向偏置一定的距离。

（1）在 Mesh 工具栏单击偏置网格面（Mesh Offset）图标 ，出现偏置网格面对话框，见图 6-18。

（2）选择需要偏置的网格面。

（3）在 Offset Value 中输入偏置距离，正值是向内法向偏置，负值是向外法向偏置。

（4）若选中 Create scans，则在偏置的网格面上建立网格面的自由边线。

（5）点击应用刷新结果，点击确定完成操作，偏置的网格面出现在结构树上。

图 6-18　偏置网格面对话框

6.1.6.4　平顺网格面（Mesh Smoothing）

在点云上建立的网格面可能比较粗糙，可以使用平顺网格面功能，使网格面比较光顺。

（1）点击平顺（Mesh Smoothing）图标 ，出现如图 6-19 所示对话框。

（2）选择需要平顺的网格面。

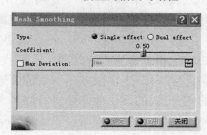

图 6-19　平顺网格面对话框

（3）选择一种平顺的类型，Single effect 是将一些太小的网格面半径移去，Dual effect 是减小网格面的粗糙度，两种方式都将使得网格面的体积变小。

（4）Coefficient 滑块可以调整平顺的系数，值为 0 时表示三角网格的顶点不会移去，值为 1 时表示顶点移动到新计算生成的顶点上。

（5）选中 Max Deviation 复选框，可以在其后的文本框中设置调整的允许进行平顺的最大距离值。

6.1.6.5　降低网格密度（Decimating）

如果网格过于复杂、密集，系统运行、计算比较慢，在不影响点云形状的情况下，可以减小网格的密度，以加快系统处理的速度。

（1）点击抽稀（Decimating）图标 ，弹出如图 6-20 所示对话框。

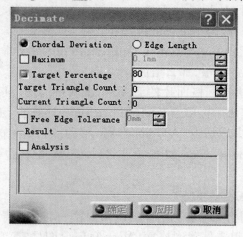

图 6-20　抽稀对话框

（2）降低网格密度有两种方式：Chordal Deviation 是按照弦高差进行操作，这种方式可以保留网格面的形状;Edge Length 是按照三角网格的边长进行操作,将网格面中的细长的三角网格移去,从而获得网格形状比较满意的网格面,但这种方式将降低在曲率变化较大的部位的精度。

(3)有两种途径可以设置降低网格密度的规则,一种是选中 Maximum 复选框,并设置最小值,如果采用 Chordal Deviation 方式,那么弦高差小于设定值的三角网格将被移除;如果选择 Edge Length 方式,那么网格中的最小边长小于设定的最小值的网格将被移除。

(4)选中目标百分数(Target Percentage)复选框,表示将网格降低到原来网格的百分比,可以在其后的文本框中设置百分比,也可以在 Target Triangle Count 文本框中设置保留下来的网格数目。

(5)选中 Free Edge Tolerance 复选框,可以设置自由边的最大偏差值。

6.1.6.6 合并网格(Merge Meshes)

点击合并网格(Merge Meshes)图标 ,出现如图 6-21 所示对话框。

图 6-21 合并网格对话框

(1)选择需要合并的网格,网格清单出现在对话框里。

(2)从合并清单中删除一片网格:激活清单要删除网格的名字,打开删除选项。

(3)替代一片网格:从清单中删除被替代的网格,然后选替代网格。

(4)点击确定,网格合并完成,新的名字出现在结构树上。

6.1.6.7 分割网格(Split)

点击分割网格(Split) 按钮,出现分割网格或点云对话框,见图 6-22。

(1)选择一个需要分割的点云或网格。

(2)挑选分割部分,此操作与激活操作一样。

(3)点击确定,分割完成。

说明:

• 原始元素仅仅被隐藏,新分割成的两元素加在结构树上。

图 6-22 分割网格对话框

• 加在结构树上的两元素,Split1 是原始元素剩下部分,Split2 是原始元素被选的部分。

• 如果选择的是空的或者是全选,则不产生新的分割元素。

• 恢复原始元素:①将原始元素从不显示转化到显示;②运用合并,将分割元素合并在一起。

6.1.6.8 翻转边线(Flip Edges)

翻转边线功能是修正三角网格的边线,重建三角网格,使得网格外形更加平滑,但不需要改变顶点的数目和位置。

（1）单击翻转边线（Flip Edges）按钮，出现如图 6-23 所示对话框。

（2）选择需要翻转边线的网格面。

（3）在对话框中设置翻转边线的深度，如果 Depth = 0，表示对三角网格及其相邻的网格进行处理；如果 Depth = 1，表示对三角网格及其相邻网格和相邻网格的下一层相邻网格进行处理，以此类推，Depth 最多为 10。

图 6-23　翻转边线对话框

6.2　外形造型

6.2.1　进入外形造型模块

进入外形造型（DSS）模块有以下两种方式：

（1）通过【开始】菜单进入。

选择菜单【开始】→【形状】→【Shape Sculptor】。

（2）通过快捷设置直接进入。

选择菜单【工具】→【自定义】→【开始菜单】→加载 DSS 模块，然后在 CATIA 工作台窗口直接点击 Shape Sculptor，即可直接进入 DSS 模块。

DSS 模块设计环境如图 6-24 所示。

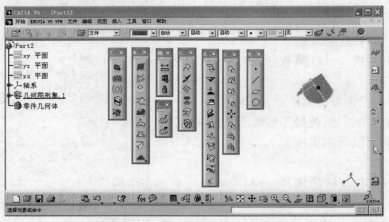

图 6-24　DSS 模块设计环境

6.2.2　外形造型模块环境设定

DSS 模块工作环境设置分为一般设置（General）、显示模式设置（Display Modes）和参数设置（Parameters），如图 6-25 所示。一般设置与显示模式设置同 DSE 模块，不再赘述。

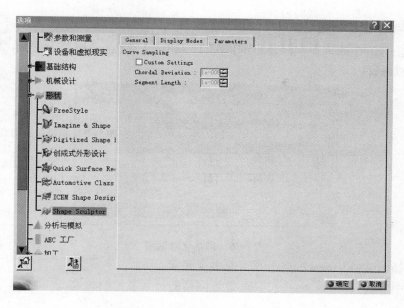

图 6-25　DSS 模块工作环境设置

参数设置(Parameters)主要设置曲线抽样数 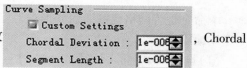，Chordal
Deviation 选项是按照弦高差进行操作,这种方式可以保留曲线的形状;Segment Length 是
按照曲线的段长进行操作,将曲线的段长小于设置长度的部分移去,然而这种方式将降低
曲线在曲率变化较大的部位的精度。

6.2.3　DSS 工具条及功能

外形造型(DSS)模块主要工具条包括点云导入导出、地形造型、创建对象(曲线、网格、布尔体等)、造型(网格变形、曲线投影等)以及编辑工具条(缝合、交切、修剪等)等。DSS 常用工具见表 6-12。

表 6-12　DSS 常用工具

图标	名称	功能	图标	名称	功能
	Tessellate	网格化		Mesh Morphing	网格变形
	Boolean Operations	布尔运算		Stitch	曲面缝合
	Multi – section Slice	多截片切割		Project Curve	曲线投影

6.2.4　网格化(Tessellate)

本功能是对草图等建立的非网格化面、体进行网格化,以便在 DSS 模块中进行布尔运算等网格操作。

（1）点击菜单【插入】→【Creation】→【Tessellate】，或点击网格化图标 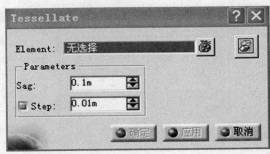，出现如图6-26所示对话框。

图6-26　网格化对话框

（2）选择元素（Element），点击 可选多个元素。

（3）选中参数（Parameters）复选框，设置网格的尺寸及控制长度。

6.2.5　网格变形（Mesh Morphing）

本命令是将网格化的曲面变形到目标元素，即将平面投影到已知点、线上。常用此命令建立地层。

（1）点击菜单【插入】→【Modeling】→【Mesh Morphing】，或单击网格变形图标 ，出现如图6-27所示对话框。

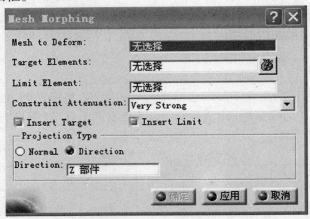

图6-27　网格变形对话框

（2）选择要变形的网格（Mesh to Deform），这里选的是已经网格化（Tessellate）后的mesh 面。

（3）选择要变形的目标元素（Target Elements），点击 可选多个元素。

（4）限制元素（Limit Element）用来限制要变形的网格只在此限制元素所包含的范围内。

（5）Constraint Attenuation 一栏有四个选项（低、中、强、非常强）可以选择，如图 6-28

所示,定义网格变形的程度。

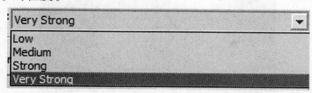

图6-28　定义网格的变形程度

（6）点选 Insert Target 及 Insert Limit 选项指网格变形后严格通过目标元素。

6.2.6　曲线投影(Project Curve)

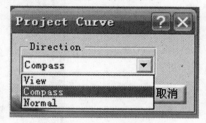

图6-29　曲线投影对话框

本命令是将曲线投影到网格面上,形成附着于不规则网格面上的 3D 曲线。

（1）点击【插入】→【Modeling】→【Project Curve】,或点击曲线投影图标◁,出现如图 6-29 所示对话框。

（2）选择投影方向(Direction):View 表示以视角角度投影,即曲线必须在 mesh 面的视角范围内,不能超出 mesh 面范围,得到的投影曲线在不改变视角的情况下与原曲线完全重合;Compass 表示以罗盘方向投影(即 Z 轴),严格以 Z 轴为方向投影到 mesh 面上;Normal 是指指向 mesh 面的法向。通常选择 Compass 方向作为投影方向。

（3）按住 Ctrl 键左键点选需投影的曲线及投影目标 mesh 面。

6.2.7　布尔运算(Boolean Operations)

（1）点击【插入】→【Creation】→【Boolean Operations】,或点击布尔运算图标⊘,出现如图 6-30 所示对话框。

图6-30　布尔运算对话框

（2）Mesh A、Mesh B 中填入 mesh 面或体。

（3）网格体上的绿色箭头代表两者相加运算,网格面上的绿色箭头代表保留面的那一侧。

（4）选择好方向后,可以应用,以查看结果是否正确,无误后点击确定。布尔运算结果可以双击修改更新。

图 6-31 为布尔运算示例。

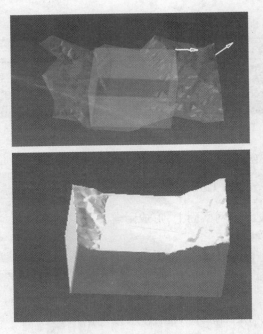

图 6-31　布尔运算示例

6.2.8　多截片切割(Multi – section Slice)

多截片切割命令与布尔运算不同的是,它能保留截面两侧的运算出成果,相当于分割功能,R20 版本的运算结果可以修改,而拆分结果不能修改。

(1)点击工具条【Terrain Modeling】→【Multi – Section Slice】,即多截片分割图标，出现如图 6-32 所示对话框。

图 6-32　多截片切割对话框

(2)选择切割对象(To Slice),填入 mesh 体。

(3)选择切片元素(Sections),填入前面 mesh 面,点击可以选择多个切片,点击应用和确定。

(4)系统在特征树上生成一个多截片,右键点击该截片,可将其拆分成多个 mesh 体,如图 6-33 所示。多截片产生的结果可以双击进行修改更新,但其拆分的结果不具备修改更新功能。

图 6-33　特征树上的多截片

6.3 点云网格编辑实例

现举例说明 DSE 模块及 DSS 模块中相关命令的具体用法及结果。步骤如下。

6.3.1 点云导入(Cloud Import)

点云导入对话框中,参数设置如图 6-34 所示。

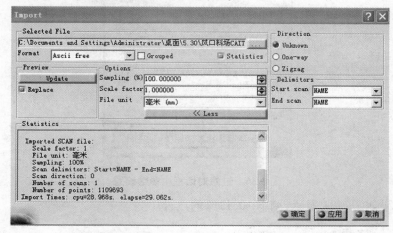

图 6-34　点云导入对话框中参数设置

点云导入结果见图 6-35。

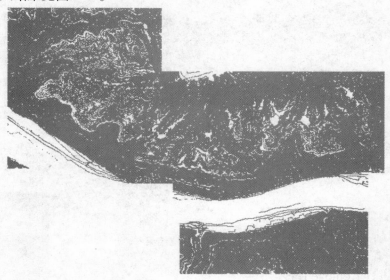

图 6-35　点云导入结果

6.3.2 过滤(Filter)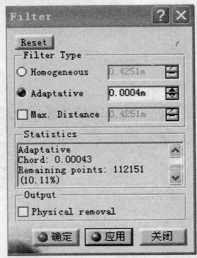

过滤对话框中参数设置如图6-36所示。

图6-36 过滤对话框中参数设置

过滤结果如图6-37所示,剩下10.11%的点云。

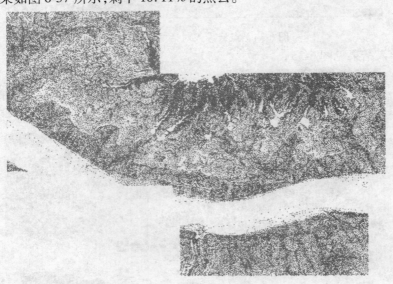

图6-37 过滤结果

6.3.3 删除(Remove)

删除对话框中参数设置及删除区域如图6-38所示。

除删除平面区域外,还需删除立面图中不合理的点云数据,见图6-39。

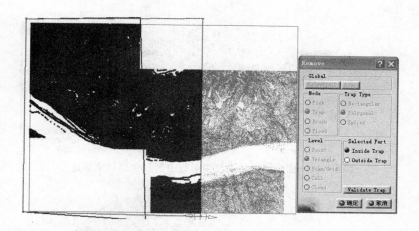

图 6-38 删除对话框中参数设置及删除区域

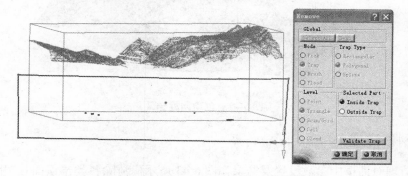

图 6-39 删除立面图中不合理的点云数据

删除结果如图 6-40 所示(俯视图及侧视图),红色的区域已被删除。

图 6-40 删除结果

6.3.4 创建网格(Mesh Creation)

创建网格对话框中参数设置及创建网格区域如图 6-41 所示。

创建网格结果如图 6-42 所示,显示方式为平滑。

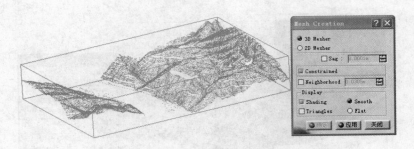

图 6-41　创建网格对话框中参数设置及创建网格区域

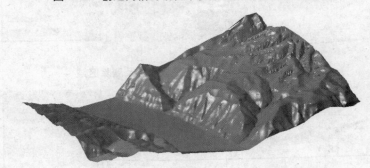

图 6-42　创建网格结果

6.3.5　网格清理(Mesh Cleaner)

网格清理对话框中参数设置及结果如图 6-43 所示。清除各类错误面片,相当于打洞的过程,为补洞操作创造条件。

图 6-43　网格清理对话框中参数设置及结果

6.3.6　补洞(Filling Holes)

清理错误面片后的网格会出现很多空洞,这时单击补洞(Filling Holes),出现补洞对话框,参数设置及结果如图 6-44 所示。绿色 X 代表可以修补的空洞,红色 X 代表不能修补的空洞,这时需要结合网格编辑菜单中增加点(Add point)、移动点(Move point)、Remove element (删除点、线、面) ✕、Collapse element (折叠点、线、面)等命令进行协同操作。

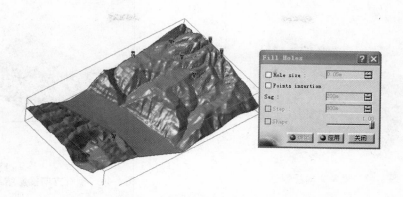

图 6-44　补洞对话框中参数设置及结果

经过修补的网格如图 6-45 所示,其只有边界显示为一个绿色的 X。

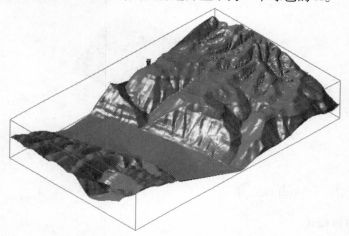

图 6-45　经过修补的网格

6.3.7　曲线投影(Project Curve)

曲线投影对话框如图 6-46 所示,投影方向不同时结果也不同。

图 6-46　曲线投影对话框及方向设置

(1)视角方向(View)投影,结果如图 6-47 所示,投影曲线与原曲线完全重合,且原曲线必须在 mesh 面范围内。

(2)指针方向(Compass)投影,结果如图 6-48 所示,曲线严格按照 Z 轴方向投影。

图 6-47　视角方向投影结果

图 6-48　指针方向投影结果

（3）法向方向（Normal）投影，结果如图 6-49 所示，投影结果为沿着 mesh 面的法向，所得结果曲线走势与原曲线相差较大。

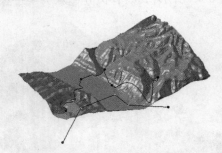

图 6-49　法向方向投影结果

6.3.8　网格化（Tessellate）

6.3.8.1　曲面网格化

（1）通过草图编辑器建立地表模型范围内的矩形轮廓线，如图 6-50 所示。

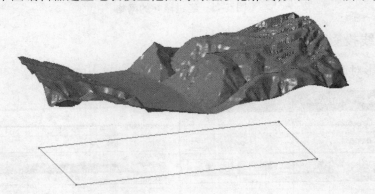

图 6-50　建立地表模型范围内的矩形轮廓线

（2）利用 GSD 模块填充曲面命令对轮廓线进行填充，形成一平面，如图 6-51 所示。

（3）对平面进行网格化处理，点击，在网格化对话框中进行参数设置，如图 6-52 所示。

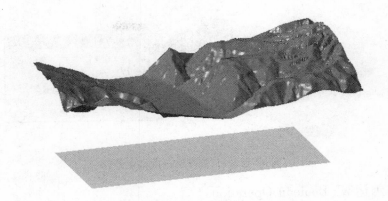

图 6-51　对轮廓线进行填充并形成平面

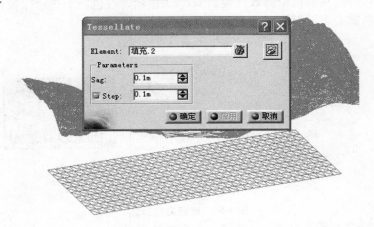

图 6-52　对平面进行网格化处理

6.3.8.2　凸台或包络体网格化

选择 GSD 模块包络体拉伸命令,在对话框中进行参数设置,如图 6-53 所示。

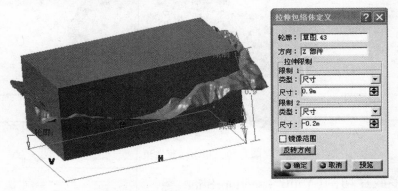

图 6-53　拉伸包络体

同样,对包络体进行网格化处理,点击🖳,在网格化对话框中进行参数设置,如图 6-54所示。

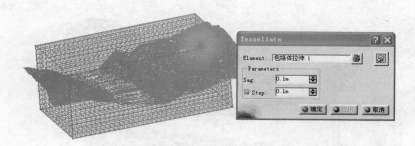

图 6-54　对包络体进行网格化处理

6.3.9　布尔运算(Boolean Operations) ⎙

　　进行布尔运算,对话框中参数设置如图 6-55 所示。红色箭头表示保留包络体范围内的地形面,绿色箭头表示保留地形面以下的包络体。

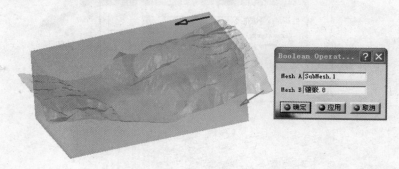

图 6-55　进行布尔运算

　　布尔运算结果如图 6-56 所示,形成一个完整的地质体。

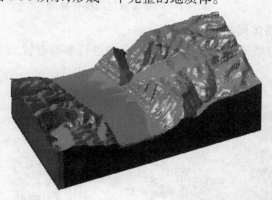

图 6-56　布尔运算结果

6.3.10　多截片切割(Multi – section Slice) ⬛

　　多截片分割对话框及对象选择如图 6-57 所示。

　　分割结果如图 6-58(a)所示,地形面将包络体分割成上下两侧两个网格体,下侧与上述布尔运算结果相同,如图 6-58(b)所示。

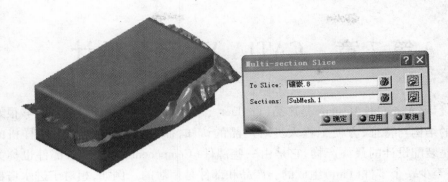

图 6-57　多截片分割对话框及对象选择

(a)　　　　　　　　　　　　(b)

图 6-58　分割结果

第 7 章　CATIA V5 装配设计

装配设计(Assembly Design)是产品(Product)设计不可或缺的一部分,它能够很好地制定产品的结构与特征,方便工程人员对产品的认知,而这也正是 DMU 电子样机的基础。产品是装配设计的最终产物,它是由一些部件(Component)组成的。部件也称为组件,它是由至少一个零件(Part)组成的。产品和部件是相对的。例如,相对于进水塔群来讲,灌溉塔是一个部件;相对于灌溉闸门或灌溉洞来讲,灌溉塔就是一个产品。某个产品可以是另外一个产品的成员,某个部件也可以是另外一个部件的成员。在构成产品的特征树上不难看到,树根一定是某个产品,零件一定是树叶。

CATIA V5 装配设计模块是 CATIA 最基本的,也是最具有优势和特色的功能模块,可以方便地定义机械装配件之间的约束关系,实现零件的自动定位,并检查装配件之间的一致性。它可以帮助设计师自上而下或自下而上地定义、管理多层次的大型装配结构,使零件的设计在单独环境和在装配环境中都成为可能。在设计非常复杂的装配体时,为了提高加载效率,CATIA 提供了可供选择的配置方式和调入模式。

本章介绍了装配设计过程中所遇到的创建装配体、添加指定的部件或零件到装配体、创建部件之间的装配关系、移动和布置装配成员、生成产品的爆炸图、装配干涉和间隙分析等主要功能。

7.1　进入和退出装配环境

7.1.1　进入装配设计环境

进入 CATIA V5 装配模块可以通过以下三种方式:

(1)在空白情况下,从【开始】菜单进入三维装配环境。

选择菜单【开始】→【机械设计】→【装配设计】,进入如图 7-1 所示的三维装配环境,开始建立一个新的产品文件。

(2)从文件菜单进入装配设计的环境。

选择菜单【文件】→【新建】或单击图标□,将弹出如图 7-2 所示新建对话框。选择该对话框的"Product",然后单击"确定"按钮,进入三维装配环境,开始建立一个新的产品文件。

(3)从其他环境进入装配设计环境。

单击该环境下右上角相应的工作台图标,弹出如图 7-3 所示欢迎使用 CATIA V5 对话框,选择其中装配设计图标,进入三维装配环境;或直接在工具栏中点击 进入三维装配环境。

装配文件的类型是 CATProduct,在特征树上文件最顶部的默认特征的名称是 Product1。

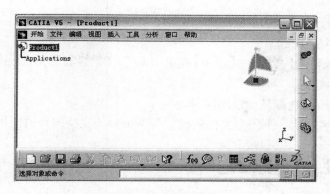

图 7-1　三维装配环境

图 7-2　新建对话框

图 7-3　欢迎使用 CATIA V5 对话框

7.1.2　退出装配设计环境

（1）退出当前的装配文件。

选择菜单【文件】→【关闭】或单击当前窗口右上角的⊠即可。

（2）退出 CATIA 环境。

选择菜单【开始】或【文件】→【退出】或单击 CATIA 窗口右上角的⊠即可。

（3）进入其他模块。

选择菜单【开始】，选择其他模块即可。

打开、保存或另存为一个图形文件的操作与 Windows 支持的普通应用程序相同。

7.2　装配设计环境设定

为了充分发挥 CATIA V5 的装配设计能力，必须根据设计对象的特点，合理地设定装配环境参数。用下拉菜单【工具】→【选项】→【机械设计】→【装配设计】打开装配设计环境参数设定界面，如图 7-4 所示。在此窗口中有四个标签，分别对应不同的参数设定，设置分常规、约束、DMU 碰撞 - 处理、DMU 剖切等四项内容。各设置的意义是明显的，不再一一赘述。

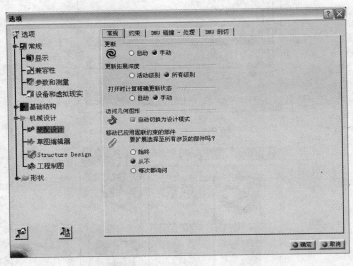

图 7-4　装配设计环境参数设定界面

下边讨论有关装配设计环境参数设置的几个问题。

7.2.1　可视化模式和设计模式

装配设计有两种模式：设计模式和可视化模式。通过菜单【编辑】→【展示】→【可视化模式】从设计模式切换到可视化模式；通过菜单【编辑】→【展示】→【设计模式】从可视化模式切换到设计模式。

当装配模块处于设计模式时，将部件的完整信息调入内存，此时可以修改部件的特征参数，但需要较大的内存空间。

当装配模块处于可视化模式时，只把部件的一个数据子集调入内存，其余数据存放于缓冲区,可根据需要另外调入。虽然可以显示部件的形状、对部件进行测量和干涉分析等,但不能得到部件的详细信息,部件之间也不能施加约束。

选择菜单【工具】→【选项】→【基础结构】→【产品结构】,出现有关产品结构的多个选项卡。图 7-5 所示为"高速缓存管理"选项卡,若打开"使用高速缓存系统"切换开关,则可以设置缓冲区的路径和大小。此时装配模块处于可视化模式。

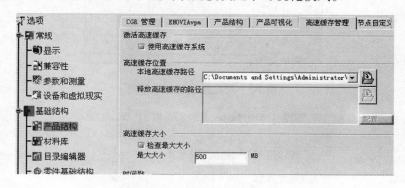

图 7-5 "高速缓存管理"选项卡

7.2.2 快速装入

所谓快速装入,是指只装入了产品或部件的装配关系,部件的其余几何信息并不调入内存。选择菜单【工具】→【选项】→【常规】,单击"常规"选项卡,出现"加载参考的文档"切换开关,见图 7-6。该切换开关的功能是控制是否把部件的几何信息调入内存。如果打开该开关,部件的几何信息调入内存,否则不调入内存,只调入装配关系。

图 7-6 "加载参考的文档"切换开关

如果装配体处于快速装入状态,可以通过图标将部件的几何信息调入内存。单击图标![图标],出现如图 7-7 所示的产品加载管理对话框,在特征树上选择要加载的实体模型,单击"应用"按钮,即可将所选部件的几何信息调入内存。通过该对话框也可以显示或隐藏所选的部件。

7.2.3 激活/不激活实体

实体模型调入内存后,其几何信息如果不激活,则不显示实体。选择菜单【工具】→【选项】→【基础结构】→【产品结构】,在如图 7-8 所示的"产品可视化"选项卡中,通过"请勿在打开时激活默认形状"切换开关可以控制打开文件时是否激活实体的几何信息。

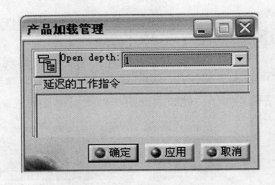

图 7-7 产品加载管理对话框

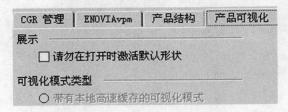

图 7-8 "请勿在打开时激活默认形状"切换开关

7.3 工具条及功能

(1)产品结构工具命令,见表 7-1。

表 7-1 产品结构工具命令

图标	功能	图标	功能	图标	功能
	插入一个新的子装配,此子装配存在于大装配中,不单独存盘		插入一个新的子装配,此子装配单独存盘,可以单独打开		插入一个新零件
	插入一个已有元素(零件、装配)		替换零部件		重新安排零部件在结构树上的位置
	生成零件序列号		产品初始化		卸载装配部件
	加载装配部件		快速多重引用		定义多重引用
	镜像		管理产品的几何描述方式		进入设计模式,加载模型几何数据
	进入显示模式,卸载模型几何数据		不激活一个节点		激活一个节点

（2）移动工具命令，见表7-2。

表 7-2　移动工具命令

图标	功能	图标	功能	图标	功能
	手工移动零件		快速移动		智能化移动
	生成装配爆炸图				

（3）装配约束工具命令，见表7-3。

表 7-3　装配约束工具命令

图标	功能	图标	功能	图标	功能
	一致性约束		接触约束		偏移约束
	角度约束		固定零件		将两个零件固定在一起
	快速约束		柔性子装配		改变约束
	重复使用图样		激活/不激活约束		

（4）更新工具命令，见表7-4。

表 7-4　更新工具命令

图标	功能
	更新装配

（5）约束创建模式工具命令，见表7-5。

表 7-5　约束创建模式工具命令

图标	功能	图标	功能	图标	功能
	默认模式，总是在先后两选择的元素间创建约束		链模式，以链方式创建约束，前一约束的第二个元素将作为后一约束的第一个元素		堆积模式，选定的第一个元素重复与下面选中的元素创建约束

（6）注解工具命令，见表7-6。

·169·

表 7-6   注解工具命令

图标	功能	图标	功能
	带引出箭头的标注		建立与模型或几何相关的超级链接

（7）装配特征工具命令，见表7-7。

表 7-7   装配特征工具命令

图标	功能	图标	功能	图标	功能
	装配切割		装配打孔		装配凹槽
	装配加		装配减		

（8）分析工具命令，见表7-8。

表 7-8   分析工具命令

图标	功能	图标	功能	图标	功能
	计算装配的干涉		分析装配更新状态		分析装配约束
	分析装配自由度		分析装配零件间的依赖关系		

7.4   产品结构创建与编辑

有关产品结构创建与编辑功能除在工具栏中可找到图标命令外，在【插入】菜单也可以调用相应的功能。

7.4.1   插入部件

图标 🐞 的功能是将一个部件插入到当前产品，在这个部件之下还可以插入其他产品或零件。有关这个部件的数据直接存储在当前产品内。

选择要装配的产品，单击图标 🐞，特征树增加了一个产品新节点，见图7-9。

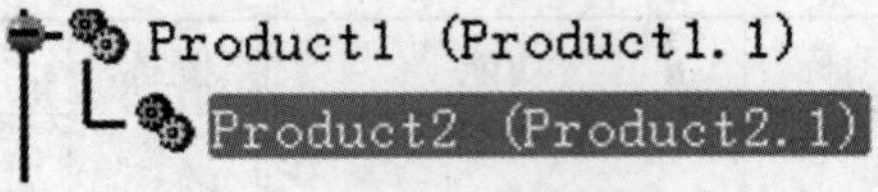

图 7-9   特征树增加的产品节点

7.4.2   插入产品

图标 🐞 的功能是将一个产品插入到当前产品，在这个产品之下还可以插入其他产品或零件。有关这个产品的数据存储在独立的新文件内。

选择要装配的产品，单击该图标，特征树增加了一个产品新节点，见图7-9。

7.4.3 插入新零件

图标 的功能是将一个新零件插入到当前产品,这个零件是新创建的,它的数据存储在独立的新文件内。

选择要装配的产品,单击该图标,根据提示定义新原点后,特征树增加了一个零件新节点,见图7-10。

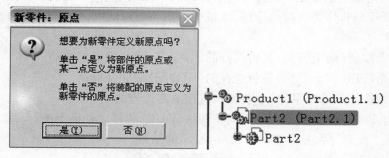

图7-10 提示对话框及特征树显示

双击新节点的下一层节点,例如 Part2 的节点,进入零件设计工作台,创建一个以 Part2 为文件名的新零件。

 是产品图标,可以在它下面插入零件或子装配。

 表示零件,不可以插入子装配。

7.4.4 插入已经存在的部件

图标 的功能是将一个已经存在的部件插入到当前产品。

选择要装配的产品,单击该图标,弹出一个选择文件的对话框,输入已经存在的部件或零件的文件名,特征树增加了一个新节点,见图7-11。

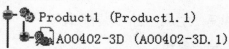

图7-11 插入已经存在的部件的特征树显示

由 CATIA license 决定,可以插入以下几种格式的文件:

- CATPart(* . CATPart);
- V4 session(* . session);
- CATProduct(* . CATProduct);
- V4 model(* . model);
- V4 CATIA Assembly(* . asm);
- cgr(* . cgr);
- CATAnalysis(* . CATAnalysis);
- wrl(* . wrl)。

7.4.5 替换部件

图标 的功能是用其他产品或零件替换当前产品下的产品或零件。

在当前装配体中选择要被替换的部件，单击该按钮，弹出一个选择文件的对话框，输入一个已经存在的部件或零件的文件名，即可替换已选择的部件。

7.4.6　重新排序特征树

图标🗒的功能是重新排列特征树中各部件的顺序。

（1）在结构树上选择某一要排序的组件，如 Product1，见图 7-12（a）。

（2）选择重新排序特征树命令🗒，系统会弹出一个对话框，如图 7-12（b）所示，有三个选项。

- 第一个按钮（向上箭头）是将选择的零件（子装配）向顶部移动。
- 第二个按钮（向下箭头）是将选择的（子装配）向底部移动。
- 第三个按钮是选择零件（子装配），直接放在适当的地方。

（3）选择 Product1 并且点击向下箭头两次，Product4 移动到最上部。

（4）点击"确定"后，显示如图 7-12（c）所示的结果。

图 7-12　重新排序特征树示例

7.4.7　生成产品子装配编号

图标🗒的功能是将产品内的零件编上序号。

（1）在结构树上的顶部点击一个装配文件。

（2）点击生成产品子装配编号命令🗒，系统会弹出一个对话框，如图 7-13 所示，有两个选项。

图 7-13　生成编号对话框

- 整数:可以生成整数顺序的编号。
- 字母:可以生成字母顺序的编号。

(3)点击"确定"完成操作。

7.4.8 产品初始化

在装配里加载和显示子装配。

操作方法如下:

(1)首先定义参数,点击【工具】→【选项】→【常规】,单击"常规"选项卡,出现"加载参考的文档"切换开关,不激活。

(2)打开一个装配文件,系统会自动定义一个组件符号,表示引用的文件不能发现,几何体不显示,如图7-14所示。

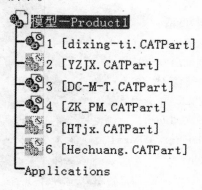

图 7-14 打开装配文件

(3)点击选择性加载命令,系统会弹出一个对话框,如图7-15所示。

图 7-15 产品加载管理对话框

(4)选择一个需要加载的元素,如 DC－M－T.CATPart,点击(产品加载管理器中的符号),在对话框里显示"模型－Product1/3 将被加载",如图7-16所示。

(5)点击"确定",DC－M－T.CATPart 子装配被加载和显示。在结构树上会显示 CATPart 符号,并出现该装配的名称"地层面－地层体",如图7-17所示。

(6)定义参数,点击【工具】→【选项】→【常规】,单击"常规"选项卡,出现"加载参考的文档"切换开关,不激活,打开一个装配文件,显示所有几何体,如图7-18所示。

· 173 ·

图 7-16　加载元素

图 7-17　加载和显示结果

图 7-18　显示所有几何体

7.4.9　卸载子装配

图标📇用于在装配里卸载和不显示子装配。

点击【编辑】→【部件】→【卸载】,选择需要卸载的子装配(如钻孔－坝轴线),也可以在欲操作的零件上点击鼠标右键,在弹出菜单中选择【部件】→【卸载】,出现列表框,可以选择和预览,见图7-19。

钻孔－坝轴线部件将被卸载,在结构树上会显示卸载的符号,如图7-20所示。此时在图形窗口也不显示该几何体,包括它的关联零件,见图7-21。

图 7-19　列表框

图 7-20　结构树显示

图 7-21　图形窗口显示结果

7.4.10　加载子装配

图标![图标]用于在装配里加载未显示的零件。

点击【编辑】→【部件】→【加载】,选择需要加载的零件如 ZK_PM. CATPart,也可以在历史树的相应零件上点右键弹出菜单【部件】→【加载】,则可恢复到7.4.8节的显示所有几何体。

7.4.11　孤立零件

在装配中,孤立一个零件,是为了打断该零件和其他零件的关联,使其他零件在位置移动和形状修改时,不会影响到该零件。

(1)将【工具】→【选项】→【基础结构】→【零件基础结构】→【常规】→【保持与选定对象的链接】激活,在设计中如果选择其他零件上的元素作为参考,则两个零件会产生关联。此时在结构树上的部件显示的符号是![符号],右下齿轮为绿色,表示引用了外部参考元素,受其他零件影响。

(2)在要隔离的部件上用右键弹出菜单【部件】→【隔离零件】,在结构树上变成![符号],右下齿轮变为黄色,不再与其他零件关联。此时再更改相关联的草图后,回到装配工作台,更新一下,此部件不变。

7.4.12　激活/取消激活子装配

该功能从装配里取消激活一个子装配,并且在屏幕里不显示其几何体,背景里也不显示几何体,包括它的关联零件。

在结构树上点击需要取消激活的一个子装配,点击【编辑】→【对象】→【激活/取消激活部件】,或用右键弹出菜单【对象】→【激活/取消激活部件】,则图标改变成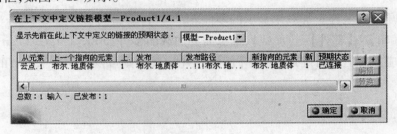,右下齿轮变为黄色,左下角变为红色括号。此时在图形中都不显示相应几何体,并且在零件清单里也不显示几何体。激活/取消激活子装配这个操作对引用相同零件(装配)的所有文件同时产生作用。

重复以上的操作,激活子装配。

7.4.13　改变从属关系

在一个装配中,可以改变零件之间的从属关系,被拷贝的文件可以关联,也可以不关联。

7.4.13.1　操作方法一

(1)在结构树上点击一个存在的零件,用右键弹出菜单【复制】或【粘贴】命令将这个零件加到它的父一级结构树上,被拷贝的零件必须是前后关联的,显示为右下绿齿轮,如图7-22所示。

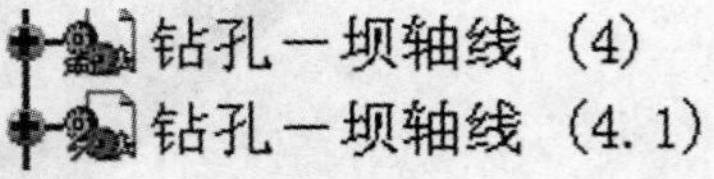

✦🔩 钻孔－坝轴线　(4)
✦🔩 钻孔－坝轴线　(4.1)

图7-22　在结构树上拷贝零件

(2)点击拷贝生成的零件,用右键弹出菜单【部件】→【定义上下文链接】,系统会弹出一个对话框,如图7-23所示。

图7-23　定义上下文链接对话框

- 在这个对话框里显示外部参考和引用的元素。
- 预期状态:有两个选项,即待解决和已连接,按钮 + - 用来切换。

(3)点击"确定",更新之后,拷贝生成的零件和外部参考元素关联,被拷贝的零件和外部参考元素不再关联,它与拷贝生成的零件一致。拷贝生成的零件的符号变成右下为绿齿轮。

7.4.13.2　操作方法二

(1)在结构树上点击一个存在的零件,用右键弹出菜单【选择性粘贴】,选择"断开链接",确定。

(2)被拷贝的零件和拷贝生成的零件不关联,被拷贝的零件不随拷贝生成的零件变化。其他操作和操作方法一一样。

7.4.14　装配可视化模式

该功能主要应用在复杂的、数据量大的装配,可以减少数据量。因为它的可视化模式为 cgr 格式,显示的只是外表面,而不将其他详细几何数据调入,此时只能对装配结构进行编辑,而不能对几何形状进行编辑。

(1)应用菜单设置:【工具】→【选项】→【基础结构】→【产品结构】,出现有关产品结构的多个选项卡。若打开"使用高速缓存系统"切换开关,并可以设置缓冲区的路径和大小,此时装配模块处于可视化模式。

(2)在结构树上点击需要显示模式的产品,用右键弹出菜单【展示】→【可视化模式】。

7.4.15　装配设计模式

该功能把装配从显示模式改变成设计模式。这样其几何设计数据调入系统,可以对几何体进行编辑,有两种方法调用该功能:

(1)应用菜单设置:【工具】→【选项】→【基础结构】→【产品结构】,出现有关产品结构的多个选项卡。若关闭"使用高速缓存系统"切换开关,此时装配模块处于设计模式。

(2)在结构树上点击需要设计模式的产品,用右键弹出菜单【展示】→【设计模式】。

7.4.16　不激活一个节点

对零件应用不激活 ✗ 操作后,该零件在图形区不可见,只在历史树中显示此零件。该命令不能对子装配操作。

方法是:在结构树上点击需要不激活的零件,用右键弹出菜单【展示】→【取消激活节点】。

7.4.17　激活一个节点

对不激活零件应用激活 💡 操作后,该零件在图形区可见。该命令不能应用于子装配。

方法是:在结构树上点击需要激活的产品,用右键弹出菜单【展示】→【激活节点】。

7.4.18　激活/不激活一串节点

激活/不激活结构树上一节点及其以下所有的零件,用于控制显示或不显示这些零件。

方法是:在结构树上点击需要激活/不激活的产品,用右键弹出菜单【展示】→【激活端节点】或【取消激活端节点】。

7.4.19 定义多重引用

功能用于将一个零件沿一个方向一次复制多个。

点击需要引用的元件,点击图标 或选择菜单【插入】→【定义多实例化】,系统会弹出一个对话框,如图 7-24 所示。

图 7-24 多实例化对话框

在参数复选框里有三种选项:实例和间距、实例和长度、间距和长度,分别表示指定复制数量和间距、指定总长度和复制的数量、指定间距和总长度。

参考方向:可以定义 x 轴、y 轴、z 轴的方向。

选定元素:可以选择一条线、一条边或一根轴线。

定义为默认值:保存它的参数,使用快速多重引用的命令时用它的默认值。

利用定义多重引用的参数,可以进行快速多重引用:点击需要引用的元件,点击图标 或选择菜单【插入】→【快速多实例化】。

7.4.20 对称

可以复制一个对称的产品和引用它本身偏移的产品。

(1)点击图标 或选择菜单【插入】→【对称】,系统会弹出一个对话框,如图 7-25 所示。

(2)选择一个镜像参考平面,选择一个需要变换的产品,系统又弹出一个对话框,如图 7-26 所示。

(3)选定所需要的选项,单击"完成"即可。

图 7-25 装配对称向导对话框(1)

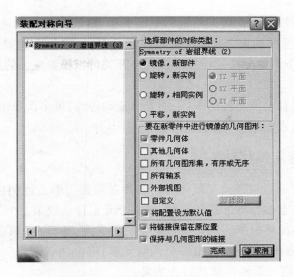

图 7-26 装配对称向导(2)

7.5 改变部件的位置

在装配过程中,必须弄清装配的级别,总装配是最
高级,其下级是各级的子装配,即各级的部件。对哪一级的部件进行装配,这一级的装配
体必须处于激活状态。在特征树上双击某装配体,使之在特征树上显示为蓝色,此时该装
配体就处于激活状态。如果单击某个装配体,使之在特征树上显示为亮色,此时该装配体
就处于被选择状态。注意:只有激活状态下产品的部件及其子部件才可以被移动和旋转。
可以通过罗盘和有关移动的工具栏 改变部件的位置,也可通过菜单【编
辑】→【移动】找到相应的命令。

7.5.1 用罗盘徒手移动部件

将光标移至罗盘的红方块上,出现移动箭头,按下鼠标左
键拖动罗盘放在需要移动的形体表面上,罗盘将附着在形体
上,并且变成绿色。按下鼠标左键,将光标沿罗盘的轴线或
圆弧拖动鼠标,形体随之平移或旋转。

7.5.2 调整位置

图标 的功能是调整部件之间的位置。可以将选取的
部件沿 x、y、z 或给定的方向平移,沿 xy、yz、zx 或给定的平面
平移,或者绕 x、y、z 或给定的轴线旋转。单击该图标,弹出如
图 7-27 所示调整部件位置的操作参数对话框。

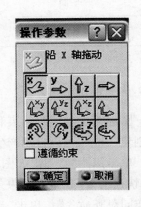

图 7-27 操作参数对话框

对话框第一排图标的功能是 x、y、z 或给定的方向平移,

第二排图标的功能是沿 xy、yz、zx 或给定的平面平移,第三排图标的功能是绕 x、y、z 或给定的轴线旋转。若"遵循约束"切换开关为打开状态,选取的部件要遵循已经施加的约束,即满足约束条件下调整部件的位置。该切换开关可以检验施加的约束,并可实现总装配体的运动学分析。

单击对话框内要移动或旋转的图标,用光标拖动部件,可多次单击要移动或旋转的图标,用光标拖动部件,直至单击"确定"按钮。

7.5.3 对齐(快速定位移动)

图标 的功能是通过对齐改变形体之间的相对位置。单击该图标,依次选择两个元素,出现对齐箭头,在空白处单击鼠标左键,第一个元素移动到第二个元素处与之对齐,从而实现形体移动。系统将根据所选元素自定义约束方式,并且在(第一个几何元素)上会产生一个绿色箭头,点击绿色箭头(第一个几何元素)将反向。

表 7-9 表示了几何元素种类及其对齐结果。

表 7-9　对齐移动定义的两元素情况

第一被选元素	第二被选元素	结果
点	点	两点重合
点	线	点移动到直线上
点	平面	点移动到平面上
线	点	直线通过点
线	线	两线重合
线	平面	线移动到平面上
平面	点	平面通过点
平面	线	平面通过线
平面	平面	两面重合

7.5.4 智能移动

图标 的功能是约束和对齐的结合,不仅将形体对齐,而且产生约束。通过"自动约束创建"选项,可以自动产生一个可能的约束。其操作对齐类似。

单击该图标,弹出如图 7-28 所示智能移动对话框。打开"自动约束创建"切换开关,在"快速约束"栏选取约束条件,用向上箭头将其移至顶部,例如将"平行"移至顶部,以下操作同对齐命令 ,单击"确定"按钮,除两部件实现对齐外,两部件也建立了制定的约束关系。

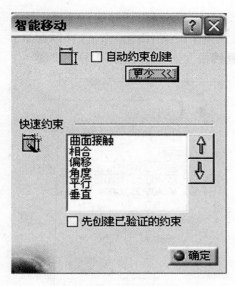

图 7-28　智能移动对话框

7.5.5　爆炸图(分解图)

图标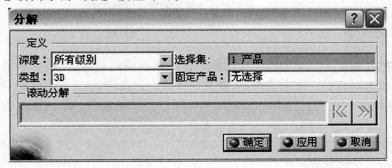的功能是将产品中的各部件炸开,产生装配体的三维爆炸图。

单击该图标,弹出如图 7-29 所示分解对话框。在对话框的"选择集"框输入选择的产品,在"深度"下拉列表中可以选择"所有级别"(全部爆炸)或"第一级别"(只爆到第一层),在"类型"下拉列表可以选择 3D(三维空间爆炸)、2D(二维空间爆炸)和受约束(按照约束状态移动),单击"确定"按钮即可。

图 7-29　分解对话框

7.6　创建约束

约束指的是部件之间相对几何关系的限制条件。

7.6.1　重合约束

图标 的功能是在两几何元素之间施加重合(Coincidence)约束(对话框见图 7-30)。

几何元素可以是点(包括球心)、直线(包括轴线)、平面、形体的表面(包括球面和圆柱面)。单击该图标,依次选择两个元素,则第一元素移动到第二元素位置,将两者重合在一起。装配关系为同心、共线或共面,示例见图7-31。

图 7-30　重合约束属性对话框

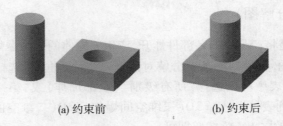

(a) 约束前　　　　　　　　(b) 约束后

图 7-31　孔和轴两条轴线的重合约束示例

7.6.2　接触约束

图标 的功能是在平面或形体表面施加接触(Contact)约束,约束的结果是两平面或表面的外法线方向相反。单击该图标,依次选择两个元素,则第一元素移动到第二元素位置,两面外法线方向相反。表7-10为接触约束可以选择的对象。示例如图7-32所示。

表 7-10　接触约束可以选择的对象

	形体平面	球面	柱面	锥面	圆
形体平面	可以	可以	可以		
球面	可以	可以		可以	可以
柱面	可以		可以		
锥面		可以		可以	可以
圆		可以		可以	

(a) 约束前   (b) 约束后

图 7-32   接触约束示例

7.6.3　偏移约束

　　图标 的功能是确定两个选择面的外法线方向是相同还是相反,同时还可以给出两面之间的偏移(Offset)距离(对话框见图 7-33)。单击该图标,依次选择两个元素,则第一元素移动到第二元素位置,再在图形中观察两面外法线方向,单击箭头可以使方向反向。图 7-34 是偏移约束示例。表 7-11 是偏移约束可以选择的对象。

图 7-33   偏移约束对话框

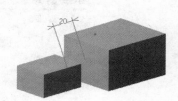

图 7-34   偏移约束示例

表 7-11   偏移约束可以选择的对象

	点	线	平面	形体表面
点	可以	可以	可以	
线	可以	可以	可以	
平面	可以	可以	可以	可以
形体表面			可以	可以

7.6.4　角度约束

　　图标 的功能是施加角度(Angle)约束。约束的对象可以是直线、平面、形体表面、柱体轴线和锥体轴线。单击该图标,依次选择两几何元素,在随后弹出的对话框(见图 7-35)中输入角度值,单击确定即可施加角度约束。图 7-36 所示为两表面角度约束为

45 度。

图 7-35　角度约束属性对话框

图 7-36　两表面角度约束为 45 度

7.6.5　空间固定约束

图标![icon]的功能是固定形体在空间的位置(对话框见图 7-37)。单击该图标,选择待固定的形体,即可施加固定约束。

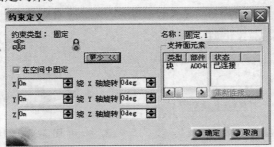

图 7-37　约束定义对话框

7.6.6　固联约束

图标![icon]的功能是在两个或两个以上的形体上施加该固联约束(Fix Together),使它们彼此之间相对静止,没有任何相对运动。单击该图标,系统会弹出一个对话框(见图 7-38),依次选择需要固联的形体,即可施加该约束。

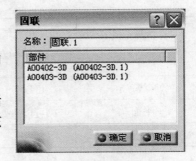

图 7-38　固联对话框

7.6.7　几个问题

上面是六种最常用的约束。施加约束时应注意所选的形体是否属于被激活的装配体。以图 7-39 所示特征树为例,假定激活了装配体 A 的子装配体 B,应注意以下问题:

(1)在装配体 C 和 K 之间不能施加约束,因为装配体 K 不是当前激活装配体 B 的部件。要在 C 和 K 之间施加约束,必须激活装配体 A。

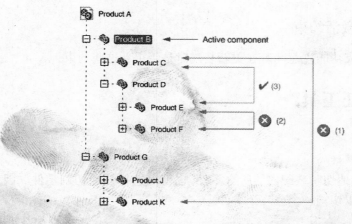

图 7-39　特征树示例

（2）在装配体 E 和 F 之间不能施加约束，因为 E 和 F 同属于装配体 D，而装配体 D 尚未被激活。如果在装配体 E 和 F 之间施加约束，必须激活装配体 D。

（3）装配体 C 和 E 之间可以施加约束，它们是激活装配体 B 的第一或第二部件。

7.6.8　快速约束命令

快速约束命令是由下拉菜单【工具】→【选项】→【机械设计】→【装配设计】中约束中的快速约束窗口里的设定决定的。

操作方法：点击█，选择需要约束的几何元素，自动生成相应的约束方式。

双击结构树上的约束符号，可以重新约束。

7.6.9　柔性子装配

该功能是将子装配从其父装配中独立出来，使其能在父一级装配中移动；更新父一级子装配不影响它的下一级子装配，更新下一级子装配也不影响它的父一级子装配。

操作方法：在结构树上点击需要独立的子装配，点击█，在结构树上该部件的齿轮颜色会变成紫色。

7.6.10　改变约束类型

该功能是选择一种约束类型替换另一种存在的约束类型。

操作方法：在结构树上点击装配约束，点击█，或用右键弹出菜单，点击【约束对象】→【更改约束】，系统会弹出一个对话框，如图 7-40 所示。

在这个对话框中，可以选择更改后的约束类型。

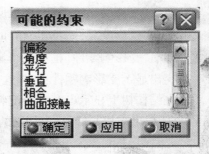

图 7-40　可能的约束对话框

7.6.11 激活/不激活约束

激活/不激活约束功能◎意味着在更新装配时是否更新这些约束。

7.7 装配特征工具

7.7.1 装配切割

装配切割能迅速地切割装配内的所有零件,也可以选择性地切割零件。因为在相互作用的零件里,它可以切割一个或几个零件。

操作方法:

(1)点击🖱,选择一个切割的面,系统会弹出一个对话框,如图7-41所示。

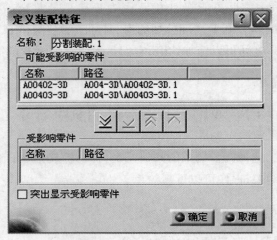

图 7-41　定义装配特征对话框

在这个对话框中,可以选择被切割的零件。

⊻:移动"可能受影响的零件"框里某个零件到"受影响零件"框里。

⊽:移动"可能受影响零件"框里所有的零件到"受影响零件"框里。

⊼:移动"受影响零件"框里所有的零件到"可能受影响的零件"框里。

⊼:移动"受影响零件"框里某个零件到"可能受影响的零件"框里。

(2)突出显示受影响零件:选择这个复选框,在几何体上能识别被切割的零件。

(3)在结构树上显示出一个装配特征实体,它包含着所有被切割零件的名字。双击它可以重新编辑被切割的零件、切割的面,以及材料保持的部分。

7.7.2 装配挖凹槽

这个命令允许在装配上创建各种形状的凹槽,并且可以根据外形轮廓除去零件上的材料。可以选择性地在零件上创建凹槽。因为在相互作用的零件里,它可以穿过一个或几个零件。凹槽的创建参考零件设计工作台。

操作方法:点击 ,在零件上点击一个外形轮廓,其他的操作方法参考"装配切割"内容。

7.8　装配实例

以一个厂房专业常用到的排架柱与吊车梁的装配为例介绍。

选择【开始】→【机械设计】→【草图编辑器】命令,进入草图编辑器,在作图区域选择 yz 平面作为草绘平面,即可进入草图设计环境。

(1)单击轮廓工具条的 图标,绘制排架柱草图,单击约束工具条的 图标,对尺寸进行约束,如图 7-42 所示。

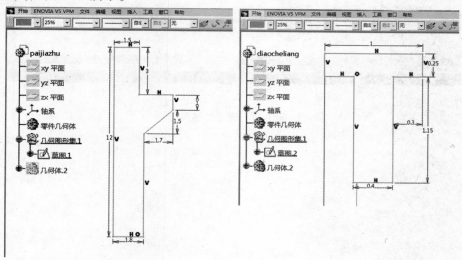

图 7-42　绘制排架柱草图并对尺寸进行约束

(2)单击工作台工具条的 图标,退出草图绘制模式。

(3)单击基于草图的特征工具条,单击 图标,"类型"选择长度,"长度"选择 1.2 m;建立排架柱三维模型,用同样的方法建立吊车梁模型,并分别另存为 paijiazhu. CATPart 和 diaocheliang. CATPart 模型文件。

(4)在工作台上单击装配设计图标,进入装配设计模块;单击产品结构工具条的 图标,导入存储的排架柱模型文件,单击 Constraints 图标工具条的 图标,固定排架柱。

(5)单击产品结构工具条的 图标,导入存储的吊车梁模型文件,单击 Constraints 图标工具条的 图标,设置排架柱边距吊车梁边 0.5 m;用同样的方法设置吊车梁起始面距排架柱面 0.6 m,单击 图标,更新产品。

(6)单击产品结构工具条的 图标,导入存储的排架柱模型文件,单击 Constraints 图标工具条的 图标,设置吊车梁终止面距排架柱面 -0.6 m,单击 图标,更新产品。

这样就建立了厂房专业常用到的排架柱与吊车梁的装配,如图7-43所示。

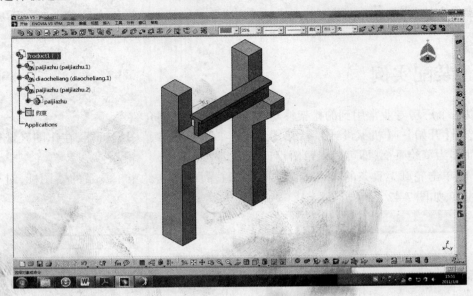

图 7-43　建立的结果

第 8 章　CATIA V5 工程制图

利用实体设计和装配设计模块完成建筑物的设计后,还有一项重要的工作就是生成工程图。

CATIA V5 绘制工程图通过工程绘图模块(Drafting)实现。工程绘图模块由创成式工程绘图(GDR)和交互式工程绘图(ID1)组成。创成式工程绘图(GDR)可以很方便地从三维零件和装配件生成相关联的工程图纸,包括各向视图、剖面图、剖视图、局部放大图、轴测图;尺寸可自动标注,也可手动标注;对剖面线进行填充;生成企业标准的图纸;生成装配件材料表等。交互式工程绘图(ID1)以高效、直观的方式进行产品的二维设计,可以很方便地生成 DXF 和 DWG 等其他格式的文件。

模块工程绘图模块与草图设计模块有许多相同之处,它们都能够创建和编辑二维图形;它们的不同之处是,草图设计模块将绘制的二维图形只是提供给三维建模模块创建三维形体,工程绘图模块的功能是绘制工程图,二维图形只是工程图中的一部分。

本章将创成式工程绘图和交互式工程绘图结合起来进行介绍。

8.1　进入和退出绘制工程图的环境

8.1.1　进入绘制工程图的环境

8.1.1.1　在空白情况下,从【开始】菜单进入绘制工程图的环境

选择菜单【开始】→【机械设计】→【工程制图】,弹出如图 8-1 所示新建工程图对话框。

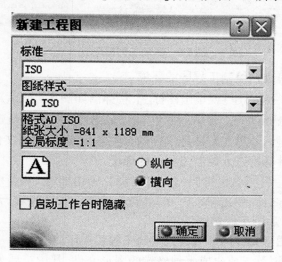

图 8-1　新建工程图对话框

该对话框各域的作用如下：

（1）"标准"栏：确定制图标准，有 ISO（国际标准）、ANSI（美国标准）等六种选择，应该选择 ISO。

（2）"图纸样式"栏：确定图幅，若选择了 ISO（国际标准），则有 A0ISO、A1ISO 等七种选择。

（3）选择"纵向"或"横向"作为图纸的方向。

（4）"启动工作台时隐藏"切换开关：若打开该切换开关，再次开始一个新图时将不再显示该对话框。如果需要显示该对话框，选择菜单【文件】→【新建】，通过随后弹出的对话框关闭该切换开关。

（5）单击"确定"按钮，即可进入如图 8-2 所示绘制工程图环境，开始建立一个新的图形文件。

重复以上操作，还可以再建立一个新的图形文件。CATIA 允许同时建立多个图形文件。

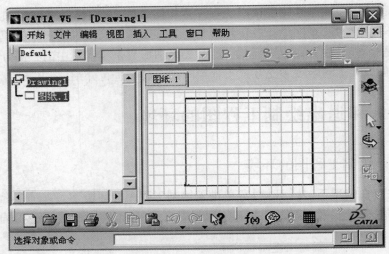

图 8-2　绘制工程图环境

8.1.1.2　从文件菜单进入绘制工程图的环境

选择菜单【文件】→【新建】或单击图标□，将弹出如图 8-3 所示新建对话框。选择该对话框的"Drawing"，然后单击"确定"按钮，即可弹出图 8-1 所示新建工程图对话框。通过该对话框的操作，进入绘制工程图环境，开始建立一个新的图形文件。

8.1.1.3　从零件设计环境进入绘制工程图的环境

选择菜单【开始】→【机械设计】→【工程制图】，弹出如图 8-4 所示创建新工程图对话框。确定视图的布局之后，单击"确定"按钮，进入绘制工程图环境，开始建立一个新的图形文件。点击"修改"后则可设定图纸尺寸。

8.1.1.4　以现有的图形文件为起点进入绘制工程图的环境

工程绘图模块可以读入或生成多种格式的图形文件，其中扩展名为"CATDrawing"的是工程绘图模块专用的图形文件。

图 8-3　新建对话框

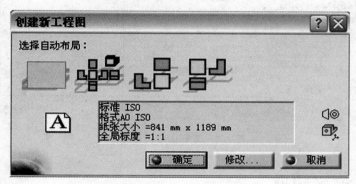

图 8-4　创建新工程图对话框

　　选择菜单【文件】→【创建自】,将弹出选择文件对话框。通过该对话框选择一个已存在的图形文件,然后单击"确定"按钮,即可进入绘制工程图的环境,开始建立一个新的图形文件。

8.1.2　退出绘制工程图的环境

　　(1)退出当前的图形文件。

　　选择菜单【文件】→【关闭】或单击当前窗口右上角的▣即可。

　　(2)退出 CATIA 环境。

　　选择菜单【开始】或【文件】→【退出】或单击 CATIA 窗口右上角的▣即可。

　　(3)进入其他模块。

　　选择菜单【开始】,选择其他模块即可。

　　打开、保存或另存为一个图形文件的操作与 Windows 支持的普通应用程序相同。

8.2　工程图环境设定

　　在创成式工程绘图(GDR)和交互式工程绘图(ID1)中,可以预先进行系统环境(选项)设置,这样在绘图中会更加方便快捷。

点击【工具】→【选项】→【机械设计】→【工程制图】即可进行环境设置。设置分常规、布局、视图、生成、几何图形、尺寸、操作器、标注和修饰、管理等九项内容,见图 8-5。各设置的意义是明显的,不再一一赘述,用户根据需要自己设定。

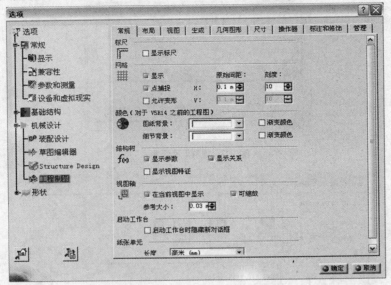

图 8-5　工程图环境设置

8.3　工具条及功能

（1）视图工具命令,见表 8-1。

表 8-1　视图工具命令

图标	功能	图标	功能	图标	功能
	正视图		展开视图		从三维模型生成视图
	投影视图		辅助视图		轴测图
	阶梯剖视图		转折剖视图		阶梯剖面图
	转折剖面图		圆形局部放大视图		多边形局部放大视图
	快速生成圆形局部放大视图		快速生成多边形局部放大视图		局部视图
	多边形局部视图		断开视图		局部剖视图
	视图创建模板		正视图、俯视图和左视图		正视图、底视图和右视图
	所有的视图				

（2）绘图工具命令，见表8-2。

表8-2　绘图工具命令

图标	功能	图标	功能	图标	功能
	生成新图纸		生成新的细节图纸		新的视图
	二维元素示例				

（3）尺寸工具命令，见表8-3。

表8-3　尺寸工具命令

图标	功能	图标	功能	图标	功能
	标注尺寸		坐标尺寸标注		阶梯尺寸标注
	长度、距离尺寸标注		角度尺寸标注		半径尺寸标注
	直径尺寸标注		切角尺寸标注		螺纹尺寸标注
	坐标标注		孔尺寸列表		引出线断开
	取消引出线断开		取消所有的引出线断开		基准建立
	形状及位置公差				

（4）生成命令工具，见表8-4。

表8-4　生成命令工具

图标	功能	图标	功能	图标	功能
	自动标注尺寸		一步一步地自动标注尺寸		在装配图中自动标注零件

（5）注释命令工具，见表8-5。

表8-5　注释命令工具

图标	功能	图标	功能	图标	功能
	文字标注		带引出线的文字标注		文字复制
	在装配图中标注零件		基准目标建立		粗糙度符号
	焊接符号		焊接位置标注		

（6）装饰命令工具，见表8-6。

表8-6　装饰命令工具

图标	功能	图标	功能	图标	功能
⊕	生成中心线	⊗	参考其他元素生成中心线	⊕	生成螺纹线
⊗	参考其他元素生成螺纹线	▥	生成轴线	⊗	生成轴线和中心线
▨	生成剖面线				

（7）几何元素创立命令工具，见表8-7。

表8-7　几何元素创立命令工具

图标	功能	图标	功能	图标	功能
·	点击鼠标生成点	▪	输入坐标值生成点	↗	等分点
✕	交点	⊥	投影点	╱	直线
↗	无限长的直线	∠	双切线	∡	角平分线
⊙	圆	○	三点作圆	◠	输入坐标值作圆
◎	与三元素相切做圆	◡	弧	↻	三点做弧
◠	三点作弧（第一点为起点，第二点为终点）	◯	椭圆	⌐	轮廓线
▭	矩形	◇	倾斜的矩形	▱	平行四边形
⬡	六边形	⬭	键槽形轮廓	◔	圆柱键槽形轮廓
◎	锁孔形轮廓	∿	样条曲线	✕	线的连接
⩗	抛物线	◟	双曲线	◠	创立二次曲线

（8）几何元素修改命令工具，见表8-8。

表 8-8　几何元素修改命令工具

图标	功能	图标	功能	图标	功能
	倒圆		倒角		裁剪
	线的打断		快速裁剪		弧的封闭
	补弧		对称		平移
	旋转		比例放大		偏置
	在对话框中定义约束		接触约束		

8.4　图纸和视图

8.4.1　图纸的特点

（1）图纸相当于绘图纸,视图、图形、尺寸和注释等图形对象均绘制在图纸上。

（2）一个图形文件可含有多张图纸,例如图 8-6 所示的工作界含有 4 个图纸。图纸之间是相对独立的。

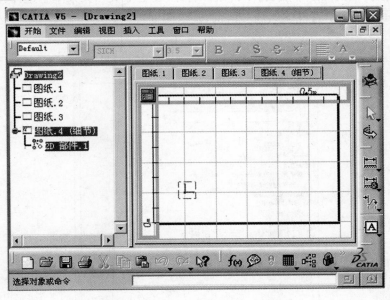

图 8-6　图纸窗口

（3）每个图纸都有一个名字,名字是自动生成的,由"图纸"、"."和序号组成,例如图纸.1、图纸.2。

（4）新建立的图形文件只有一个图纸，名字是图纸.1。可以随时增加或删除一些图纸。

（5）有图纸和详细图纸两种图纸，前者接受来自三维形体的投影图。

（6）就像不同文档的字符可以相互复制一样，一个图纸的图形对象也可以剪切、复制到另一个图纸。

8.4.2　图纸操作

8.4.2.1　增加图纸

选择菜单【插入】→【工程图】→【图纸】→【新建图纸】或单击【工程图】工具栏的图标，即可建立一个"图纸.2"的图纸。

选择菜单【插入】→【工程图】→【图纸】→【新建详图】或单击【工程图】工具栏的图标，即可建立一个"图纸.3（细节）"的详细图纸。

在特征树也增加了相应图纸的节点，见图8-6中窗口左侧。

8.4.2.2　删除图纸

单击结构树上的图纸节点名，按 Del 键或单击鼠标右键，在上下文相关菜单中选择"删除"，相应的图纸即被删除。

8.4.2.3　激活图纸

双击特征树上的图纸节点名，例如图纸.1，或单击作图区的图纸名，例如图纸.1，相应的图纸即被激活，被激活的图纸显示在最上面。

8.4.2.4　修改图纸的特性

单击特征树上的图纸节点名，单击鼠标右键，在上下文相关菜单中选择"属性"，弹出如图 8-7 所示有关图纸特性的属性对话框，修改即可。

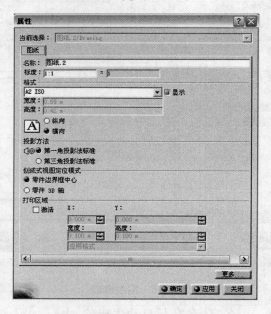

图 8-7　图纸特性的属性对话框

8.4.3　视图的特点

（1）视图是指相对独立的一组图形对象。虽然可以将图形对象直接绘制在图纸上，但不便于图形对象的管理与操作，因此通常都是首先建立视图，然后将图形对象绘制在视图内。

（2）一个图纸可含有多个视图。视图可分为基本视图、辅助视图和局部视图。基本视图包括主视图、俯视图、左视图、右视图、仰视图和后视图。

（3）视图内的图形对象可以交互方式绘制，也可以从形体的三维模型获取它们的投影图。

（4）每个视图有一个虚线的方框，方框的大小随图形对象的大小自动调整。方框内的底部还有视图的名字和比例。视图的名字和比例还可以修改或隐藏。

8.4.4　视图操作

8.4.4.1　建立一个视图

激活所要建立视图的图纸，选择菜单【插入】→【工程图】→【新建视图】或单击【工程图】工具栏的图标▦，单击鼠标左键确定视图的位置，即可建立一个新的视图。方框内的图形对象可以通过获取三维形体的投影或交互绘制的方式得到。

在特征树上也增加了相应视图的节点。

8.4.4.2　主视图

若同一图纸含有多个视图，必有一个主视图。主视图的方框为红色，内部显示着 x 和 y 坐标轴，新建立的图形对象建立在主视图内。特征树上带下画线的视图为主视图。

8.4.4.3　删除视图

单击特征树上的视图名，按 Del 键或单击鼠标右键，在上下文相关菜单中选择"删除"，相应的视图即被删除。或者双击视图的兰色方框，按 Del 键或单击鼠标右键，在上下文相关菜单中选择"删除"，相应的视图即被删除。

8.4.4.4　移动视图

用鼠标拖动主视图的方框，所有视图做同样的平移。用鼠标拖动其他视图的方框，因为其他视图与主视图投影关系不应该变，所以只能沿着特定的方向平移。例如，侧视图只能沿着水平方向平移。

8.4.4.5　修改指定视图的特性

单击特征树上的视图名，或者双击视图的方框，单击鼠标右键，在上下文相关菜单中选择"属性"，弹出有关视图特性的属性对话框。

8.4.5　标题栏及图框的生成

在二维绘图中可以根据国家标准和企业标准生成专用标题栏和图框。

（1）选择【编辑】→【图纸背景】，进入背景中绘制标题栏和图框。

（2）若有已做好的标题栏和图框，可选择【插入】→【工程图】→【框架和标题节点】，出现如图 8-8 所示对话框。

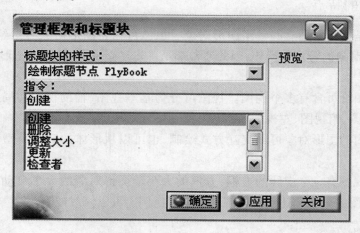

图 8-8　管理框架和标题块对话框

（3）若新做标题栏和图框,则运用绘图工具绘出标题栏和图框。

（4）选择【工作视图】,回到工作视图中。

（5）将此图保存,以备以后调用。

（6）根据需要也可以通过 VB 语言开发出自动宏以根据图幅自动生成图框及标题栏。

8.5　视图创建

8.5.1　投影视图创建功能

投影视图功能包括正视图、展开视图、从三维模型生成视图、投影视图、辅助视图、等轴测视图。

8.5.1.1　正视图创建

功能 用于生成正视图。步骤如下：

（1）在三维造型区中选中一平面,或实体中平的区域,或曲面中平的曲面。

（2）操纵如图 8-9 所示视图操纵盘选择所需要的主视面。

（3）在图纸中适当位置鼠标左键击一下,即生成所需的正视图。

8.5.1.2　从三维模型生成视图

图 8-9　视图操纵盘

功能 用于从三维模型中的某一视图生成视图。步骤如下：

（1）在视图工具条中选取 。

（2）在三维中选取所需的已经定义的某一视图。

（3）在图纸中适当位置用鼠标左键击一下,即生成所需的视图。

8.5.1.3 投影视图创建

功能 ▦ 用于以已有二维视图为基准生成其投影图(见图8-10)。步骤如下:

(1)激活当正视图。

(2)在视图工具条中选取 ▦。

(3)移动鼠标至所需视图位置(图8-10中绿框内视图),用鼠标左键击一下,即生成所需的视图。

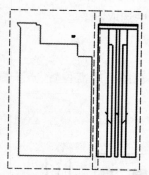

图8-10 以二维视图为基准生成投影图

8.5.1.4 辅助视图创建

功能 ◈ 用于生成特定方向的法向视图。步骤如下:

(1)在视图工具条中选取 ◈。

(2)确定投影平面:可作一条直线作为投影平面(见图8-11,图中直线为投影平面),也可选取已有视图中的边作为投影平面,在适当位置点击鼠标左键确定方向线位置。

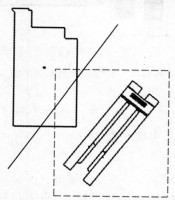

图8-11 直线为投影平面

(3)在所需位置点击鼠标左键,即生成所需的视图。

8.5.1.5 等轴测视图创建

功能 ▦ 用于生成等轴测视图。步骤如下:

(1)在视图工具条中选取 ▦。

(2)在三维中选取零件。

(3)操纵视图操纵盘(见图8-9)至所需的视图,点击鼠标左键,即生成所需的视图。

8.5.2 截面及剖视图创建功能

截面及剖视图包括阶梯剖视图(偏移剖视图)、转折剖视图(对齐剖视图)、阶梯剖面图(偏移截面分割)、转折剖面图(对齐截面分割)。

8.5.2.1 阶梯剖视图创建

功能▨用于生成阶梯剖视图。步骤如下:

(1)在剖面及剖视图工具条中选取▨。

(2)选取剖切线经过的圆和点。

(3)双击最后选取的圆或点。

(4)移动鼠标带动绿色框内视图至所需位置,点击鼠标左键,即生成所需的视图,见图 8-12(a)。

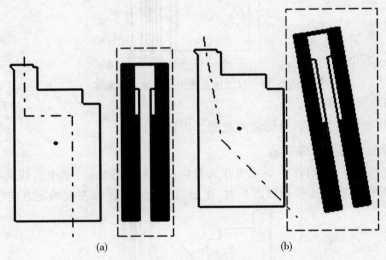

(a)   (b)

图 8-12 阶梯剖视图创建示例

8.5.2.2 转折剖视图创建

功能▨用于生成转折剖视图。步骤如下:

(1)在剖面及剖视图工具条中选取▨。

(2)选取剖切线经过的圆和点。

(3)双击最后选取的圆或点。

(4)移动鼠标带动绿色框内视图至所需位置,点击鼠标左键,即生成所需的视图,见图 8-12(b)。

8.5.2.3 阶梯剖面图创建

功能▨用于生成阶梯剖面图。步骤如下:

(1)在剖面及剖视图工具条中选取▨。

(2)选取剖切线经过的圆和点。

(3)双击最后选取的圆或点。

(4)移动鼠标带动绿色框内视图至所需位置,点击鼠标左键,即生成所需的视图;也可直接选取三维零件中平的曲面或平面生成阶梯剖面图。

8.5.2.4 转折剖面图创建

功能 ![icon] 用于生成转折剖面图。步骤如下：

(1)在剖面及剖视图工具条中选取 ![icon]。

(2)选取剖切线经过的圆和点。

(3)双击最后选取的圆或点。

(4)移动鼠标带动绿色框内视图至所需位置,点击鼠标左键,即生成所需的视图。

8.5.3 局部放大视图功能

局部放大图包括圆形局部放大视图(详细视图)、多边形局部放大视图(详细视图轮廓)、快速生成圆形局部放大视图(快速详细视图)、快速生成多边形局部放大视图(快速详细视图轮廓)。

8.5.3.1 局部放大视图创建

功能 ![icon] 用于生成圆形区域的局部放大视图。步骤如下(以图8-13为例):

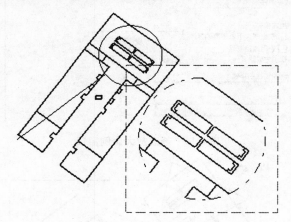

图8-13 局部放大视图创建示例

(1)在局部放大图工具条中选取 ![icon]。

(2)单击鼠标左键确定圆心。

(3)移动鼠标,调整圆至适当大小,单击鼠标左键,确定圆的大小。

(4)移动鼠标至所需位置,单击鼠标左键,即生成圆形局部放大视图。

(5)将鼠标移至圆形局部放大视图虚线方框上,或移至历史树圆形局部放大视图上单击右键,选择"属性"项,可在【视图】→【比例和方向】→【比例】下修改放大比例(见图8-14)。其缺省放大比例为2:1。

8.5.3.2 多边形局部放大视图创建

功能 ![icon] 用于生成多边形区域内的局部放大视图。步骤如下(以图8-15为例):

(1)在局部放大图工具条中选取 ![icon]。

(2)不断单击鼠标左键并移动鼠标作多边形,在最后一点双击以结束多边形。

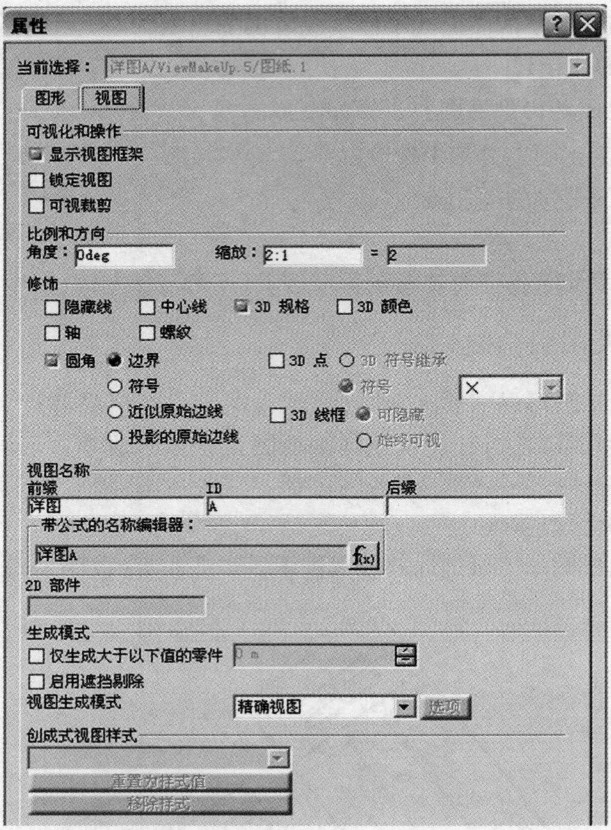

属性

当前选择： 详图A/ViewMakeUp.5/图纸.1

图形　　视图

可视化和操作
　☑ 显示视图框架
　☐ 锁定视图
　☐ 可视裁剪

比例和方向
　角度：0deg　　　　　　缩放：2:1　　　= 2

修饰
　☐ 隐藏线　☐ 中心线　☑ 3D 规格　☐ 3D 颜色
　☐ 轴　　　☐ 螺纹
　　　☑ 圆角　◉ 边界　　　　　☐ 3D 点　○ 3D 符号继承
　　　　　　　○ 符号　　　　　　　　○ 符号　　　　×
　　　　　　　○ 近似原始边线　　　☐ 3D 线框　◉ 可隐藏
　　　　　　　○ 投影的原始边线　　　　　　　○ 始终可视

视图名称
　前缀　　　　　ID　　　　　　　　后缀
　详图　　　　　A
　带公式的名称编辑器：
　详图A　　　　　　　　　　　　　　f(x)

2D 部件

生成模式
　☐ 仅生成大于以下值的零件　0 m
　☐ 启用遮挡剔除
　视图生成模式　　　　精确视图　　　　　选项

创成式视图样式

重置为样式值
移除样式

图 8-14　修改放大比例窗口

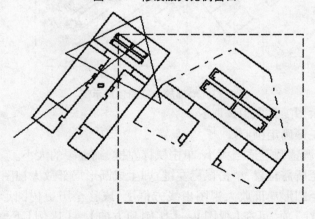

图 8-15　多边形局部放大视图创建示例

（3）移动鼠标至所需位置，单击鼠标左键，即生成多边形局部放大视图。

（4）将鼠标移至多边形局部放大视图虚线方框上，或移至历史树多边形局部放大视图上单击右键，选择"属性"项，可在【视图】→【比例和方向】→【比例】下修改放大比例。其缺省放大比例为2:1。

8.5.3.3 快速生成圆形局部放大视图创建

快速生成圆形局部放大视图 由二维视图直接计算生成,而普通局部放大视图由三维零件计算生成,因此快速生成局部放大视图比局部放大视图生成速度快。该功能用于创建快速生成圆形区域内的局部放大视图。步骤如下:

(1)在局部放大图工具条中选取 。

(2)单击鼠标左键确定圆心。

(3)移动鼠标,调整圆至适当大小,单击鼠标左键,确定圆的大小。

(4)移动鼠标至所需位置,单击鼠标左键,即得到快速生成圆形局部放大视图。

将鼠标移至快速生成圆形局部放大视图虚线方框上,或移至历史树快速生成圆形局部放大视图上单击右键,选择"属性"项,可在【视图】→【比例和方向】→【比例】下修改放大比例。其缺省放大比例为 2:1。

8.5.3.4 快速生成多边形局部放大视图创建

快速生成多边形局部放大视图 由二维视图计算生成,而多边形局部放大视图由三维零件计算生成,因此快速生成多边形局部放大视图比多边形局部放大视图生成速度快。该功能用于创建快速生成多边形局部放大视图。步骤如下:

(1)在局部放大图工具条中选取 。

(2)不断单击鼠标左键并移动鼠标作多边形,在最后一点双击以结束多边形。

(3)移动鼠标至所需位置,单击鼠标左键,即得到快速生成多边形局部放大视图。

(4)将鼠标移至快速生成多边形局部放大视图虚线方框上,或移至历史树快速生成多边形局部放大视图上单击右键,选择"属性"项,可在【视图】→【比例和方向】→【比例】下修改放大比例。其缺省放大比例为 2:1。

8.5.4 局部视图创建功能

局部视图包括局部视图(快速裁剪视图)和多边形局部视图(快速裁剪视图轮廓)。

8.5.4.1 局部视图创建

功能 用于生成局部视图。步骤如下:

(1)在局部视图工具条中选取 。

(2)单击鼠标左键确定圆心。

(3)移动鼠标,调整圆至适当大小,单击鼠标左键,即生成局部视图。

8.5.4.2 多边形局部视图创建

功能 用于生成多边形局部视图。步骤如下:

(1)在局部视图工具条中选取 。

(2)不断单击鼠标左键并移动鼠标作多边形,在最后一点双击以结束多边形,即生成多边形局部视图。

8.5.5 断开视图

断开画法视图包括断开视图和局部剖视图。

8.5.5.1 断开视图创建

功能 ⊡ 用于生成断开视图。步骤如下：

(1)在断开画法视图工具条中选取 ⊡。

(2)选取一点以作为第一条断开线的位置点(见图8-16(a))。

(3)移动鼠标使第一条断开线水平或垂直,单击左键确定第一条断开线(见图8-16(b))。

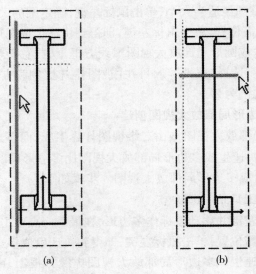

(a)   (b)

图 8-16　断开视图创建示例(1)

(4)移动鼠标使第二条断开线至所需位置,单击左键确定第二条断开线(见图8-17(a))。

(5)单击左键,即生成断开视图(见图8-17(b))。

8.5.5.2 局部剖视图创建

功能 ▣ 用于生成局部剖视图。步骤如下：

(1)在断开画法视图工具条中选取 ▣。

(2)选取局部剖视多边形的第一个点。

(3)选取局部剖视多边形的其他点,在最后一点双击以结束多边形的创立。

(4)3DViewer 窗口出现。若选中 Animate,移动 3DViewer 窗口中绿线至所需剖切位置,可实时看见三维零件的剖切。

(5)移动 3DViewer 窗口中绿线至所需剖切位置,点击"确定"即产生局部剖视图。

8.5.6 视图创建模板的使用

除用以上方式手动生成所需视图外,CATIA V5 还提供了视图创建模板(Wizard)工具,可以快速定义图纸所需各类视图的数量及方位;还提供了一系列预定义好的标准视图布置模式,如正视图、俯视图和左视图,正视图、底视图和右视图,所有的视图等。

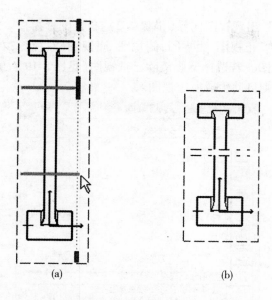

(a)   (b)

图 8-17   断开视图创建示例(2)

8.5.6.1   视图创建模板

功能█用于直接从三维模型生成各基本视图。步骤如下:

(1)在视图创建模板工具条中选取█。

(2)出现视图向导(步骤 1/2):预定义配置窗口,见图 8-18。选择左侧竖向 6 种视图生成方式之一。

其从上至下分别为:底视图、正视图和左视图,底视图、正视图和右视图,俯视图、正视图和左视图,俯视图、正视图和右视图,俯视图、底视图、正视图、右视图、左视图和轴测图,俯视图、底视图、正视图、右视图、左视图、后视图和轴测图(见图 8-18 左侧按钮)。

图 8-18   视图向导(步骤1/2):预定义配置窗口

(3)每个视图间最小距离缺省值为 40 mm,也可自己给定。

（4）选择"下一步"，出现视图向导（步骤2/2）：布置配置窗口。左侧竖向7种视图生成方式从上至下分别为：正视图，后视图，俯视图，底视图，左视图，右视图，轴测图。选择其中之一，则可添加视图。若选择 ⌀ 则清除已选视图（见图8-19右侧按钮）。

（5）选择"完成"，则自动生成所定视图。

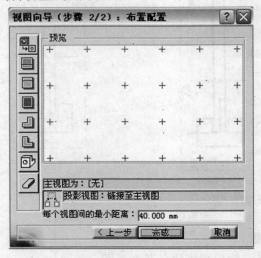

图8-19 视图向导（步骤2/2）：布置配置

8.5.6.2 正视图、俯视图和左视图模板

功能 ⊞ 用于直接从三维模型一次性生成正视图、俯视图和左视图。步骤如下：

（1）在视图创建模板工具条中选取 ⊞。

（2）在三维模型中选取平面或零件中平的部位。

（3）操纵视图操纵盘至所需的主视面出现，单击左键，即自动生成正视图、俯视图和左视图。

8.5.6.3 所有的视图模板

功能 ⊞ 用于直接从三维模型一次性生成正视图、后视图、俯视图、底视图、左视图、右视图和轴测图。步骤如下：

（1）在视图创建模板工具条中选取 ⊞。

（2）在三维模型中选取平面或零件中平的部位。

（3）操纵视图操纵盘至所需的主视面出现，单击左键，即自动生成正视图、后视图、俯视图、底视图、左视图、右视图和轴测图。

8.5.7 尺寸标注

尺寸功能包括标注尺寸、坐标尺寸标注、阶梯尺寸标注、长度/距离尺寸标注、角度尺寸标注、半径尺寸标注、直径尺寸标注、切角尺寸标注、螺纹尺寸标注、坐标标注、孔尺寸列表、引出线断开、取消引出线断开、取消所有的引出线断开、基准建立、形状及位置公差等。

8.5.7.1 标注尺寸

功能 ⊟ 用于标注各类型尺寸。步骤如下：

(1)在尺寸工具条中选中▦。

(2)选中视图中的一个元素。

(3)若有必要,选中视图中的第二个元素。

(4)选择工具控制板中投影、强制、真实三种尺寸模式之一。

(5)移动鼠标使尺寸移到合适位置,单击鼠标左键,尺寸即生成。

8.5.7.2　累计尺寸标注

功能▦用于标注累计尺寸。步骤如下:

(1)在尺寸工具条中选中▦。

(2)选中第一个点或线。

(3)选中其他的点或线。

(4)移动鼠标使尺寸移到合适位置,单击鼠标左键,即生成累计尺寸。

8.5.7.3　堆叠式尺寸标注

功能▦用于标注堆叠式尺寸。步骤如下:

(1)在尺寸工具条中选中▦。

(2)选中第一个点或线。

(3)选中其他的点或线。

(4)移动鼠标使尺寸移到合适位置,单击鼠标左键,即生成堆叠式尺寸。

8.5.7.4　长度/距离尺寸标注

功能▦用于标注长度和距离。步骤如下:

(1)在尺寸工具条中选中▦。

(2)选中所需元素。

(3)若有必要,选择工具条中投影、强制、真实三种尺寸模式之一。

(4)移动鼠标使尺寸移到合适位置,单击鼠标左键,即生成长度和距离尺寸。

8.5.7.5　角度尺寸标注

功能▦用于标注角度。步骤如下:

(1)在尺寸工具条中选中▦。

(2)选中所需元素。

(3)移动鼠标使尺寸移到合适位置,单击鼠标左键,即生成角度尺寸。

8.5.7.6　半径尺寸标注

功能▦用于标注半径。步骤如下:

(1)在尺寸工具条中选中▦。

(2)选中所需元素。

(3)移动鼠标使尺寸移到合适位置,单击鼠标左键,即生成半径尺寸。

8.5.7.7　直径尺寸标注

功能▦用于标注直径。步骤如下:

(1)在尺寸工具条中选中▦。

(2)选中所需元素。

（3）移动鼠标使尺寸移到合适位置,单击鼠标左键,即生成直径尺寸。

8.5.7.8 坐标尺寸标注

功能 用于标注一点的 x、y 向坐标值。步骤如下:

（1）在尺寸工具条中选中 。

（2）选中欲标注的点。

（3）单击鼠标左键,即生成一点的 x、y 向坐标值。

（4）左键点击坐标值并拖动,可改变坐标值的位置。

8.5.7.9 孔尺寸列表

功能 用于生成孔尺寸列表。步骤如下:

（1）选择欲列表的孔和其中心线。

（2）在尺寸工具条中选中 。

（3）这时出现如图 8-20 所示对话框。在其中可给定参考原点和参考角度、孔的代码、列表表头的名称。

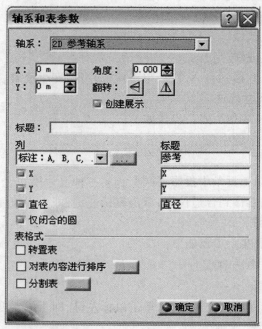

图 8-20　轴系和表参数对话框

（4）在适当位置单击左键,即生成孔尺寸列表。

8.5.7.10 引出线断开

功能 用于断开尺寸引出线。步骤如下:

（1）在尺寸工具条中选中 。

（2）选中欲断开引出线的尺寸。

（3）选择断开处的第一个点。

（4）选择断开处的第一个点,尺寸引出线即断开。

8.5.7.11 取消引出线断开

功能 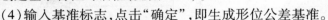 用于取消引出线断开。步骤如下：

（1）在尺寸工具条中选中 ▨。

（2）选中欲取消引出线断开的引出线。引出线断开即取消。

8.5.7.12 基准建立

功能 ▨ 用于建立形位公差基准。步骤如下：

（1）在尺寸工具条中选中 ▨。

（2）选择基准所在的线。

（3）移动鼠标使尺寸移到合适位置，单击鼠标左键，出现创建基准特征对话框（见图 8-21）。

图 8-21 创建基准特征对话框

（4）输入基准标志，点击"确定"，即生成形位公差基准。

8.5.7.13 形状及位置公差

功能 ▨ 用于生成形状及位置公差。步骤如下：

（1）在尺寸工具条中选中 ▨。

（2）选择欲标注形状及位置公差的几何元素。

（3）移动鼠标使公差移到合适位置，单击鼠标左键，出现形位公差对话框，如图 8-22 所示。

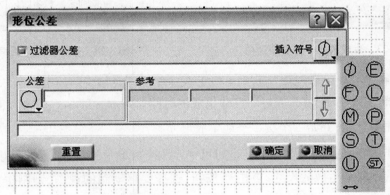

图 8-22 形位公差对话框

（4）选择形状及位置公差的种类，并给定公差值，点击"确定"，即生成形状及位置公差。

8.5.8 尺寸生成功能

尺寸生成功能包括自动标注尺寸、逐步自动标注尺寸、在装配图中自动标注零件。

8.5.8.1 自动标注尺寸

功能 ▨ 用于自动标注尺寸。步骤如下：

（1）在生成工具条中选中 ▨。

（2）出现如图 8-23 所示生成的尺寸分析对话框，选择欲分析的约束和尺寸。

（3）点击"确定"，即自动标注尺寸。

8.5.8.2　逐步自动标注尺寸

功能 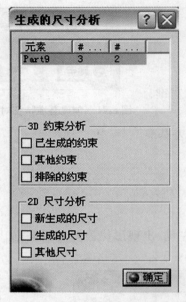 用于半自动标注尺寸。步骤如下：

（1）在生成工具条中选中　。

（2）出现逐步生成对话框,见图8-24。

图8-23　生成的尺寸分析对话框　　　图8-24　逐步生成对话框

（3）选择"在3D中可视化"项,则可看见在建立尺寸时相应的约束。

（4）选择"超时"项,可改变每一尺寸生成的时间。

（5）点击▶按钮,开始一个接一个地生成尺寸。

（6）点击█按钮,尺寸生成暂停:这时可修改刚生成的尺寸;若不需要刚生成的尺寸,点击█按钮,删除刚生成的尺寸;点击█按钮,选择要移动到的视图,则刚生成的尺寸移动到所需的视图里。点击▶按钮,继续生成尺寸。

（7）点击█按钮,则终止尺寸生成。

（8）尺寸生成结束或终止,出现尺寸生成分析对话框(见图8-23),选择欲分析的约束和尺寸。

（9）点击"确定",即一步一步地自动标注尺寸完成。

8.5.8.3　在装配图中自动标注零件

功能 用于在装配图中自动标注零件。步骤如下:

（1）在生成工具条中选中　。

（2）自动标注零件。

（3）可拖动标注以改变其位置,可在文字属性对话框中改变字型及字体大小。

8.5.9 注释功能

注释功能包括文字标注、带引出线的文字标注、文字复制、在装配图中标注零件、基准目标建立、粗糙度符号、焊接符号、焊接位置标注等。

8.5.9.1 文字标注

功能 T 用于标注文字。步骤如下：

(1)在注释工具条中选中 T 。

(2)选中欲标注文字的位置。

(3)文本编辑器对话框出现,在对话框中输入文字(可以通过选择字体输入汉字)。

(4)点击"确定",即标注文字。

(5)激活标注的文字,拖动其边框,可改变其位置及文字排列。

8.5.9.2 带引出线的文字标注

功能 ↗ 用于标注带引出线的文字。步骤如下：

(1)在注释工具条中选中 ↗ 。

(2)选中引出线箭头所指位置。

(3)选中欲标注文字的位置。

(4)文本编辑器对话框出现,在对话框中输入文字。

(5)点击"确定",即标注文字。

(6)激活标注的文字,拖动其边框,可改变其位置及文字排列。

8.5.9.3 文字复制

功能 ᴛ 用于复制文字标注。步骤如下：

(1)在三维零件中选中复制目标特征(如孔、倒角等)。

(2)在二维注释工具条中选中 ᴛ 。

(3)选中复制源文字。

(4)选中复制源文字所在位置,文字复制完成。

8.5.9.4 在装配图中标注零件

功能 ⊙ 用于标注装配图中的零件。步骤如下：

(1)在注释工具条中选中 ⊙ 。

(2)选择欲标注的元素。

(3)选择气球符号所在位置。

(4)创建零件序号对话框出现,在对话框中输入文字,见图8-25。

(5)点击"确定",标注完成。

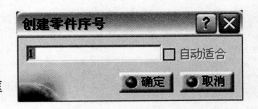

图8-25 创建零件序号

8.5.9.5 基准目标建立

功能 用于建立基准。步骤如下：

（1）在注释工具条中选中 ⊖。

（2）选择欲标注的元素。

（3）选择气球符号所在位置。

（4）创建基准目标对话框出现，在对话框中输入文字，见图8-26。

图8-26 创建基准目标对话框

（5）点击"确定"，建立基准完成。

8.5.10 装饰功能

装饰功能包括生成中心线、参考其他元素生成中心线、生成螺纹线、参考其他元素生成螺纹线、生成轴线、生成轴线和中心线、生成剖面线等功能。

8.5.10.1 生成中心线

功能 ⊕ 用于生成圆中心线。步骤如下：

（1）在装饰工具条中选中 ⊕。

（2）选中圆，即自动生成中心线。

8.5.10.2 参考其他元素生成中心线

功能 ⊠ 用于参考其他元素生成中心线。步骤如下：

（1）在装饰工具条中选中 ⊠。

（2）选中圆，选中参考的元素，中心线自动生成。若参考元素为直线，则中心线分别与参考直线平行和垂直；若参考元素为圆，则中心线分别与两个圆的圆心的连线平行和垂直。

8.5.10.3 生成轴线

功能 ▥ 用于生成轴线。步骤如下：

（1）在装饰工具条中选中 ▥。

（2）选中两条直线，轴线自动生成。

8.5.10.4 生成轴线和中心线

功能 ▨ 用于生成轴线和中心线。步骤如下：

（1）在装饰工具条中选中 ▨。

（2）选中两个圆，则自动生成两圆之间的轴线和中心线。

高级篇

第9章 骨架关联设计

CATIA 骨架关联设计是对产品进行充分认识分解后,结合产品设计流程,运用控制元素对整个产品结构进行有效的总体控制,形成类似树干状的产品设计结构,并建立有效的参数信息传递线框及流程的自上而下的协同设计方法。

9.1 骨架关联设计思路

骨架是三维设计的核心,是确定水工建筑物空间定位的点、线、面,即工程布置方案,是设计的基础平台。我们所说的自上而下的设计方法是指先构建好建筑物的控制元素,如点、线、面等,再在骨架元素的基础上插入建筑物,如图9-1 所示,图中,通过坐标信息建立建筑物的轴线等信息,用户可以根据建立的骨架信息,将设计好的建筑物模板通过调用的方式进行组装。各个专业可分别按其专业的特点进行骨架的设计,如图9-2 所示。

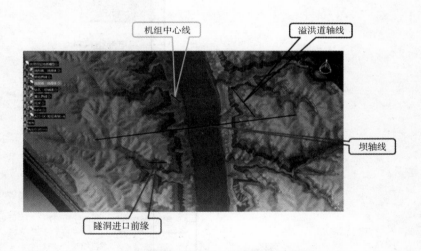

图 9-1 建筑物骨架元素

图 9-2 各个专业骨架元素

9.2 骨架关联设计方法

9.2.1 根据专业结构、建筑物类型组织装配结构图

在设计过程中,由于专业的不同,项目负责人需要把整个枢纽的骨架分给各个专业负责人,各个专业进行各自的设计工作。在以往二维设计过程中,专业间的配合,需要很多的图纸沟通交流,而利用骨架关联设计方法,项目负责人在整个枢纽的骨架上可以很方便地查出专业间的协调问题。项目负责人只需将各个专业、各个建筑物的骨架元素分发给专业负责人即可,如图9-3、图9-4所示。

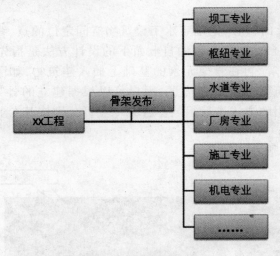

图9-3　专业协同设计

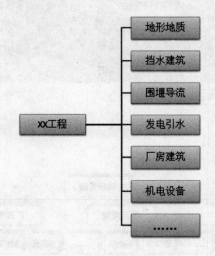

图9-4　建筑物类型协同设计

9.2.2　根据工程特点定义工程主要结构控制信息

用户根据工程特点定义主要的控制信息,在 CATIA 中建立如大坝坝轴线上的端点、引水发电系统轴线上的端点等信息,作为建筑物模板调用过程中的输入元素,如图 9-5 所示。

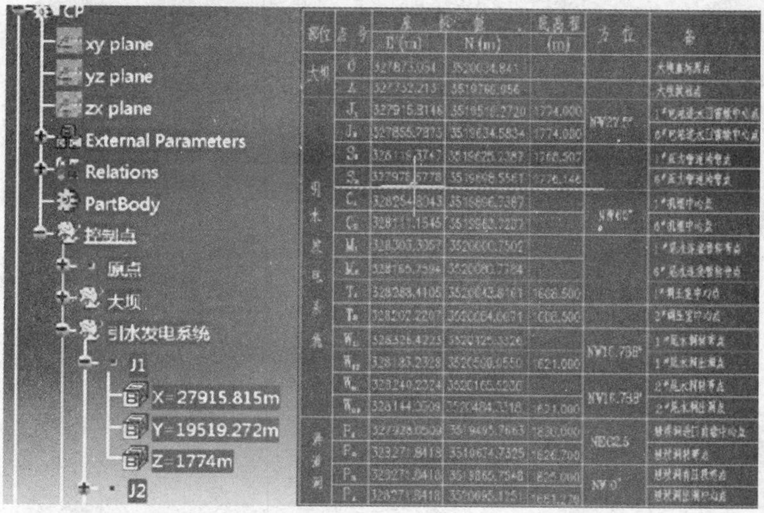

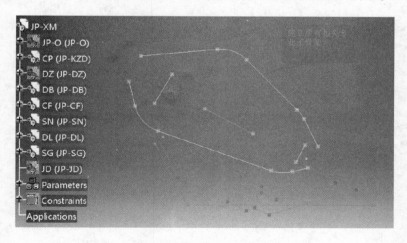

图 9-5　定义建筑物控制元素

9.2.3　根据专业内部定义工程主要结构控制信息

项目负责人把专业骨架分给各个专业负责人后,专业负责人根据本专业特点,在原有骨架基础上进一步进行专业子骨架的建立,并分别发布给专业部相关设计人员,进行各自的设计工作。在设计过程中,专业负责人负责专业内的骨架设计工作,如果专业内骨架需要调整,替换原有子骨架即可完成整个专业的更新,如图 9-6 ~ 图 9-8 所示。

图 9-6　建立专业子骨架

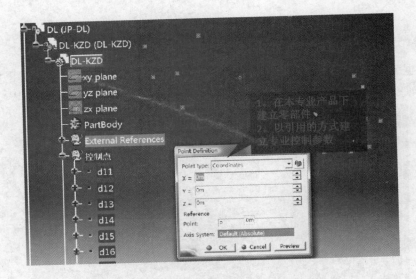

图 9-7　专业子骨架下参数化设计

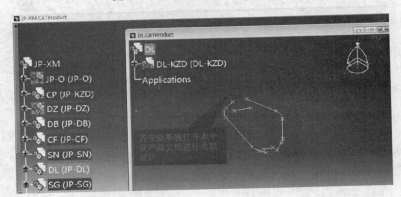

图 9-8　专业间的关联设计

第10章 CATIA 知识工程运用

知识工程能让开发人员把产品的设计知识用知识工程原理表达出来,指导设计人员完成产品创建,并体现最佳的设计实践,达到减少设计失误,实现自动设计,获得最高生产率的目的。

10.1 CATIA 参数化关联设计

CATIA 参数化关联设计是 CATIA 知识工程设计的基础,即在进行电站结构设计时,把结构需要控制的尺寸或位置以参数的方式建立并保持关联,以便进行后期的修改和方案的调整。

10.1.1 选项设置

为使知识工程的参数及关系式等信息准确地显示在 CATIA 环境中,需进行如下设置。

(1)单击【工具】→【选项】→【常规】→【参数和测量】,如图 10-1 所示。在【知识工程】选项卡中选择【带值】和【带公式】两项。

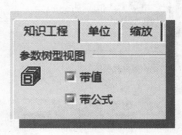

图 10-1 设置显示参数

(2)单击【工具】→【选项】→【基础结构】→【零件基础结构】,如图 10-2 所示。选择【外部参考】下的所有项,单击【确定】。

10.1.2 工作平台选择

从【开始】菜单处依次选择【知识工程模块】→【Knowledge Advisor】,进入知识工程工作平台,如图 10-3 所示。

10.1.3 参数建立

单击 $f_{(x)}$ 图标,弹出公式对话框,如图 10-4 所示。在【新类型参数】右侧下拉框中可以选择参数类型,在【编辑当前参数的名称或值】下的两个文本框中对新建参数进行重命名和赋值。

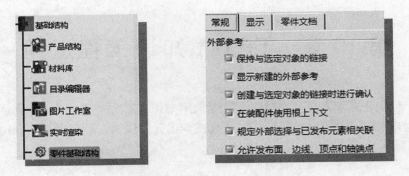

图 10-2　设置显示参数(关系及参数)

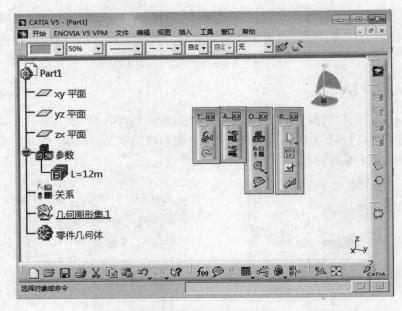

图 10-3　知识工程工作平台

10.1.4　应用公式约束参数

公式是用于定义一个参数如何由其他参数计算而来的一种关系式特征,关系式的左侧是被约束的参数,右侧是相应的计算法则。公式与其他特征一样可以从下拉菜单中进行操作。公式代码可以是各种操作符和函数,用户可对其进行编辑。举例说明如何应用公式约束参数,步骤如下:

(1)建立两个长度类型参数,分别对其进行重命名和赋值"A = 3 m"和"B = 2 m",如图 10-5 所示。

(2)再建立一个参数,重命名为"C",单击【添加公式】弹出公式编辑器,在文本框中输入"A + B"(A、B 也可在左侧结构树上选择),单击【确定】,如图 10-6 所示。

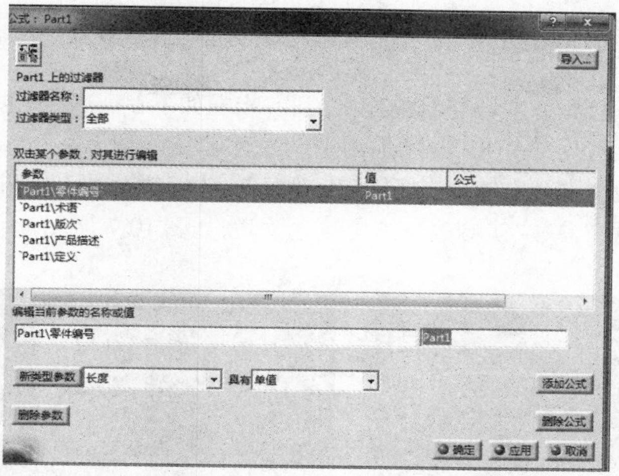

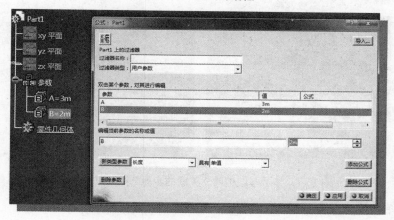

图 10-4　公式对话框

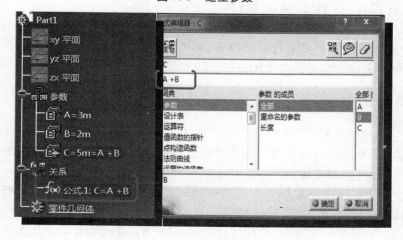

图 10-5　建立参数

图 10-6　应用公式约束参数

10.1.5 参数与结构的关联

运用参数驱动模型,使参数与结构建立关联,步骤如下:

(1)在草图中创建一个矩形,并添加约束。

(2)将鼠标放在约束上,右键选择【长度对象】→【编辑公式】,弹出公式编辑器对话框,在结构上选择对应参数,使参数与结构建立关联,如图10-7所示。

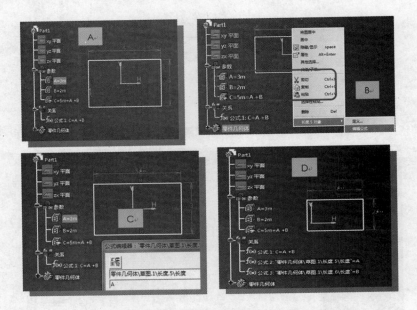

图10-7 参数与结构建立关联的步骤 A→B→C→D

参数与结构建立关联以后,根据要求修改参数,以实现模型的更新。

10.2 CATIA 方程法则设计

CATIA 方程法则设计,即方程曲线设计,利用 CATIA 参数关联基本功能加上强大的法则定义功能进行诸如溢流曲线等的设计。

10.2.1 方程曲线的设计

方程曲线设计的步骤如下:

(1)单击【规则】按钮 ▣,弹出规则编辑器对话框,建立一个实数类型参数,重命名为"X",以及一个长度类型参数,重名为"Y"。

(2)在左侧文本框中建立如下关系式:Y = −1 m ∗ (X ∗ L/1 m) ∗∗1.85,单击【确定】,完成曲线方程的创建,如图10-8所示。

说明:由于 X 的变化范围为0~1,所以利用 X ∗ L/1m 来实现0~10的变化;L 为长度参数10 m,∗ 为乘运算,∗∗ 为幂运算。

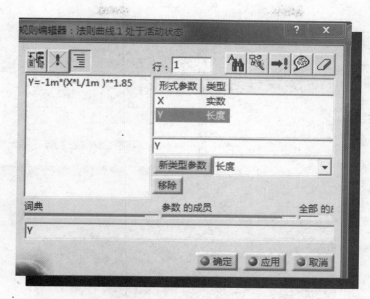

图 10-8　规则编辑器对话框

10.2.2　方程曲线的应用

方程曲线应用的步骤如下：

（1）建立参考线并定义其长度为参数 L，如图 10-9 所示。

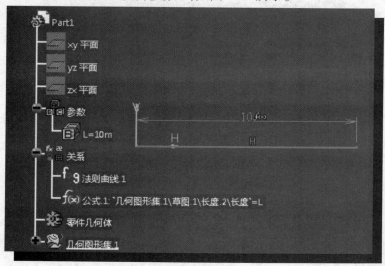

图 10-9　参考线

（2）单击 进入【创成式外观设计】工作平台，单击【平行曲线】 ，弹出平行曲线定义对话框。在【曲线】中选择【参考线】，【支持面】选择【xy 平面】。然后单击【法则曲线】，弹出法则曲线定义对话框，在【法则曲线类型元素】中选择法则曲线 1，关闭法则曲线定义对话框，单击【确定】，实现法则曲线的应用，如图 10-10 所示。

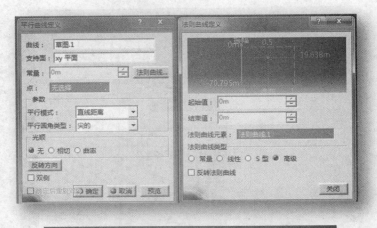

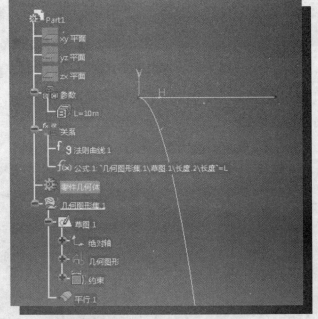

图 10-10　方程曲线的应用

10.3　CATIA 知识工程规则设计

CATIA 知识工程规则设计,指利用参数关联设计加上一定规则定义使设计产品能按照定义的规则进行变形或参数选择,以实现结构模板设计应用。

10.3.1　工作平台及命令

从【开始】菜单处依次选择【知识工程模块】→【Knowledge Advisor】,进入知识工程工作平台,【规则】按钮如图 10-11 所示。

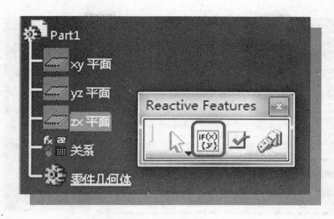

图 10-11　【规则】按钮

10.3.2　应用实例

知识工程整列设计应用实例步骤如下：

（1）建立参数 lx 用于定义轮廓类型，建立长方形轮廓草图 1、圆形轮廓草图 2，如图 10-12 所示。

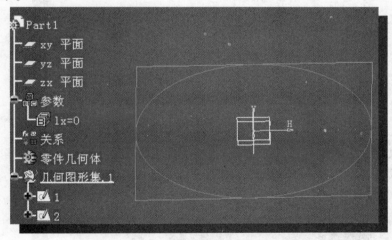

图 10-12　应用实例准备

（2）建立曲线类型参数 lk，用于长方形和圆形轮廓间的相互转换，如图 10-13 所示。

（3）定义知识工程规则。单击【规则】按钮，弹出 Rule Editor 对话框。在文本框输入如下代码：

```
if lx == 0
    lk = `几何图形集 . 1\1`
else
    lk = `几何图形集 . 1\2`
```

说明：当 lx＝0 时曲线 lk 就等于草图 1 即长方形轮廓，否则曲线 lk 等于草图 2 即圆形轮廓，如图 10-14 所示。

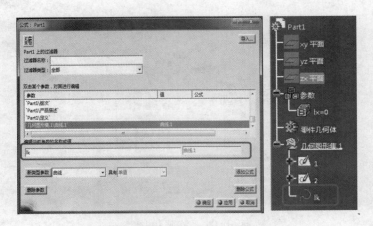

图 10-13　曲线类型参数的建立

图 10-14　规则的建立

（4）参数变更则规则响应。利用知识工程规则控制后的轮廓建立实体，如图 10-15 所示。更改参数 lx 的值：当 lx＝0 时模型为长方形，当 lx＜＞0 时模型为圆形，如图 10-16所示。

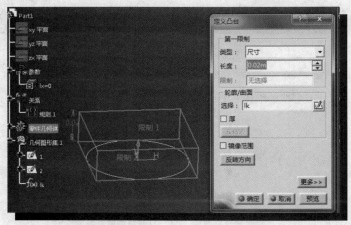

图 10-15　利用知识工程规则控制后的轮廓建立实体

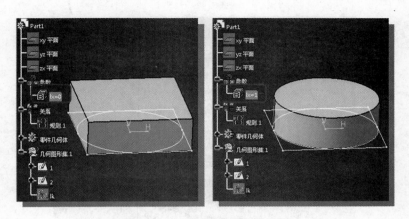

图 10-16 参数变更则规则响应

10.4 CATIA 知识工程整列设计

CATIA 知识工程整列设计,是集合参数化关联、知识工程规则,对不定数量的对象设计进行特征自动构建的设计方法,其可实现诸如锚杆布置设计等。

10.4.1 工作平台及命令

从【开始】菜单处依次选择【知识工程模块】→【Product Knowledge Template】,进入知识工程工作平台,创建知识工程阵列特征如图 10-17 所示。

图 10-17 创建知识工程阵列特征

10.4.2 锚杆布置实例

(1)建立隧道轮廓草图,如图 10-18 所示。

(2)定义锚杆长度、锚杆间距和锚杆总长度等参数,如图 10-19 所示。

(3)根据顶拱长度和锚杆间距计算布置锚杆数并建立锚杆。单击【创建知识工程阵列特征】按钮,进入知识工程阵列编辑器对话框,在知识工程阵列列表中输入如下代码:

```
let i(integer)
let p(point)
let l(line)
i = 0
```

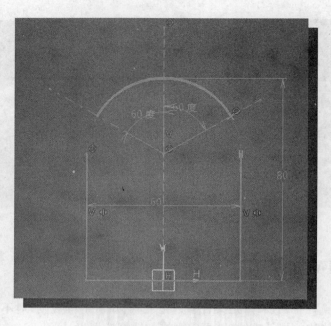

图 10-18　隧道轮廓草图

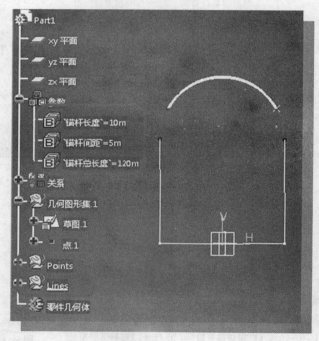

图 10-19　建立相关参数

for iwhile i < ＝int(length(`几何图形集.1\草图.1\顶拱`)／`锚杆间距`／2)∥计算 i 最大值

　　{

　　set p＝CreateOrModifyDatum("Point",points,关系\知识工程阵列.1\ps`,i＋1)

·228·

//定义点

p = pointoncurve(`几何图形集 . 1\草图 . 1\顶拱`,`几何图形集 . 1\中点`,锚杆间距`∗i, true)//建立顶拱曲线布置点

p. Name = " point" + ToString(i + 1)//命名点

}

根据以上整列规则建立的布置锚杆如图 10-20 所示。

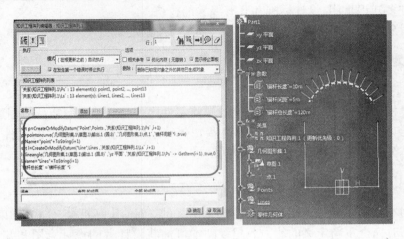

图 10-20　运用整列设计布置锚杆

(4)布置参数的变更,改变锚杆的布置形式,如图 10-21 所示。

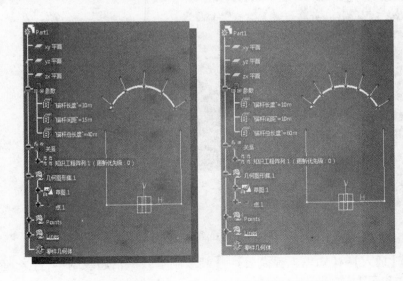

参数锚杆间距为 15 m 时　　　　　参数锚杆间距为 10 m 时

图 10-21　布置参数变更引起锚杆的布置形式的变化

第 11 章　CATIA 模板设计

CATIA 模板设计可以将公司的设计经验以多种方式存储在 CATIA 系统中,模板中还可以融入许多知识重用、设计标准和既有经验的校核等。

根据对象不同,CATIA 模板可分为零件模板、产品模板。

11.1　CATIA 零件模板设计

零件模板(User Defined Feature,UDF)是将零件内部的某些几何特征的创建过程记录下来,如一组实体特征或曲面特征等。这些几何特征依附在某一零件的文件(CATPart)中。其具体分为超级副本、用户自定义特征。

11.1.1　超级副本

超级副本是一组经过分组以用于不同上下文的特征(几何元素、公式、约束等),它提供了在粘贴时完全重新定义的能力。超级副本可捕获设计者的设计意图和知识技能,因此可以提高重用性和效率。下面将介绍超级副本的创建过程。

(1)新建【Part】零件,进入【创成式外形设计】模块,定义草图并拉伸,如图 11-1 所示。

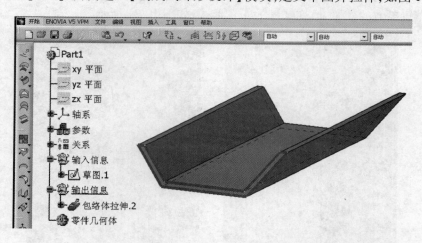

图 11-1　建立超级副本对象

(2)选择【插入】→【知识工程模板】→【超级副本】,激活超级副本,进入超级副本界面,如图 11-2 和图 11-3 所示。

(3)单击需要输出结果特征,如图 11-4 所示,超级副本界面左侧为选定的结果输出特征,右侧为部件输入特征。

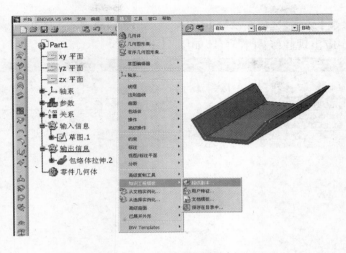

图 11-2　激活超级副本

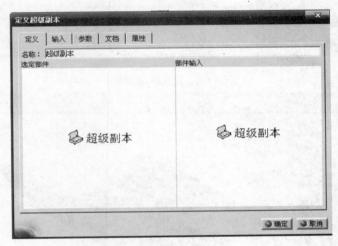

图 11-3　超级副本界面

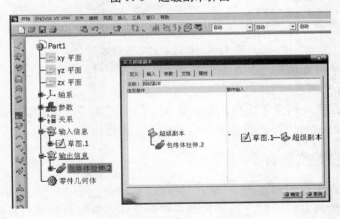

图 11-4　定义输入输出

（4）单击【参数】选项，选取需要输出的参数，如图 11-5 所示，确定完成超级副本的创建，在结构树中相应出现超级副本信息，如图 11-6 所示。

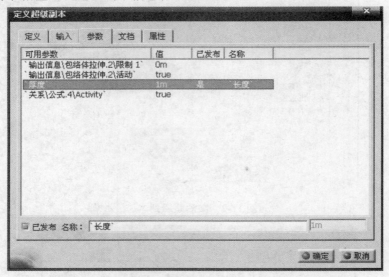

图 11-5　定义输出参数

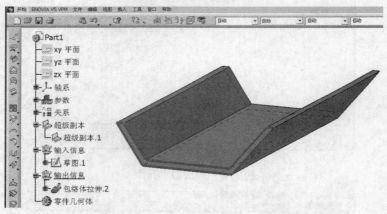

图 11-6　创建完成超级副本

（5）插入【应用】几何图形集。新建草图，选择【插入】→【知识工程模板】→【从选择实例化】，如图 11-7 所示，选择超级副本。

（6）选择"应用"几何图形集中新建的草图，单击"参数"选项，选取新参数并确定，插入完成后，双击插入对象，可调整插入方向，如图 11-8 和图 11-9 所示。

11.1.2　用户自定义特征

用户特征是在零件级别使用的模板。你可以从特征（几何图形、文字、公式、约束等）的集合创建自己的特征。这样在设计其他零件时重用零件设计特征或外形设计特征。

注意：用户特征与超级副本的区别在于用户特征允许隐藏设计规格并保留机密性。

用户特征的创建和应用过程与超级副本类似。

图 11-7　应用超级副本

图 11-8　选取新输入轮廓

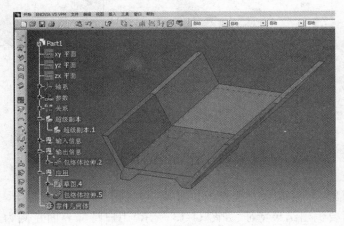

图 11-9　应用后结果

（1）进入【零件设计】模块，单击 f∞ 图标，定义相关参数，建立底板轮廓，如图 11-10 所示。

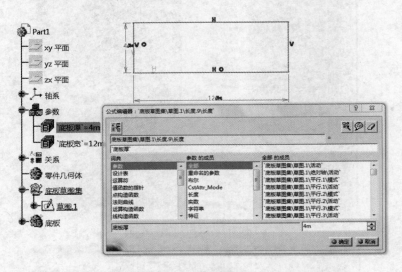

图 11-10　建立底板轮廓

（2）单击 ☑ 图标，拉伸底板实体，如图 11-11 所示。

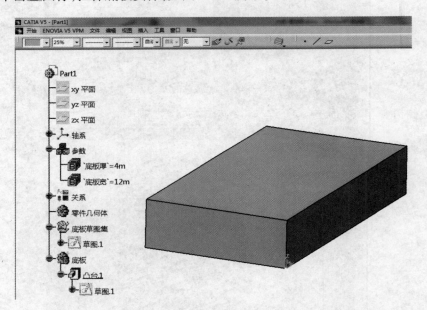

图 11-11　拉伸底板实体

（3）单击【插入】→【知识工程模板】→【用户特征】，如图 11-12 所示。

（4）单击需要输出结果特征，如图 11-13 所示，用户特征界面左侧为选定的结果输出特征，右侧为部件输入特征。

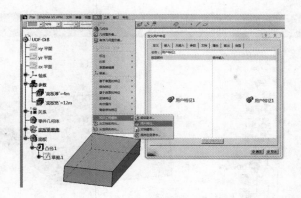

图 11-12 激活用户特征

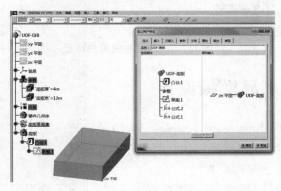

图 11-13 定义输入输出

（5）单击【参数】选项，选取需要输出的参数，如图 11-14 所示，确定完成用户特征的创建，在结构树中相应出现知识工程模板，如图 11-15 所示。

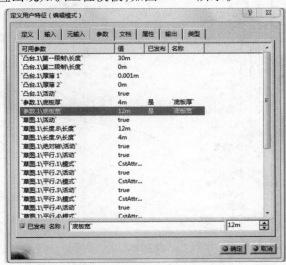

图 11-14 定义输出参数

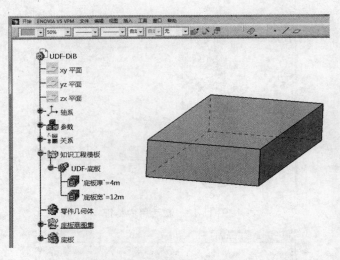

图 11-15　创建完成用户特征

11.2　CATIA 产品模板设计

产品模板(Product Knowledge Template,PKT)是将某一零件或部件的整个设计过程记录下来,如坝体、隧洞。产品模板以独立的文件进行存储。

产品模板建立的一般步骤如下:

(1)进入【装配设计】模块,新建零件级别文档,定义工作对象并拉伸任意曲线,定义输入元素,如图 11-16 所示。

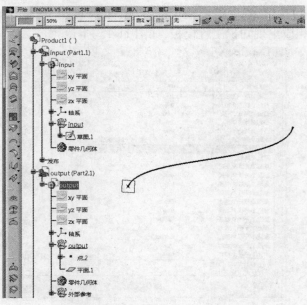

图 11-16　定义输入元素

(2)新建定位草图,建立轮廓输出元素,如图 11-17 和图 11-18 所示。

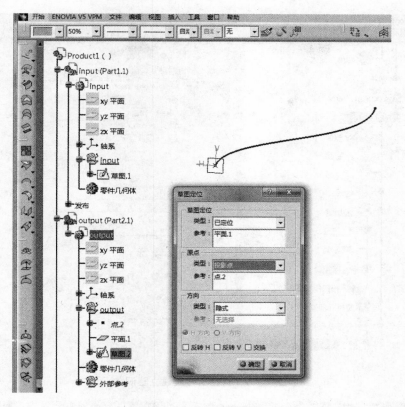

图 11-17　新建定位草图

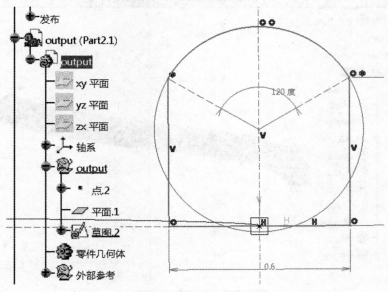

图 11-18　建立轮廓输出元素

（3）选择【插入】→【包络体】→【扫掠包络体】，根据引导线建立隧洞，如图 11-19 和图 11-20 所示。

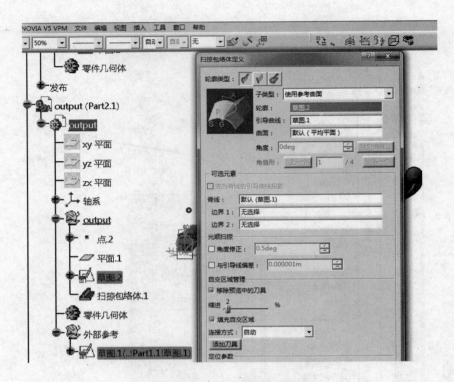

图 11-19   根据引导线建立隧洞

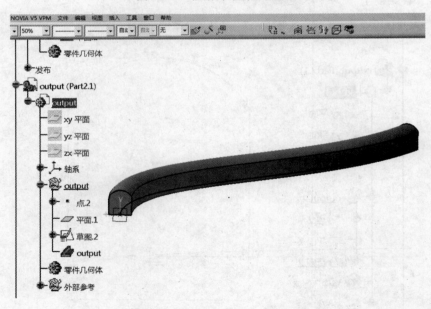

图 11-20   建立完成后隧洞

(4)选择【插入】→【知识工程模板】→【文档模板】,激活文档模板,显示文档模板文件位置,如图 11-21 和图 11-22 所示。

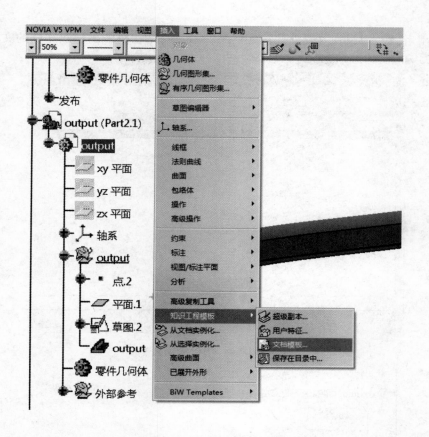

图 11-21　激活文档模板

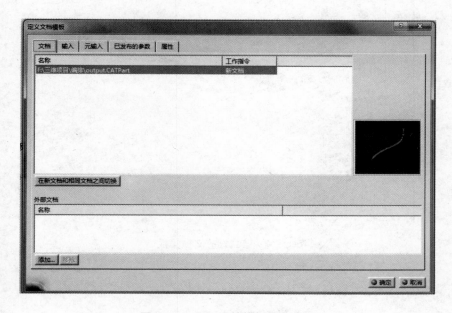

图 11-22　显示文档模板文件位置

（5）单击【输入】自动寻找外部输入信息，确定后，结构树中出现建立好的文档模板，如图 11-23 和图 11-24 所示。

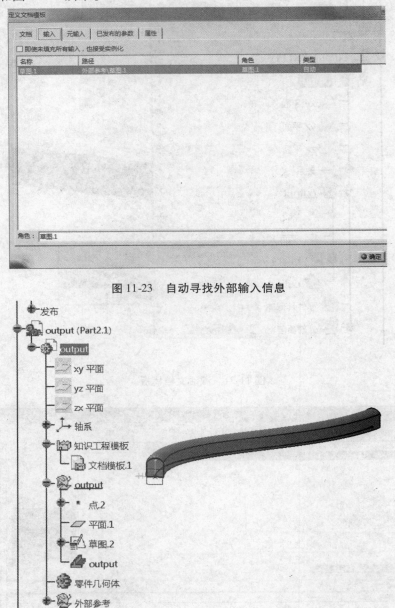

图 11-23　自动寻找外部输入信息

图 11-24　建立好的文档模板

第 12 章　协同设计与成果展示

协同设计是针对同一项目,不同的设计人员在同一时间,不同地点,通过网络或协同设计软件,完成该项目各设计部分的一种设计方法。该方法可以最大程度地提高设计效率,减少设计成本,是设计行业所推崇的设计目标。

设计成果的三维展示是设计行业的必由之路,通过三维展示不但能够校核设计人员的设计成果,而且可以把成果的每一个细节以直观的方式介绍给业主或承包商,从而更好地为工程服务。

本章简单介绍了基于文件的协同设计方法和基于 3DVIA Composer 的三维交互展示的具体步骤和方法。

12.1　基于文件的协同设计方法

基于文件的协同设计方法有两种:第一种为文件共享,适用于没有协同设计软件,要求共享文件所在 PC 的性能较优;第二种为利用协同设计软件,如 Bentley 公司开发的 ProjectWise Explorer V8i,ProjectWise 软件对前期各级设计人员的权限、项目目录等需要做大量的基础输入工作。

ProjectWise 通过使用 Model Server® 技术和 Internet,使分布于世界各地的站点间交换工程项目信息,并为指定的人员在任何时间、任何地点安全且精确地提供了最新的项目信息。在该软件系统下,每一个设计人员都能够依靠于一个单一的、一致的项目信息资源。

下面就两种设计方法的总体思路,以厂房专业设计为例进行说明。

12.1.1　文件共享法

第 1 步:创建各级文件夹

厂房主设人在个人 PC 中建立一级文件夹"XX 工程电站厂房",二级子文件夹"厂房1"、"厂房2"、"厂房3"、"开挖/回填"、"工程制图"等。其中文件夹"厂房1"、"厂房2"、"厂房3"的数量根据参与设计人员的多少确定。

第 2 步:建立总体骨架

在一级文件夹中,创建 CATIA 产品文件 XX – CF,在其下部创建零件文件(或插入已经建立好的厂房骨架模板),命名为 XX – CF – SK。在产品文件 XX – CF 下创建子产品 CF1、CF2、CF3 等,同时在各子产品下创建零件,分别命名为 CF1 – SK、CF2 – SK、CF3 – SK 等。

第 3 步:将骨架发布至子级

在零件 XX – CF – SK 下建立厂房骨架信息并发布,复制所有发布信息,通过选择性粘贴将各信息(参数及几何图形)发布至 CF1 – SK、CF2 – SK、CF3 – SK 等零件之下。

第 4 步:保存管理,建立完设计结构

完成上述步骤后,通过"文件"–"保存管理",将各产品、零件分别另存至相应文件夹中,见图12-1。

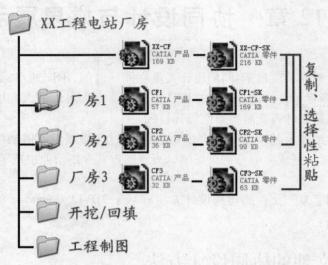

图 12-1　设计结构组织

第 5 步:设置共享

将需要其他人员设计的文件夹,如厂房 1 和厂房 2 设置为共享。

第 6 步:协同设计

设计人员在个人 PC 上通过 IP 地址搜索到厂房主设人 PC 上的共享文件夹(如厂房 1)后,创建其快捷方式至桌面,打开后会看到一个产品文件 CF1. CATProduct 和零件文件 CF1 – SK. CATPart,之后所有的设计工作将在此文件夹中进行。

注意:设计人员每天完成的设计内容通过"文件"–"保存管理"保存。厂房主设人在自己 PC 上,通过打开产品文件 XX – CF. CATProduct,就可看到每位设计者当天完成的设计内容,并且这些内容之间是实时关联的,可以检查不同设计内容之间是否存在不吻合等问题,从而提高了设计效率和设计质量。

12.1.2　软件 ProjectWise 协同设计法

第 1 步:项目创建

项目组向系统管理员提供用户名单和所属专业名称,系统管理员根据项目要求建立用户账号并对用户分组、设置用户基本使用方式、创建项目、初步创建项目任务结构和使用模式。

系统管理员可根据项目要求,建立【三维设计项目】文件夹,并对文件夹预设用户组及访问权限,设置项目管理员(项目负责人或项目指定人员)在项目级别上具有完全控制权限,由项目管理员设置专业管理员(专业主设人或专业部主任等)为下一级专业文件夹的完全控制者。

项目管理员和专业管理员,根据项目计划和专业计划进一步细化本项目和专业的任务结构。

第2步~第5步：CATIA 平台下建立骨架信息文件

见 12.1.1 节第 1 步~第 4 步。

第6步：系统登录

打开 ProjectWise，见图 12-2，厂房主设人通过个人用户名和密码登录该系统。

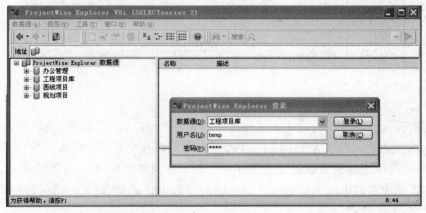

图 12-2　系统登录界面

第7步：文件夹、文档创建和授权

在已有的【三维设计项目】文件夹下新建"XX 厂房设计"文件夹，将个人 PC 中建立的所有文件（含文件夹）直接通过鼠标拖动到"XX 厂房设计"文件夹下，形成 ProjectWise 系统中的文件集，如图 12-3 所示。

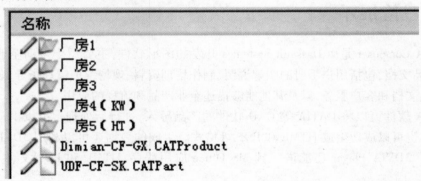

图 12-3　形成文件集后的界面

第8步：检出文档

设计人员在个人 PC 上打开 ProjectWise 程序，通过个人用户名和密码登录该系统，打开【三维设计项目】文件夹下"XX 厂房设计"文件夹，寻找到厂房主设人分配给自己的文件夹（如厂房1）并打开，双击文件 CF1. CATProduct，此时系统自动激活进入 CATIA 设计界面，随后看到打开的 CF1. CATProduct，其内部附带有零件 CF1. PART。同时 ProjectWise 程序中文件 CF1. CATProduct 前面的符号变成了✔（表示该文件已经被检出，在其他成员的电脑上看到该文件前面的符号是🔒，不能检出），如图 12-4 所示。

第9步：设计成果检入

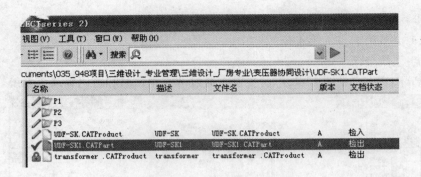

图 12-4　文档状态

完成当天的设计工作后,设计人员通过"文件"－"保存管理"保存,随后进入 Project-Wise 程序,右键点击 CF1.CATProduct 文件,在出现的选项中选择"检入",将文件检入到系统库里。此时该文件前面的符号变成了 ✎(表示该文件已经被存入系统库里,恢复正常状态,在其他成员的电脑上看到该文件前面的符号也是 ✎,此时文件可以被检出)。

第 10 步:工作检查

厂房主设人打开 ProjectWise 程序,检出每位设计者的产品和零件等所有文件(只需看部分设计内容时,可只检出某几个设计者的产品或零件文件),随后双击 XX－CF 文件,进入 CATIA 程序,就可看到所有设计者(或部分设计者)当天完成的设计内容。检查完后将所有文件进行逐一检入,使所有设计成果进入数据库。

12.2　三维展示

3DVIA Composer 是由 Dassault Systemes 开发的图形软件,主要用于帮助企业创建并维护其产品文档,包括用户手册的图解说明、制作培训资料、现场维护修理指导、装配指导说明、在线文档和客户服务,以及其他能够描述企业产品和流程的应用。

3DVIA 软件可以将 CATIA 等 CAD 软件的产品导入,进行后处理。可以出动画与高质量彩图,也可以成功生成 HTML 和 PDF 等格式。生成的数据还可以利用 3DVIA Player 进行查看。3DVIA Player 还能嵌入到 MS Office 应用程序、HTML 和 PDF 文件中,功能强大。

利用现有的多种 CAD 格式的 3D 设计,可以创建精确的最新产品文档。在 3DVIA Composer 出现之前,企业为了创建真实的三维图像,需要聘请专业的渲染工程师并购买专业软件,通过复杂的渲染过程才能制作出近乎真实的图像。还有一种方法,就是等待真实的样品出炉后再用高清相机进行拍摄,要得到 3D 图像非常麻烦。如果要对局部零件进行修改,则需要重新制作这些图像。

产品文档编制是一个不断反复的过程,3DVIA Composer 则可以在产品发生变化时自动更新文档内容,还可以让文档创建者使用当前获得的部分产品信息,而无须等到产品研发完毕后再制作相关文档,从而节省了时间和金钱。

利用 3DVIA Composer 可以快速建立各种 3D 组装动画、产品爆炸图、各类视图与交互式零件表等。

12.2.1　常用设置

（1）视图界面：通过【显示】-【显示/隐藏】设置左侧面板【装配】、【属性】、【协作】等按钮显示还是隐藏，如图12-5所示。

图12-5　显示/隐藏设置界面

（2）显示模式：通过【显示】-【模式】下拉菜单，选择合适的显示模式，如图12-6所示。

图12-6　显示模式界面

12.2.2　动画制作流程

（1）通过菜单【打开】或"Ctrl + O"组合键直接打开 CATIA 生成的三维模型文件XX. CATPart 或 XX. CATProduct，此时在视图区域会出现三维文件实体。

（2）根据工程师的思维进行查看操作：

A. 在视图区域对三维文件实体进行任意旋转、移动、缩放，方便自如、直观；同时在左侧面板【装配】结构树中，通过鼠标点选控制视图中是否出现某一部分内容，见图 12-7。

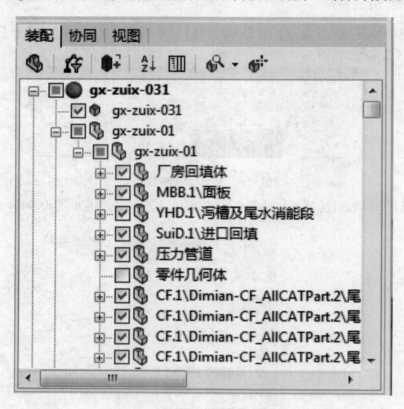

图 12-7　装配面板

B. 在图 12-7 中点选零件实体或在视图区域中点选零件实体后，零件属性栏自动显示在左侧面板处，如图 12-8 所示，可以更改零件实体的颜色、不透明性、亮度、环境效果类型、轮廓等属性。属性面板是前期处理的重要的工具，设置时需要一定的美学知识基础。

C. 调整好实体的各项属性后，点击【作者】栏，根据需要通过点击【2D 文本】、【标签】、【编号】、【箭头】、【尺寸标注】等按钮，在视图中增加文字标注、标签、零件编号、箭头、尺寸标注等。如果需要更改某一项的属性，只需要用鼠标点击该项，其详细的属性列表就会出现在左侧面板中。

在【作者】栏下，还有一重要的工具，即创建剖视图。选择【创建】，当鼠标靠近建筑物时，其形状改变为铅垂形 ⚓，选择某一面，点击确定，则在该面上出现一切除面，如图 12-9 所示，将鼠标靠近切除面，鼠标变为一手形加黑色双箭头，箭头垂直切除面，通过鼠标可移动切除面，对建筑物进行不同部位的剖切显示。另外，对切除面的初始属性也可以进行更改，如颜色、切除线的疏密、透明度等。

D. 在【变换】栏下，有分解命令，通过选择【线性】、【球面】等命令对产品进行分解，得到各式爆炸图。

图 12-8　属性面板

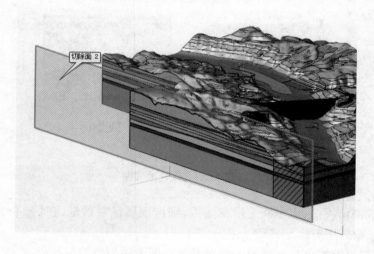

图 12-9　剖切面生成

E. 在【主页】栏下选择【Digger】工具,屏幕中出现一放大镜,如图 12-10 所示,可以通过放大镜圆周上各种选项调整设置不同的兴趣点及其缩放比例、显示范围等。

(3)查询:当鼠标停留在某一部位时,在鼠标旁会自动弹出此部位的文字属性。该属性是在上述属性设置名称时实时输入的,例如建筑物某部位为"二期混凝土;C20;2000 立方米,2010.01.01 开始浇筑;某某设计"等,方便水利水电工程后期运行时查询其浇筑日期、设计者、混凝土强度等信息,方便实用。

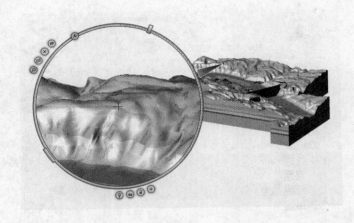

图 12-10 放大镜模式

（4）创建视图：调整好建筑物动态展示的某一个视图后，点击【视图】下的【创建视图】按钮，立即在视图下出现该视图的预览图和名称，如图 12-11 所示。

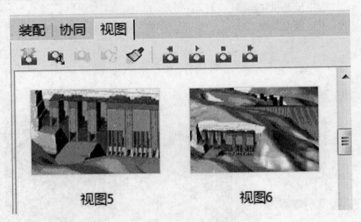

图 12-11 创建的视图

（5）生成高清视图：点击高分辨率图像，则出现属性对话框，在【发布宽高比】中设置图像的格式、宽高比等。

（6）动态试播放：创建完需要的视图并将视图 1 作为当前视图后，点击红色【视频】按钮，即可看到三维建筑物的动态视频。可以对视频的时间间隔、关键帧等在时间轴上进行深入设计，使三维展示效果更加完美、富有冲击力。

（7）保存视频文档：点击另存为，可以选择要生成的文档格式，同时也可以保存视图图片。

以某电站厂房为例，应用效果如图 12-12 所示。

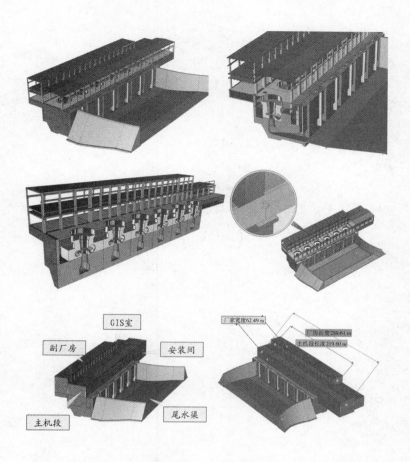

GIS室
副厂房
安装间
主机段
尾水渠

厂家宽度62.49 m
厂房长度289.61 m
主机段长度219.60 m

图 12-12　电站厂房

专业 篇

第 13 章　CATIA 三维地质建模

CATIA 软件平台三维构建能力较强,但其应用于水利水电工程地质行业将是一个全新的尝试。CATIA 应用于地质建模最常用的模块主要为零件设计(PDG)、创成式外形设计(GSD)、数字外形编辑(DSE)、外形造型(DSS)、装配设计(ASD)五个模块。从 R18 版本开始,CATIA 对数字外形编辑、外形造型等模块进行了功能提升,针对水利水电地质专业的特殊问题增加了 mesh 面的生成、检查分析修饰等功能。同时达索系统公司中国的合作伙伴希盟泰克公司有针对性地进行了二次开发,解决了 CAD 地形图导入、钻孔数据处理等专业技术问题,为 CATIA 在三维地质建模方面的应用奠定了良好的基础。

本章重点介绍了基于 CATIA 软件平台的三维地质建模基本流程和建模方法,介绍了二维出图的基本步骤,最后给出了三维地质建模应用实例。

13.1　CATIA 三维地质建模的数据需求

地质建模的主要目标是根据已有的原始数据及地质工程师分析推断数据,基于三维建模软件平台,建立三维地质模型,为三维展示、地质成图、地质分析、水工设计施工服务。

13.1.1　需求数据

可用于工程区地质建模的数据资料主要有:
(1)地质数据:地形图、地质测绘资料、地质剖面资料等。
(2)勘探数据:钻孔、竖井、平硐、坑槽探测资料等。
(3)物探数据:钻孔综合测井、波速测试、地震资料、地质构造探测资料等。
(4)试验资料:岩土体物理力学性质资料等。
资料收集时,应尽量将本勘测阶段及以前的资料收集齐全,全面分析,确保初始模型的可靠性。同时,还应随着勘测阶段的深入,不断地补充资料,更新模型,使之日臻完善。

13.1.2　数据整理及数据导入

各专业各类数据往往繁多杂乱,需要将各类数据采取固定的格式进行分类,并导入CATIA 进行地质建模。数据整理时要全面校对、查缺补漏、修正错误,从而保证数据的可靠性。

具体来讲,水利水电工程三维地质模型的建立需要以下几类数据:
(1)地质平面图、剖面图。
(2)平硐、坑槽、竖井成果数据。
(3)相关数据,如物探资料、试验资料、地质测绘资料、区域资料等。

13.1.3 数据导入

CATIA 软件本身可以导入某些地质资料，一些地质数据需要二次开发地质插件来进行导入，如钻孔、竖井、平硐、平面、剖面数据等。导入的数据坐标要统一，测绘线要与导入的地形图相匹配。下面对各类数据的导入方法进行详细说明。

13.1.3.1 地形数据

地形地貌资料是形成三维地表的基础，利用 CATIA 地质工具 <img> 将地形图转换为点云数据，然后利用 CATIA 自带的导点云功能将点云数据导入 CATIA，这样就创建了建立地表所需的数据。具体操作过程见 13.4.1 节。

13.1.3.2 勘探数据

钻孔、竖井、坑槽、平硐探测资料是建立地层的主要依据，这类数据类型相似，此处只列举钻孔数据格式及导入方法。首先要将钻孔数据按表 13-1 格式整理，然后利用地质工具 <img> 导入至 CATIA 的 DSE 模块即可。

表 13-1　钻孔数据格式

钻孔编号	LZK01	LZK02	LZK05	LZK06
X 坐标(m)	670.95	812.38	1046.59	1256.73
Y 坐标(m)	3352.00	2988.40	586.53	3252.69
Z 坐标(m)	679.20	697.92	727.58	694.05
深度(m)	80.60	97.40	125.70	107.45
地下水埋深(m)				
覆盖层厚度(m)	1.90	19.97	45.00	11.10
覆盖层下的地层个数(m)	3	3	3	3
埋深(m)	24.70	43.20	72.05	48.15
岩层名称	$T_2t_1^{2-4}$	$T_2t_1^{2-4}$	$T_2t_1^{2-4}$	$T_2t_1^{2-4}$
	56.10	67.30	98.60	66.50
	$T_2t_1^{2-3}$	$T_2t_1^{2-3}$	$T_2t_1^{2-3}$	$T_2t_1^{2-3}$
	80.60	97.40	125.70	107.45
	$T_2t_1^{2-2}$	$T_2t_1^{2-2}$	$T_2t_1^{2-2}$	$T_2t_1^{2-2}$

钻孔数据导入到 CATIA 后，结果如图 13-1(a)所示。孔口、地下水、覆盖层及各岩组分界点数据均已进入软件，而后就可以利用地质工具中的分类显示命令 <img>，将需要的数据显示，其他的关闭，类似 CAD 中的选择性显示功能，如图 13-1(b)所示，只显示 $T_2t_1^{2-4}$ 岩组，这样就可以用各类数据作为建立地层的元素了。

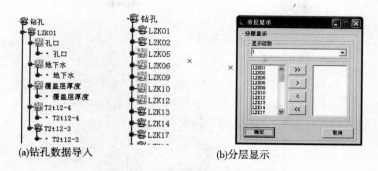

(a)钻孔数据导入   (b)分层显示

图 13-1　钻孔数据导入和分层显示

13.1.3.3　地质测绘数据

　　建模用到的地质数据主要是覆盖层范围线、岩层出露界线、地质构造测绘点、崩塌、滑坡等测绘数据。点击地质工具中导入平切图工具 ，选择当前 CAD 平面图中需要导入到 CATIA 中的平面信息，如黄土界线、岩组界线等，如图 13-2 所示，选择图形，导入到 CATIA 的地质平面信息如图 13-3 所示。然后将这些测绘数据投影到地表，如图 13-4 所示，这样就可以作为建立覆盖层、岩层等的信息了。

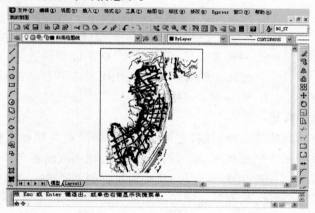

图 13-2　CAD 选择界面

图 13-3　导入的地质平面信息

图 13-4　将导入的地质界线投影到地表

导入地质平面信息的另一种方法是,可以将 CAD 平面资料直接拉入到 CATIA,然后复制拉入的图形到零件设计模块中的 XY 平面草图中,然后把整条的线条进行轮廓输出,最后跳出,再投影到地表,即得到了三维地表上的各类地质界线。

13.1.3.4　地质剖面数据

剖面数据是非常重要的地质数据,它是地质工程师经过对原始资料的分析及经验判断综合而成的地质成果。勘测初期,地质勘探点较少,地质剖面不多。这些资料都需要进行整理后导入到 CATIA,进行地质体建模,建模后进行剖面检验,来校正剖面的合理性,两者相辅相成,可以互相验证,从而提高地质成果的可靠性。

1)剖面导入

首先安装这个文件:CATIA-DEV.msi,按照默认的选项安装完成,在桌面上会有快捷方式图标 CATIA_DEV。双击快捷方式图标或者在开始菜单→程序→CATIA - DEV 中找到相应选项打开,出现如图 13-5 所示界面。在安装配置下选择 CATIA V5R20,若找不到选择项,则将 CATIA V5R20 复制到选项下,然后点击旁边的设置按钮,系统就会将导入剖面的工具配置到 GSD 模块内。进入 GSD 模块,在工具栏上能够找到如图 13-5 右侧的名字叫"地质"的工具栏。

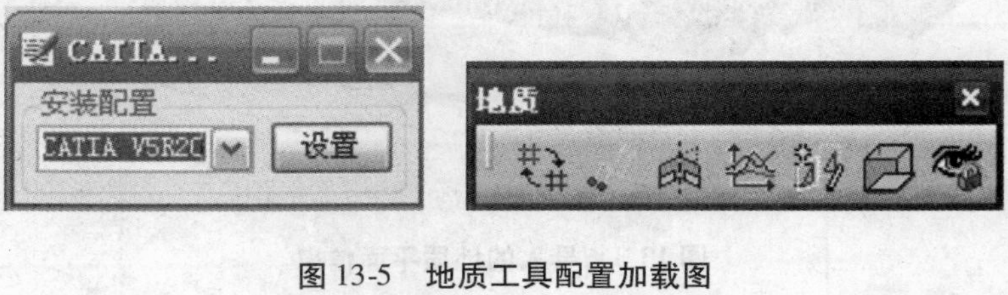

图 13-5　地质工具配置加载图

（1）导入剖面位置线 🔲。

使用上述"地质"工具栏中第一个命令——剖面定位导入，系统会自动跳转到当前打开的 CAD 平面图（剖面定位线）中。选择或输入基点位置，框选要导入的剖面线，然后点击右键，将自动弹出如图 13-6 所示图框。输入基点的真实坐标和 CAD 图上对应的高程，这里要填入 CAD 图中相应剖面基点的真实坐标，高程可以不用填，根据下面导入剖面图时的基点高程偏移成相同高程即可。

（2）定位剖面位置线 🔲。

先选择上一步导入的剖面定位线，点击第二个命令——剖面定位点，系统自动在剖面定位线的两个端点定义两个点。

（3）导入剖面图 🔲。

选择第三个命令——垂直剖面导入，系统自动跳转到当前打开的 CAD 剖面图中。选择基点（竖向高程标尺的一个点）和剖面对象（即要导入的岩层线、风化线、水位线、构造线等），点击确定，出现如图 13-7 所示图框，填入基点真实坐标（选择基点的真实高程），点击确定按钮。系统跳到 CATIA 界面，选择上一步剖面定位线的某一侧端点，再选择剖面定位方向线，此次选择的剖面对象就导入到 CATIA 中，并按图层分别建立了草图。

图 13-6　导入剖面位置线图框

图 13-7　导入剖面图框

2）不同类型剖面的导入

（1）直线剖面。

直线剖面是最常见的类型，导入方法也很简单，即剖面定位（真实坐标、平移高程）—剖面定位点（生成两个端点）—剖面导入（桩号为剖面端点，高程为真实高程）。

（2）折线剖面。

折线剖面也是较为常见的类型，如排沙发电洞、导流洞、泄洪洞、溢洪道等一般均为折线。在按上面方法导入剖面线后，把其拉伸，生成折面，按照起点再导入一条带起始方向的直线（第一个转折点之间的一段），然后利用这条短直线将剖面导入，并利用展开命令 🔲（GSD 模块）将面展开到剖面，再将其剖面折叠到面，即可呈现真实的具有弯折状的折线剖面了。

3）剖面导入说明

剖面上的地层分界线在与地形线相交处最好空出一点距离，因为测绘线导入到 CATIA 时投影到地表后局部可能与地质图有一些小误差。

13.2 CATIA 三维地质建模过程

13.2.1 收集准备资料

按 CATIA 三维地质建模需求收集数据,并按相应格式整理齐全,其中必不可少的资料包括地形图、地质平面图、钻孔、竖井、平硐、地质剖面、物探资料等。这些原始数据经过地质工程师的整理分析后,作为 CATIA 地质建模的基础数据。当某一勘测阶段数据较少时,还需要地质工程师增加合适的地质推断数据,以满足工程区范围内的数据支撑。虚拟推断的资料也应按照真实数据的格式加以整理,但应作好标志,待勘测阶段深入后,随着资料的丰富而加以修正。

13.2.2 CATIA 简易建模流程

首先将根据等高线生成的点云导入到 CATIA 中,完成地表面的生成,接着根据需要的模型范围建立凸台(几何体),然后网格化并与地表面进行布尔运算,形成没有分层的整个 mesh 地质体。

利用平面地质图和剖面图以及钻孔资料,通过一定方法可以形成地层分界面,如果是曲面,就将它网格化,与之前形成的 mesh 地质体按照先挖覆盖层、断层,再分割地层的次序依次进行布尔运算,逐步形成地质模型。

因此,使用 CATIA 软件来建立三维地质模型的基本流程可以简单用图 13-8 表示。

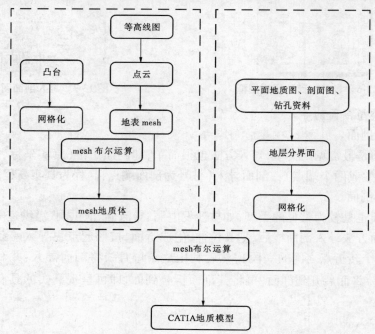

图 13-8 CATIA 三维地质建模基本流程框图

当然,针对地质条件复杂的区域,各种地质构造的模型化就显得尤为重要了。当上述简易地质模型建立后,即可针对相应区域的地质构造(断层、层间剪切带、软弱层、透镜体、地下采空区、隐伏喀斯特洞穴等)进行模型化,建立更符合实际的地质模型。

13.3 几个与地质专业相关的方法

13.3.1 CAD 地质图导入 CATIA 的方法

(1)可以打开 CATIA 程序,选择菜单【文件】→【打开】,选择 CAD 图打开(可能会存在部分版本不兼容的问题,可以改变一下 CAD 图存储的版本,重新操作),CATIA 会转到该软件的工程制图模块 ，如图 13-9 所示。这时可以框选要导入 CATIA 中的线,右击,在弹出菜单中选择复制,然后转到 CATIA 的 GSD 模块,在剖面所在的平面位置建立一个草图,将线条复制到草图内即可,如图 13-10 所示。接下来可以将这些线条使用这两个命令 一根一根地作为轮廓输出。

(2)使用 GSD 模块中地质插件的导入平切图命令可以导入地质平面图信息,但均为二维平面信息,可以通过投影到地表或其他方法来得到想要的结果。具体的方法前面已经介绍了。

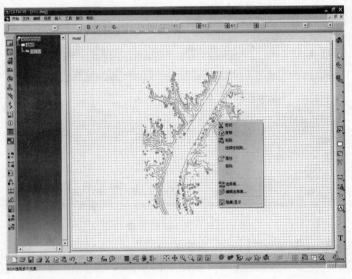

图 13-9 在 CATIA 工程制图模块打开的 CAD 地质平面图

13.3.2 地质曲线投影的方法

在 GSD、DSE 和 DSS 三个模块里面,都可以实现投影的功能,但它们的方法和实现的结果稍有不同,现在分别叙述一下。

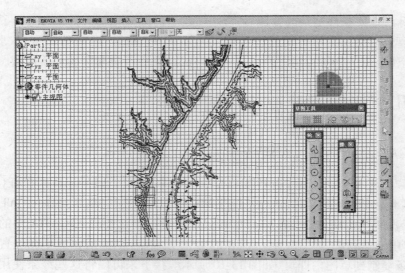

图 13-10 GSD 草图中的 CAD 地质曲线

13.3.2.1 GSD 模块中是曲线向曲面投影

选择【插入】→【线框】→【投影】,或点击工具栏上 🔳 命令,出现如图 13-11 所示界面。投影类型可以选择法线或者沿某一方向,第二栏选择要投影的元素,比如线等,支持面就是选择要投影的平面或曲面。

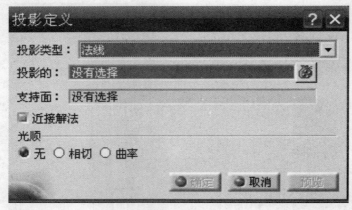

图 13-11 GSD 模块投影命令

13.3.2.2 DSE 模块中是曲线向 mesh 面投影

选择【插入】→【Scan Creation】→【Curve Projection】,或点击工具栏上 🔳 命令,出现如图 13-12所示界面。投影类型可以选择法向或者沿某一方向,当选择某一方向时,第二栏才可以手动填入投影方向。如果不点击 Curve creation 前面的方框,点击应用和确定,曲线就投影到 mesh 面上,但这条投影线不是一般意义上的曲线,比如它不能进行分割或拉伸成曲面等操作。

当点击 Curve creation 前面的方框时,系统会将曲线投影到 mesh 面上的投影线拟合成一条通常意义下的曲线,这个界面可以定义拟合曲线的一些参数,比如容差、分段数、分割角度等,更具体的说明可以参考该命令的帮助文件。

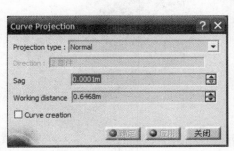
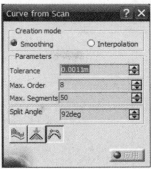

图 13-12　DSE 模块投影命令

13.3.2.3　DSS 模块中是曲线向 mesh 面投影

选择【插入】→【Modeling】→【Project Curve】,或点击工具栏上 ⊠ 命令,出现如图 13-13所示界面。选择曲线,按住 Ctrl 键再选择 mesh 面,就可以点击应用按钮,系统会自动计算投影曲线,结束以后,点击确定。这里投影方向有三种:视角方向、指南针方向、法向。通常用指南针方向,也就是一般上的 Z 方向。法向是指 mesh 面的法向,计算出的结果通常不是我们想要的。

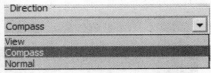

图 13-13　DSS 模块投影命令

13.3.2.4　mesh 相交求交线也可以获得与投影方法同样的结果

首先进入 GSD 模块,将要投影的曲线拉伸成曲面,并保证与要投影的曲面或 mesh 面相交,然后将这个拉伸曲面网格化。接下来进入 DSS 模块,选择【插入】→【Editing】→【Mesh Intersect】,或点击工具栏上 ⊠ 命令,出现如图 13-14所示界面,选择一个 mesh 面,按住 Ctrl 键再选择

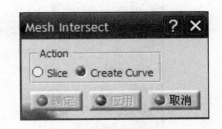

图 13-14　DSS 模块中交线命令

另外一个 mesh 面,点击应用,系统会计算出这两个 mesh 面的交线,点击确定。你会发现这种方法跟用这个曲线投影出来的结果一样。

图 13-15(a)、(b)、(c)、(d)分别表示,要投影的曲线、拉伸成的曲面、网格化的曲面、网格化的曲面与投影的 mesh 面位置关系(图中白色的线即为两者的相交线)。

如果是两个曲面相交的话,需要转到 GSD 模块,选择【插入】→【线框】→【相交】,或点击工具栏上相交命令 ⊠ ,计算两曲面的交线,如图 13-16 所示。

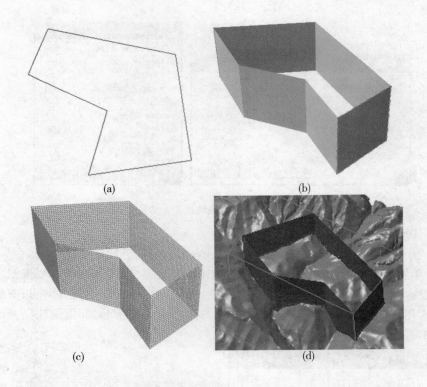

(a)　　　　　　　　　　(b)

(c)　　　　　　　　　　(d)

图 13-15　网格面与 mesh 面交线

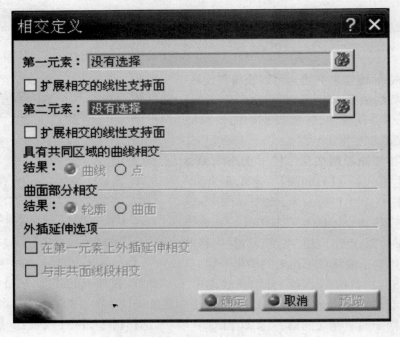

图 13-16　GSD 模块相交命令

13.4 常见地质体建模方法

地质建模通常情况下分为以下四块内容分别来进行，地形、地层分界面（包括断层）、覆盖层、地质体。

13.4.1 地表模型

首先生成点云，然后导入 CATIA，要仔细观察有没有超出计算区域和明显不合理的数据点，将它们剔除，这一项工作可能需要反复修改很多次。接下来根据点云的疏密程度和重点关心区域的位置，可以将点云分割成若干部分，过滤一定数量的点云，但是要控制好根据过滤后的点云形成的三角网格与原地形点云之间的差距，不能失真。最后利用工具将修饰好的点云形成地表面的三角网格，并加以修补，保证没有错误和不符合实际的三角网格存在，这直接关系后续工作能否顺利地建立地质体和地质构造。一般情况下，CATIA 中地表模型的生成过程，是通过图 13-17 的几个步骤来完成的。具体步骤详述如下。

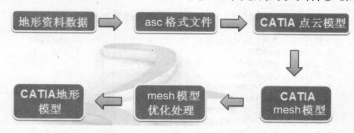

图 13-17　地表模型生成过程

13.4.1.1 地形数据转换为点云数据

首先利用其他 CAD 软件打开 CAD 图，使用工具将要建立模型区域内的等高线转换成点云数据，这种 asc 格式的数据是最常见的 XYZ 坐标散点文本数据。

打开三维等高线 CAD 图，注意要将其他图层隐藏，双击 DtoA. exe ⚑程序，出现如图 13-18 所示界面。点击选择按钮，系统跳到 CAD 图中，这时框选要转换等高线数据范围，点击右键，系统再次回到数据转换界面，需要坐标转换的，填入相应的 X0、Y0 值（X0、Y0 相当于目前的真实坐标减去的数值）；点击保存，选择要转换成点云的数据位置；点击确定，系统会运算转换数据，完成以后会有提示窗口出现，点击确定关闭。转换成的数据格式如图 13-19（a）所示。如果选择了 Z - level，生成的点云数据格式如图 13-19（b）所示。

这两种数据在接下来导入到 CATIA 中时，选择方式和生产面片方法稍有不同，但精度应该没有很大的差别。

13.4.1.2 点云数据导入 CATIA

进入 DSE（数字外形编辑）模块，选择【插入】→【Import】或者点击导入点云命令 ⬚，出现如图 13-20 所示界面。点击 ▬ 图标，在电脑上找到上一步生成的点云文本文件（可以多个同时导入），如图 13-21 所示。Format 一栏下对应有 CATIA 支持的导入数据的格式，

图 13-18　DtoA.exe 程序使用界面图

```
 1 X 1711.79700000002    Y 297.779999999795   Z 1524.33
 2 X 1648.86800000002    Y 276.672999999952   Z 1526.36
 3 X 1624.64000000001    Y 261.901999999769   Z 1521.54(
 4 X 1664.05800000002    Y 335.06399999978    Z 1499
 5 X 1566.95899999997    Y 260.862999999896   Z 1501.36
 6 X 1623.91499999998    Y 317.458000000101   Z 1502.15
 7 X 1580.359           Y 302.629999999888   Z 1486.28
 8 X 1606.049           Y 357.225000000093   Z 1451.86
 9 X 1523.41100000002    Y 279.407999999821   Z 1444.32
10 X 1541.022           Y 346.774999999907   Z 1425.389
11 X 1433.81099999999    Y 241.125           Z 1422.62
12 X 1577.62599999999    Y 410.788999999873   Z 1399.89
13 X 1493.712           Y 314.68899999978    Z 1398.36
```

(a)

```
 1 G08(1)
 2 X 449667.946    Y 4012107.291797   Z 660
 3 X 449673.576267988    Y 4012100.00942872   Z 660
 4 X 449678.4657845    Y 4012094.74880253   Z 660
 5 X 449682.00687363    Y 4012090.66563513   Z 660
 6 X 449684.402565937    Y 4012086.79745658   Z 660
 7 X 449735.104339667    Y 4012020.45099467   Z 660
 8 X 449737.357270966    Y 4012016.00279302   Z 660
 9 X 449741.514719271    Y 4012006.78906271   Z 660
10 X 449745.182598745    Y 4012000   Z 660
11 G09
12 G08(2)
13 X 449626.37684226    Y 4012279.70822893   Z 680
14 X 449624.25041532    Y 4012273.83538097   Z 680
15 X 449622.178750026    Y 4012269.11284824   Z 680
16 X 449622.042365831    Y 4012264.65136487   Z 680
17 X 449624.077759982    Y 4012258.77591896   Z 680
18 G09
19 G08(3)
```

(b)

图 13-19　点云文本数据

选择与导入数据对应的格式类型,勾选 Statistics。Opitions 下可以调整导入点云数据的筛分比例、缩放因子以及数据量纲。右侧一栏中 Direction 选择系统软件默认的选择。Delimitors 一项内当是常见的坐标数据时可以不选,当是 Z – level 数据时,Start scan 和 End scan 分别选择 G08 和 G09,如图 13-22 所示。调整好这些参数,点击应用,系统会分析导入数据的属性,并在 Statistics 下的空白处记录下来,如图 13-23 所示,包括点云的位置、数量、范围、导入所用的时间等,然后点击确定,这样就可以导入点云数据了,同时在文件的特征树上就会形成一个点云文件图标 ⌐ 几何图形集.1 / example.1。

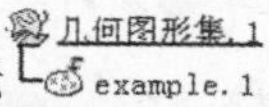

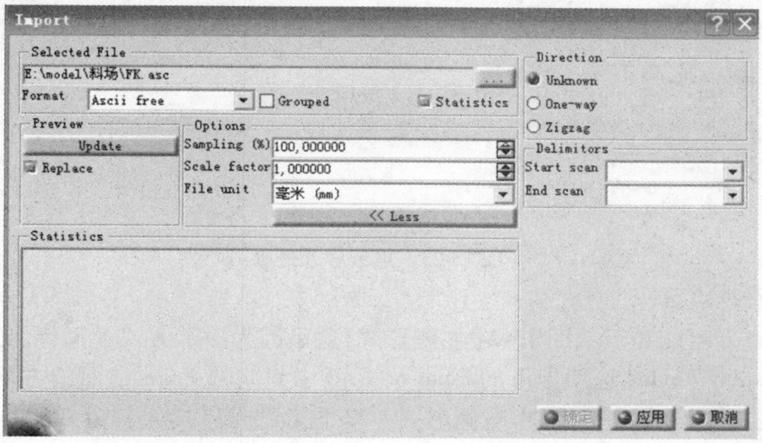

图 13-20　点云导入窗口

图 13-21　点云文件选择

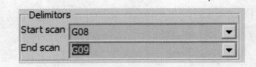

图 13-22　Z – level 点云数据选择

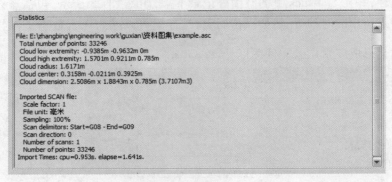

图 13-23　点云导入信息

13.4.1.3　修饰点云

　　导入的点云可能显示如图 13-24 左侧形式,这是因为显示方式的原因,可以在点云属性里面的 Display Modes 选项卡下的 Scan or Grid 中只勾选 Point 前面的方框,如图 13-25 所示,点云就可以显示如图 13-24 右侧形式。接下来,选择【插入】→【Cloud Edition】下面的命令  对导入的点云进行修饰,包括根据需要的范围激活相应的点云、过滤点云及删除错误的数据点等操作。

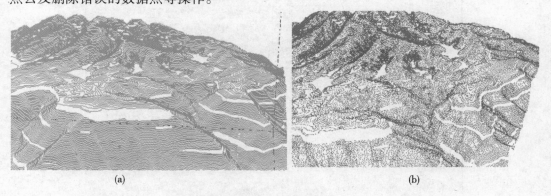

(a) (b)

图 13-24　点云数据显示方式

　　激活点云 :该命令和删除点云相似,不多介绍。

　　过滤点云 :当认为点云数据过于稠密会影响计算速度时,可以选择此命令来过滤点云。选择点云以后,出现如图 13-26 所示界面。

　　在 Filter Type 下有两种过滤方式:

　　Homogeneous(公球差):系统会自动计算给出一个过滤半径,也可手动更改数值,半径越大,过滤掉的点云数据越多。采用这种方式时过滤点云较为平均。

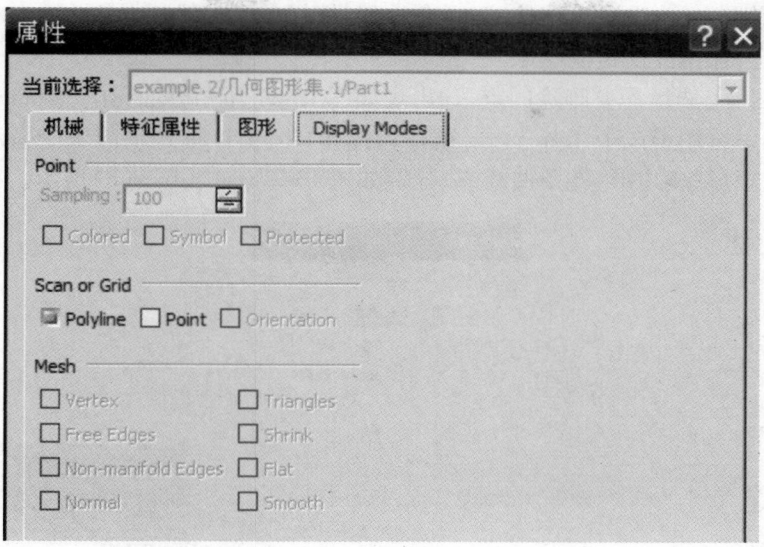

![属性对话框]

图 13-25　点云数据属性选项

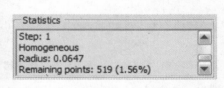

图 13-26　过滤点云选项

Adaptative(弦高差)：采用这种方式时特征变化大的地方过滤点云少，特征变化小的地方过滤点云多。这种方式更易保留明显的特征。

在 Statistics 的文本框内，系统会记录操作的痕迹。

Step:0 记录下最初要过滤的点云数量。

点击应用，会出现 Step:1，其记录下这次过滤的方式特征和剩下的点云数量（百分比）。这时可以看到窗口内显示的点云明显减少。

再次点击应用，就在 Step:1 的基础上再次过滤一次，直至用户希望得到的点云数量。当然，过滤点云会有一个极限值，即使用户多次点击应用按钮，也不能再过滤掉多余的点云，剩余的点云数量保持不变。

如果想撤销本次过滤，可以按 Ctrl + Z 按钮，这样就可以回到上一步。

点击确定，保持此次过滤结果。

删除点云 ：选择需要删除的点云，出现如图 13-27 所示界面，在左侧 Mode 下有四种选择方式，这里选用第二个 Trap 模式，这样，右侧的 Trap Type 选项区域变亮，可以选择三种捕捉方式，矩形、多边形、样条曲线形，分别如图 13-27(a)、(b)、(c) 所示。

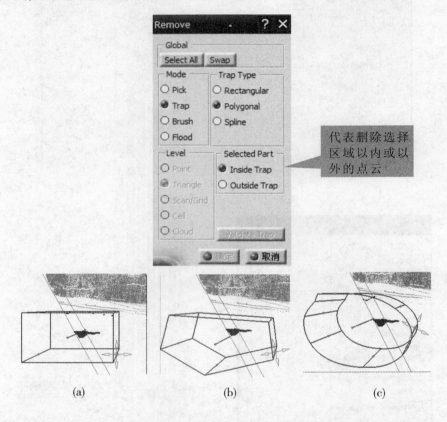

图 13-27　删除错误数据点选项

Pich 模式：选中 Mode 选项区下的 Pick 单选按钮，在 Level 选项区域下选中 Point 单选按钮，表示每次选择点云的一个点；点云网格化后，选择 Triangle 单选按钮，表示每次选择一个三角网格面；选中 Scan/Grid 单选按钮，表示每次选择一条交线；选中 Cell 单选按钮，表示每次选择点云的一个子点云；选中 Cloud 单选按钮，表示每次选中一个点云。

Trap 模式：选中 Trap 单选按钮，在 Trap Type 选项区域下选择 Rectangular 单选按钮，表示选择矩形棱柱区域内的点云；选中 Polygonal 单选按钮，表示选择多边形棱柱形区域内的点云；选中 Spline 单选按钮，表示选择区域是一条封闭样条线棱柱区域；选中 Select All 按钮，表示选择所有点云。

选择好要删除的点云区域以后，点击 Validate Trap 按钮（它会自动变亮，如果选择方法错误或有别的错误，它是灰色的），再次确认一下选择的区域是否有误，如果正确，点击确认就会删除那些被系统标示为红色的点云数据。

可以选择【插入】→【Analysis】→【Information】或者工具栏上 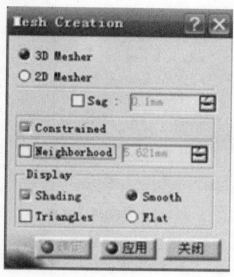按钮,来查看点云的性质,包括点云的名称、最初的数量、可见的数量、过滤的数量、极值、范围等信息。

13.4.1.4 构建 mesh 地表面

生成 mesh 初始面:选择【插入】→【Import】或者点击工具栏上 Mesh Creation 命令,出现网格面创建对话框,如图 13-28 所示。勾选 Neighborhood 前面的方框,系统会自动计算出 mesh 面网格的一个的半径尺寸,或勾选 Constrained,并去除 Neighborhood,点击应用按钮,CATIA 会根据前面导入的点云数据生成一个三角网格面,可能含有一些孔洞,可以增加 Neighborhood 后面的数值,减少孔洞的数量。尽量不要使得孔洞将 mesh 面分成几块,以利于下一步补洞的进行。

图 13-28　Mesh Creation 对话框

分析、检查 mesh 面:点击 Mesh Cleaner 命令,出现 Mesh Cleaner 对话框,如图 13-29 所示。点击要分析的 mesh 面,点击 Deletion 下面的 Analyze 按钮,CATIA 会分析目前 mesh 面出错的网格、边和顶点,点击出错处前面的方框(mesh 面上可以看到很多白色的点),再点击应用,系统就会把这些错误的信息全部删除掉。选项卡 Structure 下面可以分析 mesh 面的方向及其由几个区域组成,如果需要可以把它们分成相应的几块。选项卡 Edition 下可以删除掉那些内角特别小(比如小于 1°)的三角网格。

补洞、修饰 mesh 面:点击 Fill Holes 命令,出现 Fill Holes 对话框,如图 13-30 所示。选择要修补孔洞的 mesh 面,在 mesh 面的所有孔洞上系统会标记上 V 型或 X 型符号,如果是红色的 X 就代表不能补,如果是绿色的 V 代表可以补,这时可以右键选择全部补洞,点击确定进行修补。当然还是有可能有些孔洞不能实现补齐网格,可以使用 Mesh Cleaner 命令,删除有错误的地方,再使用补洞命令,这样反复操作,直至 Mesh Cleaner 命令分析 mesh 面无错误,且是一个整体为止。

另外,对某些特殊地段想要人为控制网格数量或者形状以及那些系统无法自动删除或者补洞的地方,可以采用人工删除或者缝补的方式进行。常用的删除命令 Remove Ele-

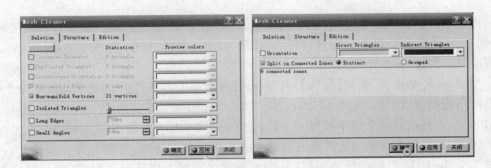

图 13-29　Mesh Cleaner 对话框

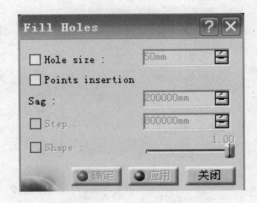

图 13-30　Fill Holes 对话框

ment ✕ 可以对网格、顶点、边进行删除操作,Interactive Triangle Creation 命令 可以通过选择三条边、三个顶点、一边一顶点等方式来手工构建网格,Add Point 命令 则可以通过在已有网格中增加点来增密网格。详细的操作方法可以参见帮助文档说明。

13.4.2　地层分界面

地层分界面的建立可以通过多种方法来实现,需要根据基础资料的翔实程度来选择合适的方法。目前 CATIA 中一般采用多截面曲面命令 或曲面变形(Mesh Morphing)命令 来实现地层分界面的建立,在预知点较丰富且剖面较少时,多采用 Mesh Morphing 命令,当预知剖面较多且较规则时,可采用多截面曲面命令。

13.4.2.1　基本需求数据

构成地层分界面的基本需求数据为:钻孔数据、剖面数据、地质测绘数据等,有了这些数据,就可以构建基本的地层分界面了。将数据按照 13.1.2 节方式导入 CATIA,按照下述两种方式生成地层界面。

13.4.2.2　通过多截面曲面命令

如果有足够多的剖面,且各剖面间的关系通过相应调整能满足多截面曲面生成的要求,可以使用多截面曲面命令将对应的地层分界线连接成曲面,也就成为了所谓的地层分界面。

当然,形成的地层分界面形状可能与实际不同,因此这种方法需要有足够多的剖面方能控制住曲面的形状。

13.4.2.3　通过曲面变形(Mesh Morphing)命令

当剖面较少时,可以利用钻孔、剖面、测绘线等作为曲面变形的约束,生成相应的地层,通俗的说,就是把一平面"投影"到钻孔、剖面、测绘线上,当然,这个"投影"就是 DSS 模块中的曲面变形命令——Mesh Morphing。

首先使用上面提到的方法将钻孔点和地质分界线导入到 CATIA 中,再使用投影功能(具体的操作方法见后面叙述)将地质分界线投影到前面生成的地表面上,成为真实的空间线。

根据每一层地层的走势和形状,在某一个高程平面建立一个具有封闭轮廓的草图,该草图范围要能包住某一层地层的地质分界线和钻孔点。在 GSD 模块中,将此草图填充成封闭曲面(选择工具),接着进入 DSS 模块,选择【插入】→【Creation】→【Tessellate】(网格化)命令,出现如图 13-31 所示窗口。Element 一栏中填入曲面,Sag 一栏中定义网格的尺寸,点击应用和确定,在特征树上就出现一个网格化的 mesh 面元素。

图 13-31　曲面网格化窗口

接下来进入 DSS 模块,选择【插入】→【Modeling】→【Mesh Morphing】命令 ▲(或工具栏上命令 ✎ 的下拉菜单里面 ✎✎▲),出现如图 13-32 所示对话框。在第一栏(Mesh to Deform)中填入网格化的封闭曲面,第二栏(Target Elements)中填入地质分界线和钻孔点。Limit Element 一栏中填入的元素,用来限制要变形的网格只在此限制元素所包含的范围内。Constraint Attenuation 一栏有四个选项(低、中、强、非常强)可以选择,如图 13-33 所示,定义网格变形的程度。Projection Type 与前面一些曲线投影等命令相似,有法向(网格面的法向)和沿某一方向(自己定义,在 Direction 一栏右侧输入)两个选择,点击应用、确定,即可生成该地层的地质分界面。

13.4.2.4　关于测绘线

平面地质图的实测地质界线是分层的重要依据,因此要将其导入模型,基本导入方法前已述及。投影到地质体上的地质界线与野外山体应该是基本相符的,这要看测绘精度及测绘线是否与当前所采用的地形图相符。在利用测绘线进行变形的过程中,很多情况是由于测绘线曲率过大,平面无法依据测绘线变形,从而使我们的成层工作无法完成。处理这些问题时可以分块进行曲面变形,或者处理曲率过大的区域。

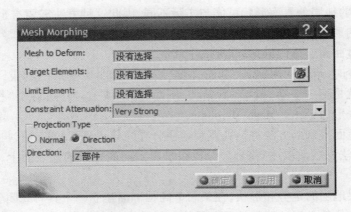

图 13-32　Mesh Morphing **对话框**

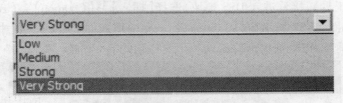

图 13-33　Constraint Attenuation **栏选项**

导入的测绘线要与导入的地形图相匹配,因为测绘线是在某一勘察阶段野外测绘点在对应比例的地形图上连线而成的,曲线趋势只是符合这个地形图的地形趋势,若采用不同的地形图,则测绘线投影到地表时局部会不符合新地形图的等高线趋势。

13.4.3　覆盖层的处理

13.4.3.1　河道部位

(1)将平面地质图上的河道边线(通常是两条)投影到地表的 mesh 面上,形成空间曲线。

(2)根据钻孔资料,在河道不同位置选择定义多个剖面平面,在每个平面上将河道的覆盖层底面轮廓线勾画出来,并保证与第一步形成的河道边线投影线是相交的关系。

(3)使用 GSD 工作台中的多截面曲面命令(进入 GSD 模块,选择【插入】→【曲面】→【多截面曲面 】),如图 13-34 所示,将第二步勾画出来的覆盖层底面轮廓线作为截面线依次输入多截面曲面定义界面的上面一栏(注意:要按上下游顺序依次填入以及轮廓线作为截面线时的箭头方向要一致),第一步投影生成的河道边线作为引导线填入多截面曲面定义界面的下面一栏,点击确定即可生成河道覆盖层的底面,如图 13-35 所示。

13.4.3.2　山顶部位

这里采用的方法与建立地层分界面的方法一样,用地质分界线和钻孔点以及剖面线来控制山顶部分覆盖层和山体之间的地层分界面形状。

13.4.3.3　山坡部位

山坡部位的覆盖层通常是一个封闭的区域。我们可以采用如下方法来完成。

(1)投影覆盖层范围线。这在后面会详细加以介绍。

(2)分割出覆盖层顶面。

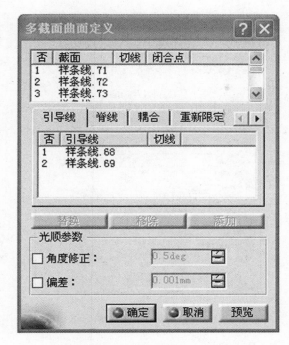

图 13-34 多截面曲面定义对话框

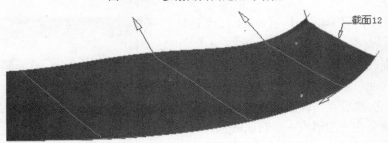

图 13-35 河道覆盖层的底面

选择【插入】→【Editing】→【Trim/Split】，或点击工具栏上 命令，出现如图 13-36 所示界面。Element to Trim/Split 内填入地表 mesh 面或者包含覆盖层的一部分 mesh 面，Cutting Elements 内填入第一步生成的投影线，点击应用、确定，就会将 mesh 面分为两部分，在特征树上会对应出现两个新的 mesh 面。

（3）建立覆盖层底面。

根据地质工程师的经验，在投影线范围内如果有钻孔可以揭露该覆盖层的厚度特征则最好，没有的话则可以根据周边钻孔的信息推断此处覆盖层的厚度特征，定义一些虚拟钻孔来控制覆盖层的形状。点越多，控制得越准，当然，工作量也越大。可以沿坡向和平行坡向定义两条相互交叉的样条曲线。

选择【插入】→【Modeling】→【Mesh Morphing】，或点击工具栏上 Mesh Morphing 命令 ，将第二步分割出来的覆盖层顶面 mesh 面作为变形元素，前面建立的样条曲线作为目标元素，第一步投影生成的覆盖层范围线作为限制元素，点击应用、确定，变形后即形成了

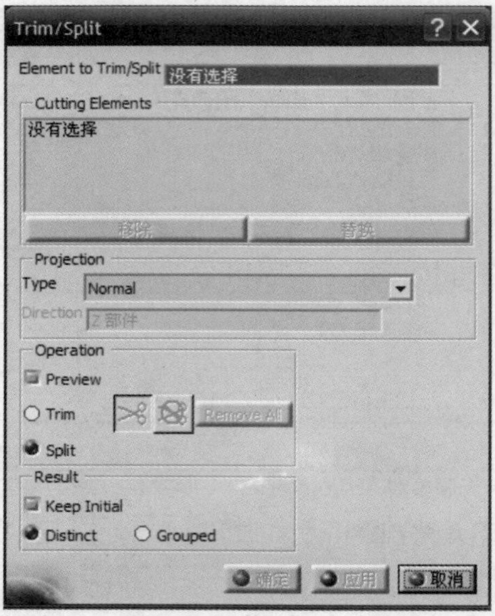

图 13-36　曲面分割

该覆盖层的底面。

（4）缝合。

选择【插入】→【Editing】→【Stitch】，或直接点击工具栏上 命令，出现如图 13-37 所示界面，先选择覆盖层顶面（或者底面）边线，按住 Ctrl 键不放，再选择覆盖层底面（或者顶面）边线，该命令的应用按钮变亮，点击它，然后点击确定即可。这时可以看到这两个面被缝合在一起形成一个封闭的包。

如果缝合操作正确，用测量工具量测缝合后的 mesh，它应该具有一定的体积，这可以作为辅助的验证方法。

图 13-37　曲面缝合

13.4.4　地质体的建立

（1）进入零件设计模块 ，在某一高程平面上建立草图，在草图上地表 mesh 面的竖向投影范围内勾画出地质模型边界的轮廓，通过凸台功能将此草图拉伸形成几何体，要保证该凸台长度超过前面形成的地表 mesh 面。

（2）进入外形造型模块 ，使用前面讲述过的网格化命令，将第一步生成的凸台网格化形成 mesh 体。

（3）分割出来整体的 mesh 地质体。有两种方法，DSS 模块中 Multi – Section Slice（多截片分割）命令 与 Boolean Operations（布尔运算）命令 。

13.4.4.1　多截片分割

选择工具栏上 Multi – Section Slice（多截片分割）命令，出现如图 13-38（a）所示界面，To Slice 中填入第二步生成的 mesh 体，Sections 中填入前面形成的地表 mesh 面（点击 ，出现图 13-38(b),可以增加多个地层分界面),点击应用、确定。系统在特征树上生成一个多截片,如图 13-38(c)所示,右键点击该截片,可将其拆分成多个 mesh 体,多截片产生的结果可以双击进行修改,但其拆分的结果不具备修改更新功能。对于地质体,一个凸台与地表面用多截片命令,将得到地表面上下两侧的两个 mesh 体。

(a)多截片对话框　　　　　（b）多截片选择框　　　(c)多截片结果及拆分

图 13-38　多截片分割

13.4.4.2　布尔运算

选择工具栏上 Boolean Operations(布尔运算)命令,出现如图 13-39 所示对话框。Mesh A 中填入第二步生成的 mesh 体,Mesh B 中填入前面形成的地表 mesh 面,这时在Mesh A 和 Mesh B 上都出现了一个绿色箭头,这代表两者是相加运算。需要点击 Mesh A上的绿色箭头使其变为红色,此时 Mesh B 上的箭头代表此次布尔运算保留箭头所指方向的那一侧 mesh 体。点击应用,系统会加以计算,一定时间以后用户能够看到预览结果,若是想要的结果,点击确定即可(如图 13-39 所示保留 Mesh B 下侧的 mesh 体)。若想保留Mesh B 另一侧的 mesh 体,点击其上箭头变换所指方向,再点击确定即可。或者等点击完确定以后,特征树上出现布尔.1 几何信息 布尔.1,再双击它更改箭头方向,改变布尔运算结果。

图 13-39　布尔运算对话框及示例

这里可以看到布尔运算结果是与前面的计算结果相关联的,可以双击结果进行修改。布尔运算仅能保留地表 mesh 面(Mesh B)一侧的 mesh 体,若想两侧都保留需要分别运算两次(或者复制粘贴"布尔.1",在特征树上出现"布尔.2",双击"布尔.2"更改 Mesh B的箭头方向)。

多截片与布尔运算的主要区别在于:前者生成的结果看似分开,但其本质是一个整体,而拆分结果不能修改,布尔运算结果则是完全分开的独立体,且可以修改。但多截片拆分结果可以通过发布的方式进行替换修改,从而延续下一阶段的更新功能。

13.4.5 分割地层

有了前面建立好的各个覆盖层和地层的地质分界面,以及按上面形成的 mesh 地质体,接下来就可以用它们来分割地质体建立地层。这里推荐使用布尔运算方法来操作形成地质模型。

应先挖山坡覆盖层或者河道覆盖层,再挖河道覆盖层或者山坡覆盖层,接着挖山顶覆盖层,最后从上至下依次挖掉各个地层。

13.4.6 风化层建模

风化层模型建立基本分为三步:

(1)确定建立风化层的区域,坝址位置、某个建筑物区、硐线等,即圈定要表现风化的区域,将该区域地表地形进行抽稀处理。

(2)提取有关风化数据资料,钻孔、剖面数据等,将风化层区域的地形变形,使其通过剖面和钻孔。

(3)局部使用 CATIA 的 Mesh 功能手工修改。

按照上述三步建立的风化层模型见图 13-40。当然,风化层的建立需要大量的地质资料,在某些建筑物区资料相对丰富,容易建立风化层模型,且其结果也较合理。而一个坝址区往往范围较大,资料往往较集中于坝轴线区及建筑物区,所以建立整个坝址区的风化层模型将需要大量的地质工程师的经验推断。

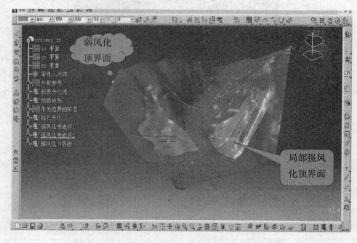

图 13-40　风化层模型

13.4.7 断层建模

断层模型建立基本分为四步:

(1)用地表出露线和产状(模板)构建一个粗略地质面。

（2）用剖面图地层界线和钻孔分界位置调整粗略地质面。

（3）根据确定的建模范围，构建地形实体。

（4）对地层面与地形实体进行布尔运算，得到地质实体。

按照上述四步建立的断层模型见图13-41。断层体建模需要出露线与勘探揭露资料及地质工程师的经验推断相结合。

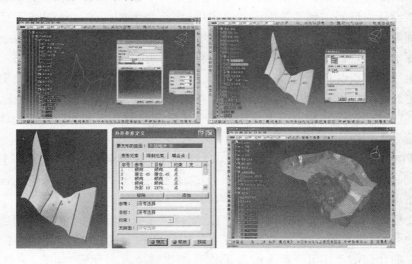

图 13-41　断层建模过程及成果

13.4.8　地下溶洞建模

溶洞模型建立基本分为五步：

（1）岩溶平面数据导入。

（2）确定岩溶剖面所在曲面，展开该曲面。

（3）导入岩溶剖面数据，折叠到真实位置。

（4）确定断面所在平面，导入断面 CAD。

（5）根据岩溶断面、控制线、剖面线等完成溶洞设计。

按照上述五步建立的溶洞模型见图13-42。溶洞建模需要大量的勘探揭露资料、当地溶洞发育规律特点及地质工程师的经验推断相结合。

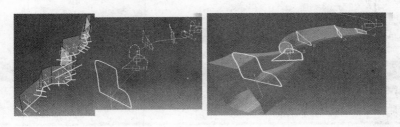

图 13-42　溶洞三维模型

13.5 地质建模成果发布

地质建模成果发布包括地质建模过程中的内部发布与地质与水工设计之间的专业间发布。发布的好处在骨架设计中已有提及,主要是为了资料更新后原始模型能够顺利更新。在骨架设计中已经谈到了装配设计的作用,那么在装配的各零件间需要互相引用的部分一般都需要进行发布,这样上下级之间的关系将会变得非常明确。因为一个大模型的建立过程中会出现许多冗余的过程文件,而下级引用的只是上级的结果文件,这样如果下级文件引用的上级文件不能修改更新,而又没有直接引用上级文件的发布,那么下级文件将无法更新,随着勘测阶段的深入,地质资料的增加,必然要对模型进行修正,而没有引用发布,则就没法更新了,这也就大大违背了骨架设计思想及三维地质建模的体系思路。

发布命令主要操作过程如下:

进入 PDG(零件设计)工作台或者 GSD 工作台,选择【工具】→【发布】命令。如图 13-43(a)所示,将随后运算用到的 mesh 面或体发布出来,然后在进行布尔运算时,选择这些发布出来的 mesh 元素填入相应栏中即可。

当需要更新或替换所发布的元素时,只需要再次选择发布命令,可以看到所有已经发布的元素的名称、状态等,然后点击某个要更新或替换的元素,在模型文件的特征树上选择要替换它的几何信息即可。系统会提示你是否要替换发布元素,如图 13-43(b)所示,以及是否重命名元素,如图 13-43(c)所示,根据需要点击确定完成操作。

想要重命名发布的元素,只要进入发布命令,先点击一下要重命名的元素,再在名称文件上点击左键(注意:两次点击不连续),即可输入想更改的名字,如图 13-43(d)所示。

操作完成后,所有与发布元素相关联的运算都会随之自动更新,免去逐个操作的麻烦,可以节省大量重复性工作。

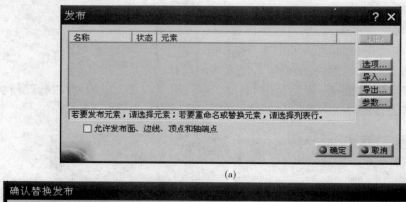

(a)

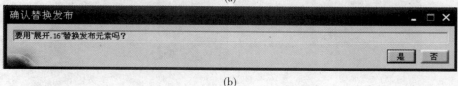

(b)

图 13-43 发布过程

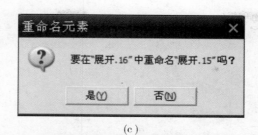

(c)

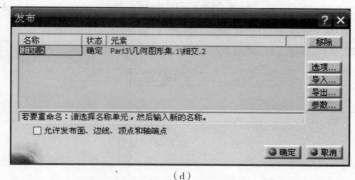

（d）

续图 13-43

13.6　地质剖面生成

地质剖面是地质内业整理的重要环节,在前述地质模型建立的基础上,生成地质剖面有下面几种方法。

作剖面时由于我们的模型基本都是 mesh 体,都是网格,从而导致切割无法找到对象,CATIA 默认的正视图等是对面完成的,而非网格,因此要按照 CATIA V5R20 SP4 MESH 出图设置中的文件进行配置即可。

13.6.1　直线和折线剖面

13.6.1.1　工程制图模块

(1)图纸—正视图 —点击—进入模型—选取一个视图面—点击—回到图纸。

(2)点击偏移剖视图 ,画剖面线即可生成剖面图;或将模型中的剖面位置线拉伸成面,点击偏移剖视图后,返回模型拾取拉伸面的法向即可生成剖面图。

13.6.1.2　装配设计模块

点击空间分析中的切割命令 ,会出现一个剖面切割视口,如图 13-44 所示。可以通过控制图中透明平面的方向来变换剖面位置,并可实时同步演示,以查看不同剖面间的底层情况。

13.6.1.3　剖面精确定位

地质出图是要求切出平面图上某条线的剖面图,这就要求精确定位,在 CATIA 中可以通过定位的方法来完成。在图 13-44 中的切割定义对话框中选择定位按钮,出现

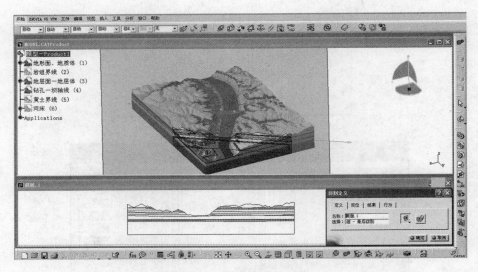

图 13-44　剖面切割视口

图 13-45中五种定位方法。

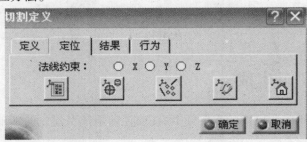

图 13-45　剖面切割定位方式

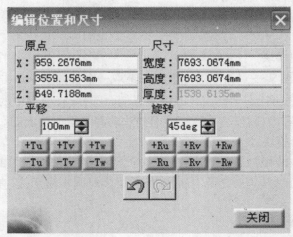

:编辑位置和尺寸(打开/关闭对话框,编辑切割工具的位置和尺寸),如图 13-46
所示。

图 13-46　编辑位置和尺寸选项

:通过几何目标定位(根据选择的几何图形定义切割工具:检测孔和圆柱面,同时定位垂直对象的截面平面)。

:通过 2/3 选择定位(通过选择 3 个点、2 条线,或 1 点/1 线进行定位)。

:反转剖视图法向(反转剖面的方向)。

:重置位置(将切割工具位置重置到初始位置)。

这里重点说第二种方法,通过几何目标定位,最简单的方法就是把 CAD 平面图中的剖面位置线导入 CATIA,然后拉伸成面,切割时选择这个面即可完成。(但这个剖面是长的,直到模型边界,因此最后要自行修剪一下)。

Product 剖面较正视图剖面的优点在于能动态查看。

13.6.1.4 剖面保存

点击切割定义对话框中结果按钮,出现如图 13-47 所示界面,可对图形进行保存操作。

图 13-47　剖面保存界面

点击图标,弹出如图 13-48 所示对话框,可以设置保存类型。

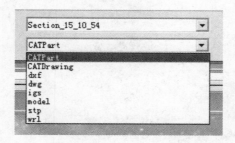

图 13-48　设置保存类型

13.6.2 弧线剖面

弧线剖面一般用于水工隧洞等曲线形建筑物,拐弯段为弧线,而非折线,CATIA 提供的剖切工具对于曲线无法完成,采用曲面交线命令则可提取出交线即为剖面的地层线。

弧线剖面要先将剖面线拉伸成面,然后将剖面与地层面求交线,再将弯曲的三维剖面线展开到参考面,展开后的剖面图即为我们所需的剖面。

13.7 三维地质建模应用实例

某工程一大型土料、块石料综合性料区,位于坝址区右岸,初选为该枢纽工程的主要料场区。建立该料场的三维地质模型,对于了解主料层的分布特征、储量及剥离层范围、体积等都具有重要意义。

13.7.1 数据准备

13.7.1.1 地形数据

首先要准备料场的 CAD 地形图数据,范围要大于采料区圈定的界线,并转换为点云数据。

13.7.1.2 地质平面图

CAD 地质平面图主要包括土石界线、采料区范围线等,其界线范围均应小于料场地形图范围。该料场工程地质平面如图 13-49 所示。

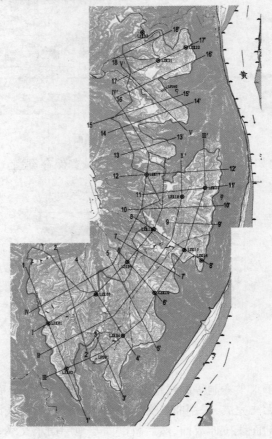

图 13-49 料场工程地质平面图

13.7.1.3 钻孔数据

对该料场钻孔数据进行整理,成果如表 13-2 所示。

表 13-2　料场部分钻孔成果

钻孔编号	LZK01	LZK02	LZK05	LZK06	LZK09	LZK10	LZK12	LZK18
X 坐标(m)	670.95	812.38	1046.59	1256.73	1292.13	1505.10	1502.79	1726.13
Y 坐标(m)	3352.00	2988.40	3586.53	3252.69	3846.50	3579.50	4109.73	4375.75
Z 坐标(m)	679.20	697.92	727.58	694.05	744.15	678.42	710.77	727.54
深度(m)	105.10	119.80	150.00	120.00	137.15	84.65	91.10	100.30
地下水埋深								
覆盖层厚度(m)	1.90	19.70	45.00	11.10	62.00	4.50	30.60	42.00
覆盖层下地层个数	2	2	2	2	2	2	2	2
埋深(m)	1.90	19.70	49.00	11.10	62.00	5.20	30.80	44.00
地层名称	粉砂岩底	粉砂岩底	粉砂岩底	粉砂岩底	粉砂岩底	粉砂岩底	粉砂岩底	粉砂岩底
	24.70	38.80	72.05	33.80	88.70	17.20	48.40	65.50
	砂岩底	砂岩底	砂岩底	砂岩底	砂岩底	砂岩底	砂岩底	砂岩底

13.7.1.4 剖面数据

将图 13-49 中已经绘制好的地质剖面进行简要整理,为地层建立提供依据。

13.7.2 建模过程

13.7.2.1 地表模型

将该料场 CAD 地形资料转换为点云并在 DSE 模块导入 CATIA,形成三维点云空间,如图 13-50(a)所示。

删除错误点云后,生成 mesh 面,经过仔细的错误面片删除、分析、修补等,形成完整的 mesh 面。至此该料场三维地表形成,如图 13-50(b)所示。

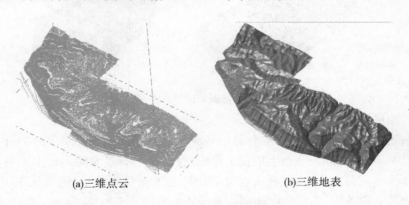

(a)三维点云　　　　　　　　　　　　(b)三维地表

图 13-50　料场地表模型

13.7.2.2 地质体

将料场边界线导入 CATIA，并将其拉伸成包络体，然后与地表 mesh 面进行布尔运算，即得出料场地质体，如图 13-51 所示。

图 13-51　料场圈定的地质体

13.7.2.3 地层分界面

对野外测绘资料、勘探资料、地质剖面等分层要素进行数据整理后，导入 CATIA 平台，如图 13-52 所示。依据导入的地质数据，就可以进行下一步的地层界面的生成了。

图 13-52　各类地质数据导入 CATIA 成果

13.7.2.4 地层

依据前述成果，在现有地质体上利用各类地质数据进行地层的空间模拟。首先由 DSS 模块中 Mesh Morphing 命令生成黄土界面、有用层上下界及无用层上下界，然后由这些地质界面生成土料地质块体、有用层地质块体及无用层地质块体，如图 13-53 所示，浅色上层代表黄土覆盖层，稍深色中间层代表无用的粉砂岩弃料层，黑色下层代表可用的砂岩块石料层，下部代表整个地质山体。

图 13-53　料场各料层三维地质模型

13.7.2.5　分析计算

（1）黄土覆盖层。

由于地表面起伏不平、沟壑纵横，黄土覆盖层体积计算采用二维方法均存在较大误差，而采用三维地质模型进行黄土覆盖层分离计算则是非常有效的方法，如图 13-60 所示。经体积测算，上层黄土覆盖层体积为 3006 万 m³。

（2）粉砂岩弃料层。

中间无用粉砂岩弃料层体积约为 610 万 m³。

（3）砂岩块石料层。

下层砂岩块石料层可用储量为 3169 万 m³。

第 14 章　混凝土面板坝参数化模板的建立及应用

混凝土面板堆石坝(简称混凝土面板坝)由于安全性、适应性及经济性良好而受到坝工界的重视,已成为一种富有竞争力的新坝型。在我国,混凝土面板坝已被广泛采用,如水布垭、江坪河、天生桥等水利枢纽均采用混凝土面板坝。在重力坝工程的建设过程中,工程设计是最重要的环节之一,设计方案的优劣、设计水平的高低以及设计周期的长短都直接影响着工程建设的质量和投资。从三维设计角度来看,根据下游公路形式的不同,常见的有坝后公路为水平形式的混凝土面板坝和坝后公路为"之"字形的混凝土面板坝,如图 14-1 所示。

图 14-1　坝后公路形式不同的两种混凝土面板坝

14.1　面板坝三维建模

经反复实践,面板坝三维建模流程为:首先创建未分区的坝体;其次根据地质情况和坝体进行基础开挖设计;再次根据建基面修剪坝体,以使坝体适应地形地质的变化;最后进行坝体分区和其他后续工作。一般在绘制混凝土面板坝典型剖面的同时,预留坝体分区轮廓,在需要坝体分区的时候,能快速根据设计要求完成分区,进而开展后续操作。这样可以大大减少建模步骤,提高了建模效率。

本节以坝后公路为水平形式的混凝土面板坝为参数化建模对象,详细介绍了选择工作平台、建立参数、选择轴系(选定坝轴线)、典型断面绘制(包括坝体分区草图绘制)、三维坝体模型的初步建立、与地质地形结合的开挖以及坝体分区等步骤。

14.1.1　选择工作平台

选择【开始】→【形状】→【创成式外形设计】命令,进入创成式外形设计工作界面,如图 14-2 所示。

图 14-2　系统菜单

14.1.2　建立参数

CATIA 软件提供了包括长度、实数、面积、体积等 40 余种参数,而且还提供了相应的运算符,可以应用公式约束参数,以满足用户的要求。本节只介绍参数的创建过程,对于参数的应用将在后续内容中作详细介绍。建立参数的过程如下:

点击 f_{∞} 图标,弹出公式对话框,如图 14-3 所示。

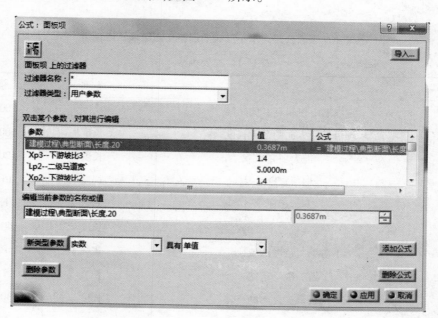

图 14-3　公式对话框

根据范例中列出参数的名称、类型和数值,创建混凝土面板坝三维模型所需的参数。参数创建完成以后,结构树中将显示用户所创建的参数,如图 14-4 所示。

下面以某工程为例,绘制如图 14-5 所示的坝后公路为水平形式的混凝土面板坝三维模型,主要参数如表 14-1 所示。

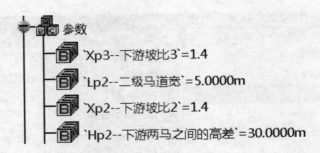

图 14-4　结构树上的参数

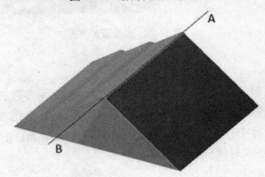

图 14-5　坝后公路为水平形式的混凝土面板坝三维模型

表 14-1　主要参数

代号	名称	类型	值
Lb	左坝端距控制点 B 的距离	长度	500 m
Ll	坝沿轴线方向的最大长度	长度	600 m
H	最大坝高	长度	120 m
Ld	坝顶宽度	长度	15 m
Sp	上游坡比	实数	1.4
Hp1	下游一级马道与坝顶的高差	长度	40 m
Xp1	下游第一道坡的坡比	实数	1.4
Lp1	下游一级马道宽	长度	5 m
Hp2	下游两级马道之间的高差	长度	30 m
Xp2	下游第二道坡的坡比	实数	1.4
Lp2	下游二级马道宽	长度	5 m
Xp3	下游第三道坡的坡比	实数	1.4
FLH	防浪墙高	长度	4 m
FLK	防浪墙宽	长度	0.5 m
FLDK	防浪墙底宽	长度	3 m

代号	名称	类型	值
FLXD	防浪墙上游检测小道宽	长度	0.7 m
GDCK	过渡层水平宽度	长度	4 m
DCKD	垫层区水平宽度	长度	4 m
DSFQPB	堆石区分界坡比	实数	0.5
DSFQH	堆石区折点距坝顶高程的距离	长度	15 m
DSFQL	堆石区折点距坝顶的距离	长度	5 m
K	混凝土面板的厚度系数	实数	0.0035 m

当然,混凝土面板坝的参数还有很多,设计者可以根据设计要求和习惯对参数删减或重命名。这里列出来的参数及其名称只为了建模方便,仅供参考。

14.1.3 选择轴系

坝轴线的选择应根据坝址地区的地形、地质特点,有利于趾板和枢纽布置,并结合施工条件等,经技术经济综合比较后确定。在三维设计中依照坝轴线建立轴系,方便了设计方案的变更,所建模型的位置能随轴系的更改而改变。轴系建立的方法如下。

第 1 步:单击【线框】工具栏中的【直线】按钮／,弹出直线定义对话框,如图 14-6 所示。设置参数如下所示。

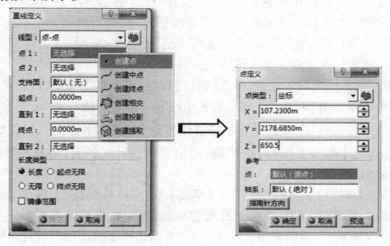

图 14-6 轴线的创建

➤【线型】:在右侧下拉菜单中选择"点-点"。

➤【点 1】:在右侧文本框中单击右键选择【创建点】,弹出点定义对话框,根据需要输入坐标创建左岸控制点,重命名为"B"。

➤【点 2】:操作同上,创建右岸控制点,重命名为"A"。

其他参数接受系统的默认设置,单击【确定】按钮,创建所需线段,重命名为"坝轴线"。

第2步:单击【线框】工具栏中的【平面】按钮 <img>,弹出平面定义对话框,如图14-7所示,设置参数如下所示。

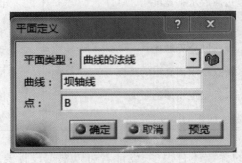

图14-7 创建基础平面

➤【平面类型】:在右侧下拉菜单中选择"曲线的法线"。

➤【曲线】:在结构树上选择"坝轴线"。

➤【点】:在结构树上选择"B"。

单击【确定】按钮,完成平面创建,重命名为"基础平面"。

第3步:单击【草图编辑器】工具栏中的【定位草图】按钮 <img>,弹出草图定位对话框,设置参数如下:

➤【草图定位－类型】:在右侧下拉菜单中选择"已定位"。

➤【草图定位－参考】:在结构树上选择"基础平面"。

➤【原点－类型】:在右侧下拉菜单中选择"投影点"。

➤【原点－参考】:在结构树上选择"B"。

其他参数接受系统的默认设置,单击【确定】按钮,进入草图界面,过原点(通过定位草图设置,此处的原点为"B"点)处画一条水平线和一条竖直线。单击【输出特征】按钮<img>,将这两条直线作为特征输出,并将水平直线重命名为"水平方向",竖直线重命名为"竖直方向"。单击【退出工作台】按钮<img>,退出草图设计工作台,将草图重命名为"方向",完成轴系的建立,如图14-8所示。

说明:【草图编辑器】工具栏中包含了【草图】和【定位草图】两个按钮。两个按钮都是用于草图绘制,两者最大的区别在于:【定位草图】可以根据绘图需要自定义草图中原点的位置和H、V方向,一方面方便了绘图,另一方面加强了模型的适应性。例如上述用定位草图创建的轴系,定义"B"点为原点,无论后来"B"点坐标如何变化,草图中绘制的水平直线和竖直直线与"B"点的相对位置关系均始终不变,而与系统默认原点无关。在实际建模中,一般控制的是模型与模型间的位置关系,推荐草图设计时用【定位草图】。

14.1.4 坝体典型断面的绘制和参数的应用

混凝土面板坝沿坝轴线方向具有相似的断面,以河床最低处的坝体断面为典型断面

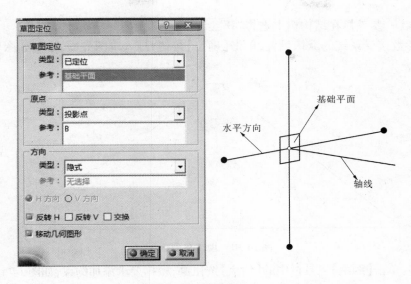

图 14-8　轴系的建立

作为建模基础。坝体典型断面的创建步骤如下。

第 1 步：创建坝体典型断面所在的平面。单击【线框】工具栏中的【平面】按钮 ◿，弹出平面定义对话框，如图 14-9 所示，设置参数如下所示。

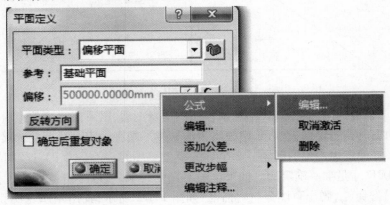

图 14-9　典型断面所在平面

➢【平面类型】：在右侧下拉菜单中选择"偏移平面"。

➢【偏移】：在文本框中右击，选择【公式】→【编辑】，弹出公式编辑器对话框，在结构树上选择参数"Lb--左坝端距控制点 B 的距离"，使参数"Lb"与偏移距离建立关联。

其他参数接受系统的默认设置，单击【确定】按钮，建立平面并重命名为"典型断面"。

第 2 步：单击【草图编辑器】工具栏中的【定位草图】按钮 ◿，弹出草图定位对话框，参数设置同下所示。

➢【草图定位 – 类型】：在右侧下拉菜单中选择"已定位"。

➢【草图定位 – 参考】：在结构树上选择"典型断面"。

➢【原点 – 类型】：在右侧下拉菜单中选择"投影点"。

➤【原点－参考】:在结构树上选择"B"。

其他参数接受系统的默认设置,单击【确定】按钮,进入草图界面,绘制如图14-10所示的图形。

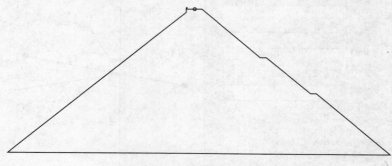

图 14-10　坝体典型断面

第3步:单击【约束】工具栏中的【约束】按钮🔲,根据要求添加约束,如图 14-11 所示。

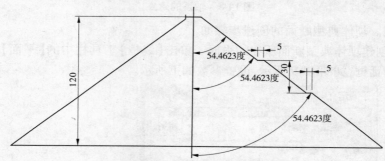

图 14-11　给草图添加约束

说明:三维设计中约束非常重要,从模型的质量上看,既不能过度约束,也不能缺少约束。过度约束时草图轮廓成红色,建模将无法继续。缺少约束时草图轮廓尺寸将不确定,给建模带来各种意想不到的问题。一个好的模型草图是完全约束的,这时草图轮廓成绿色,草图轮廓尺寸是唯一确定的。如果草图不完全约束,可以单击【2D 分析】工具栏中的【草图分析】按钮🖼,弹出草图分析对话框,如图 14-12 所示,找出草图轮廓哪里是不完全约束,哪里是过度约束,根据提示进行修改。

第4步:参数是通过约束与模型建立关联的,双击草图中任意一个约束,弹出约束定义对话框,在【值】右侧文本框中右击,选择【公式】→【编辑】,弹出公式编辑器对话框,在结构树上选择对应参数,然后退出。此时约束后边出现fᵤ标志,表明参数与模型间已成功建立关联,如图 14-13 所示。

14.1.5　坝体分区草图的绘制

坝体分区草图的绘制和典型断面草图的绘制方法类同,这里不再赘述。值得说明的是草图设计界面中的【投影 3D 元素】命令🖳,此命令可以快捷地获取草图以外的边线,使草图绘制更加准确便捷。另外,可以用草图设计界面中的【轮廓特征】命令🖳,将分区的边界一一输出,而不用重复创建草图,从而大大减少建模步骤,提高建模效率。绘制的坝

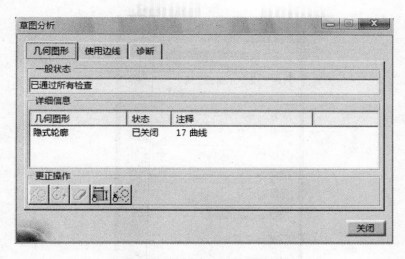

图 14-12 草图分析对话框

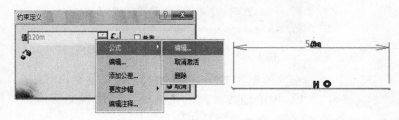

图 14-13 参数与模型关联的建立

体分区草图如图 14-14 所示。

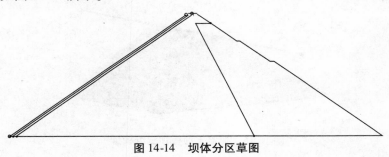

图 14-14 坝体分区草图

14.1.6 模型的初步建立

二维草图是三维设计的基础,混凝土面板坝的典型断面创建完成后,接下来的工作就是从二维草图到三维模型的转换。步骤如下:

单击【包络体】工具栏中的【包络体拉伸】按钮,弹出拉伸包络体定义对话框,如图 14-15 所示,设置参数如下所示。

➢【轮廓】:在结构树上选择"典型断面"。

➢【方向】:在结构树上选择"坝轴线"。

➢【限制 1 – 类型】:在右侧下拉菜单中选择"尺寸"。

图 14-15　拉伸包络体定义

➤【限制 1 - 尺寸】：在右侧文本框中右击，选择【公式】→【编辑】，弹出公式编辑器对话框，在结构树上选择参数"Ll--坝沿轴线方向的最大长度"，使模型与该参数建立关联，此后若想更改大坝模型的长度，改变此参数数值即可。

其他参数接受系统的默认设置，单击【确定】按钮，完成大坝三维模型的建立，重命名为"坝体"，如图 14-16 所示。

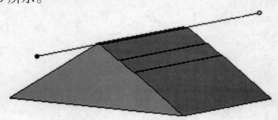

图 14-16　混凝土面板坝三维模型

14.1.7　建基面的三维模拟

对地质的分析是混凝土面板坝三维设计的基础。坝基开挖量的多少和坝基的开挖形式是混凝土面板坝三维设计的一项重要内容。

在三维设计中模拟混凝土面板坝坝基开挖的思路是：根据地质情况和设计精度要求沿坝轴线方向作若干个垂直于坝轴线的开挖典型断面，并按照一定原则将这些开挖典型断面衔接成一个完整的建基面，用建基面修剪前面所建立的混凝土面板坝三维模型，使其适应相应的地质地形条件，进而与三维地形地质结合模拟坝基开挖。

建基面的三维模拟步骤如下。

第1步：开挖典型断面所在平面的确定。步骤与创建坝体典型断面所在的平面方法相同。

第2步：开挖典型断面的绘制。单击【定位草图】按钮，【类型】选择"已定位"，【参考】选择"开挖典型断面所在平面"，【原点类型】选择"投影点"，【定位点】选择"B"点。进入草图界面以后，根据开挖深度和开挖坡度绘制开挖典型断面，如图14-17所示。

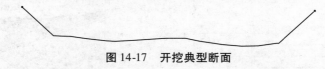

图14-17　开挖典型断面

第3步：根据设计精度和地质地形条件，绘制若干类似开挖典型断面，方法步骤参见第1步和第2步，如图14-18所示。

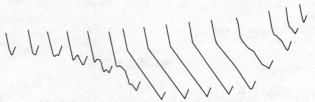

图14-18　若干个开挖典型断面的组合

第4步：单击【曲面】工具栏中的【多截面曲面】按钮，弹出多截面曲面定义对话框，按顺序选择这些开挖典型断面，其他参数接受系统的默认设置，单击【确定】按钮，将这些开挖典型断面衔接成一个完整的建基面，并将此曲面命名为"建基面"，如图14-19所示。

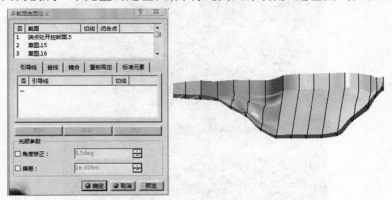

图14-19　建基面的三维模拟

14.1.8　坝体模型的完善

运用三维建基面对坝体模型进行完善，步骤如下：

单击【操作】工具栏中的【修剪】按钮，弹出修剪定义对话框，如图14-20所示，设置参数如下。

➤【修剪元素】：在结构树上选择"建基面"和"坝体"。

➤【另一侧/下一元素】/【另一侧/上一元素】：根据要求调节到预想的效果。

其他参数接受系统的默认设置,单击【确定】按钮,完成坝体模型的完善,如图14-20 所示。

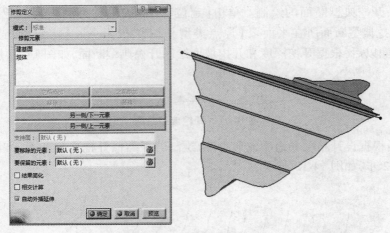

图 14-20　坝体模型的完善

14.1.9　三维基础开挖的模拟

三维基础开挖的模拟,步骤与坝体模型的完善类似,不再另作说明,如图14-21 所示。

图 14-21　三维基础开挖的模拟

14.1.10　三维坝体分区

用坝体分区草图对完善后坝体的三维模型进行分区,步骤参照坝体开挖的三维模拟,如图 11-22 所示。

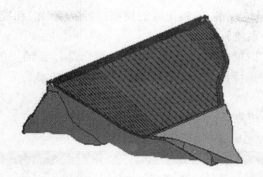

图 14-22　三维坝体分区

14.1.11　混凝土面板坝工程的三维效果

混凝土面板坝工程三维设计的最终效果如图 14-23 所示。

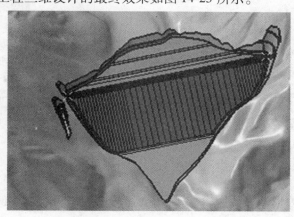

图 14-23　混凝土面板坝工程的三维效果

14.2　文档模板在混凝土面板坝中的应用

为了使创建的模型能在类似工程中得到重复利用,可以将创建的混凝土面板坝三维模型创建为一个文档模板,以便在下一个类似工程中再次应用。

14.2.1　文档模板的建立

混凝土面板坝三维模型文档模板的创建方法如下:单击【插入】→【知识工程模板】→【文档模板】,弹出定义文档模板对话框,如图 14-24 所示。参数设置如下。

➤【文档】:保持系统默认。

➤【输入】:选择"即使未填充所有输入,也接受实例化",然后在左侧结构树上选择控制点"A"和控制点"B"。

说明:选择"即使未填充所有输入,也接受实例化"后,无论输入条件是否完整,都不影响模型的实例化。在左侧结构树上选择控制点"A"和控制点"B"后,控制点"A"和控制点"B"成为模型的定位元素,实例化后的模型以控制点"A"和控制点"B"定位。

➤【元输入】:保持系统默认。

➤【已发布的参数】:单击【编辑列表】按钮,弹出选择要插入的参数对话框,在【过滤器类型】右侧下拉框中选择【用户参数】,然后将要发布的参数发布。其他选择保持系统默认。

➤【属性】:保持系统默认。

单击【确定】按钮,完成文档模板的创建。

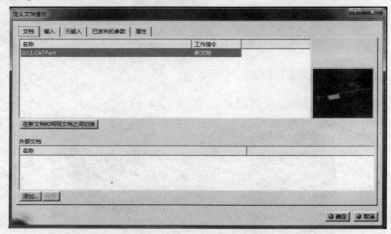

图 14-24　定义文档模板

14.2.2　文档模板的调用

如果遇到体形类似的面板坝工程,运用上述的文档模板通过实例化可快速完成模型的重建。步骤如下。

第 1 步:创建一个产品,在产品下添加一个零件。在此零件上根据设计需要创建控制定位点"A"和"B"。

说明:产品的创建参见基础篇。

第 2 步:单击【开始】→【知识工程模块】→【Product Knowledge Template】,进入产品知识模板模块,单击【从文档实例化】按钮，选择创建的文档模板,弹出插入对象对话框,如图 14-25 所示。

➤【输入】:在上述产品零件中根据设计要求选择控制点"A"和"B",对实例化模型进行定位。

➤【参数】:单击【参数】,弹出参数对话框,根据本次设计实际需要对参数进行修改,见图 14-25。

其他参数接受系统的默认设置,单击【确定】按钮,即可完成模型的实例化。然后参照前面的步骤,完成开挖和分区模拟,最终完成混凝土面板坝的三维设计。

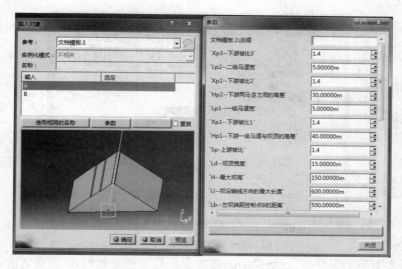

图 14-25　文档模板实例化

14.3　知识工程在混凝土面板坝中的应用

　　随着技术的发展,设计过程自动化呈现出加速发展的趋势,而设计过程现已被认为是提高整个生产率的瓶颈问题,知识工程以其智能化的设计方案越来越得到人们的重视。

　　混凝土面板坝三维设计通过规则和检查将设计人员的经验和规范规定嵌入到三维模型中,用以规范和约束设计,使设计更为合理。此处举例说明规则和检查的应用。

　　《混凝土面板堆石坝设计规范》(SL 228—98)规定:坝顶宽度应由运行、布置坝顶设施和施工的要求确定,宜按照坝高采用 5~8 m,100 m 以上高坝宜适当加宽。如坝顶有交通要求,坝顶宽度还应遵照有关规定选用。

　　参照上述规范,假定坝顶宽度不能小于 5 m。以此为例建立规则,约束混凝土面板坝三维模型的坝顶宽度不小于 5 m(此例仅说明规则的应用,坝顶宽度应根据实际设计情况而定)。规则建立的步骤如下:

　　第 1 步:创建两个长度类型的参数,分别重命名为"坝顶宽度过渡"和"坝顶宽度",并将参数"坝顶宽度过渡"与模型中的坝顶宽度约束建立关联。

　　第 2 步:单击【开始】→【知识工程模块】→【Knowledge Advisor】,进入知识顾问模块。单击【规则】按钮■,弹出规则编辑器对话框,如图 14-26 所示。设置如下。

　　在文本框中输入如下语句:

　　if　`Ld--坝顶宽度`< = 5m

　　　　`坝顶宽度过渡`= 5m

　　if　`Ld--坝顶宽度`> 5m

　　　　`坝顶宽度过渡`= `Ld--坝顶宽度`

其他参数接受系统的默认设置,单击【确定】按钮,完成规则创建。

此时更改参数"Ld--坝顶宽度"的值来驱动三维模型的坝顶宽度。当参数"Ld--坝顶

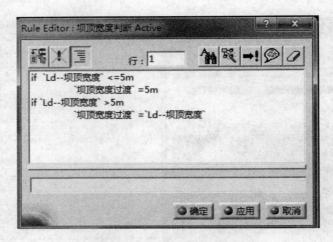

图 14-26　规则编辑器对话框

宽度"的值大于等于 5 m 时,三维模型的坝顶宽度就等于参数"Ld--坝顶宽度"的值;当参数"Ld--坝顶宽度"的值小于 5 m 时,建立的规则就强制三维模型的坝顶宽度等于 5 m。

用户可以根据需要建立各种各样的规则,创建高质量的模型。

检查与规则类似,区别在于规则对模型创建起强制作用,检查对模型创建起提醒作用。

《混凝土面板堆石坝设计规范》(SL 228—98)规定:当筑坝材料为硬岩堆石料时,上、下游坡比可采用 1:1.3~1:1.4,软岩堆石体的坝坡宜适当放缓;当用质量良好的天然砂砾石料筑坝时,上、下游坝坡可采用 1:1.5~1:1.6。

参照上述规范,以上游坝坡为例创建检查,步骤如下。

第 1 步:创建一个实数类型参数,重命名为"Sp--上游坡比",通过公式 atan(`Sp--上游坡比`),使参数的值与上游坝坡的角度建立关联。

第 2 步:单击【开始】→【知识工程模块】→【Knowledge Advisor】,进入知识顾问模块单击【检查】按钮 ，弹出检查编辑器对话框,如图 14-27 所示。设置如下。

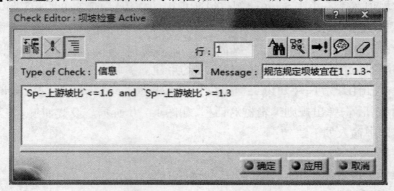

图 14-27　检查编辑器对话框

➤【Type of Check】:在下拉框中选择"信息"。

➤【Message】:在文本框中填写"规范规定坝坡宜在 1:1.3~1:1.6 之间,输入参数不在此范围,请注意!"。

下面文本框中输入如下语句:

`Sp--上游坡比`< =1.6   and   `Sp--上游坡比`> =1.3

其他参数接受系统的默认设置,单击【确定】按钮,完成检查创建。

此时更改参数"Sp--上游坡比"的值来驱动模型的上游坝坡。当参数"Sp--上游坡比"的取值大于 1.6 或者小于 1.3 时,弹出如图 14-28 所示对话框。单击【确定】按钮,模型上游坝坡的值恒等于参数"Sp--上游坡比"的值,而不局限于 1.3 ~ 1.6 之间。

图 14-28　坝坡检查对话框

第 15 章　水工隧洞参数化模板建立及应用

　　水工隧洞是水利工程中一个重要的组成部分。隧洞线路必须与水利枢纽的建设任务相适应,并须根据地形、工程地质和水文地质、水文等条件选定。

　　按水工隧洞的作用,常分为泄洪隧洞、引水隧洞、导流隧洞、排沙隧洞等,也可以把各种用途适当地结合起来,做到一洞多用。

　　根据受压状态的不同,可分为有压隧洞和无压隧洞。前者水流充满全洞,且受到一定的内水压力;后者水流不充满全洞,在水面上保持着与大气接触的自由水面。

　　水工隧洞主要由进水口、洞身段和出口段组成。发电用的引水隧洞在洞身后接压力水管,渠道上的输水隧洞和通航隧洞只有洞身段。闸门可设在进口、出口或洞内的适宜位置。出口设有消能防冲设施。为防止岩石坍塌和渗水等,洞身段常用锚喷(采用锚杆和喷射混凝土)或钢筋混凝土做成临时支护或永久性衬砌。洞身断面可分为圆形、城门洞形或马蹄形,有压隧洞多用圆形。进出口布置、洞线选择以及洞身断面的形状和尺寸,受地形、地质、地应力、枢纽布置、运用要求和施工条件等因素所制约,需要通过技术经济比较后确定。

15.1　设计流程

15.1.1　水工隧洞骨架定位

　　我们知道水工隧洞主要由进水口、洞身段和出口段组成,不同的建筑物建模的总体思路是相似的,在前面的章节中我们了解了骨架定位的思想,现以引水发电系统为例,建立隧洞进口前缘线、隧洞中心轴线等骨架元素,并将骨架元素定位在实际地形上,见图15-1,设计流程见图15-2。

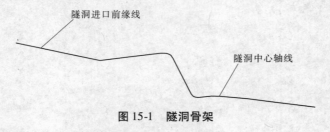

隧洞进口前缘线

隧洞中心轴线

图 15-1　隧洞骨架

15.1.2　参数化模板及模板库建立

　　根据工程需要,分别建立相应的建筑物模板,如塔架、进出口渐变段、洞身段等,建模步骤如下:

　　(1)将相应建筑物的草图定位在子骨架上,并提取主要参数作为主控参数,利用公

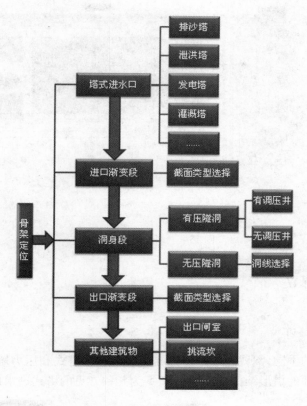

图 15-2　设计流程

式、关系等特征将参数赋予相应部位草图进行全约束。

（2）利用凸台、拉伸、扫掠、肋等命令将草图生成实体特征。

（3）选择插入→用户特征，新建 UDF（use defined feature），输入模板特征，输出插入模板文件需要的信息，如图 15-3 所示。

图 15-3　用户特征的创建

（4）建立工程模板库，将所有模板创建的用户特征保存在目录浏览器中，如图 15-4所示。

图 15-4　创建模板库

15.2　模板建立

15.2.1　进水口设计

根据结构特点的不同,深式进水口分为隧洞式、坝式、塔式和压力墙式四类。塔式进水口具有高出基础面的塔形结构特征。图 15-5 为几种常见的塔式进水口。

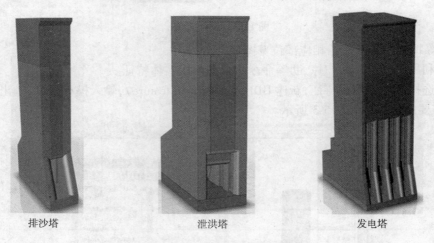

排沙塔　　　　　　　　　　泄洪塔　　　　　　　　　　发电塔

图 15-5　几种常见的塔式进水口

下面以排沙塔为例,说明塔架的建模过程。

设计范例:如图 15-6 所示为排沙塔,其他塔架建模方法基本上类似,建模按底板、闸墩、胸墙、检修室构建。以闸墩、胸墙的建模为例介绍建模过程。

●闸墩

(1)进入零件设计模块,单击 图标,选择以 xy 平面为参考平面的偏移平面,绘制矩形轮廓。单击对话框中定义的工具条 图标,选择边线与底板边线相合。

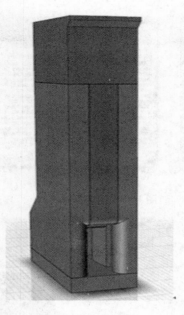

图 15-6　排沙塔

（2）单击 f_{∞} 图标，建立长度类型参数，输入相应值。

（3）选择"插入"→"几何体"，单击 图标，建立公式定义闸墩高，如图 15-7 所示。

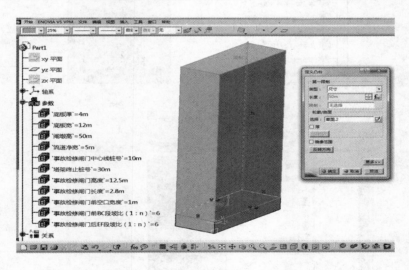

图 15-7　拉伸实体

（4）选择以 xy 平面为参考平面的偏移平面，绘制流道草图轮廓，单击对话框中定义的工具条 图标，编辑公式将尺寸与参数关联，如图 15-8 所示。

（5）选择以 yz 平面为参考平面的偏移平面，绘制流道顶曲线草图，选择对话框中定义的工具条 图标，编辑公式将尺寸与参数关联，如图 15-9 所示。

（6）进入创成式外形设计模块，选择 图标，拉伸流道顶曲线，如图 15-10 所示。

图 15-8　流道草图轮廓

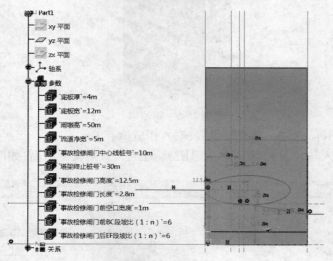

图 15-9　流道顶曲线草图

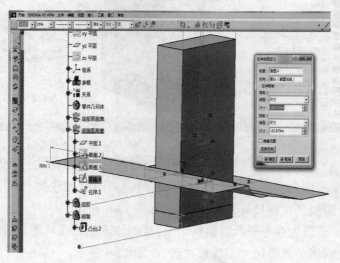

图 15-10　拉伸流道顶曲线

（7）进入零件设计模块，选择 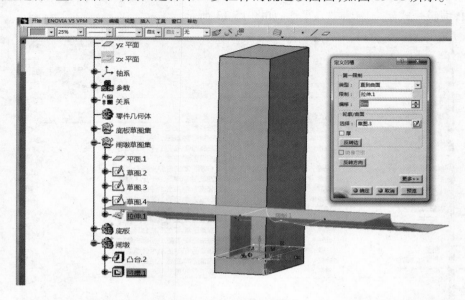 图标，对第 4 步中的流道草图轮廓进行掏槽，"第一限制"类型选择"直到曲面"，曲面选择第 6 步拉伸的流道顶曲面，如图 15-11 所示。

图 15-11　流道部分

（8）利用参数、草图、实体特征等方法将闸墩进一步建模，如图 15-12 所示。

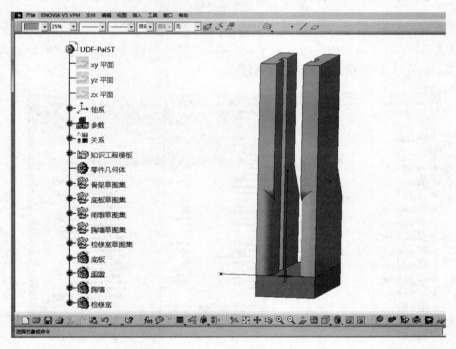

图 15-12　闸墩部分

● 胸墙

（1）进入零件设计模块,选择【插入】→【几何图形集】,单击 ▱ 图标,选择 yz 平面为参考平面,编辑公式建立胸墙中心平面,如图 15-13 所示。

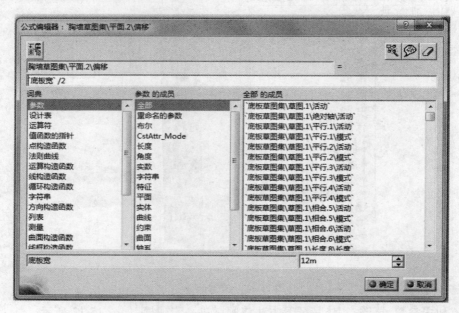

图 15-13　建立胸墙中心平面

（2）单击 f(x) 图标,新建参数,分别定义胸墙的相关参数。

（3）选择第（1）步新建的胸墙中心平面,进入草图绘制模式,对胸墙草图轮廓进行参数化约束,如图 15-14所示,退出草图绘制模式。

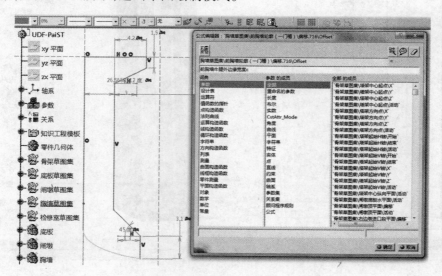

图 15-14　建立胸墙草图轮廓

（4）选择【插入】→【几何体】，单击 🗾 图标，"轮廓/曲面"选择第 3 步创建的胸墙草图轮廓，"类型"选择"长度"，编辑公式定义胸墙拉伸尺寸，如图 15-15、图 15-16 所示。

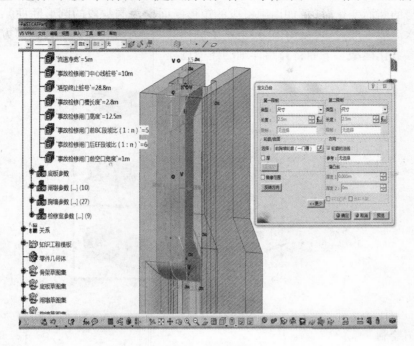

图 15-15　前胸墙部分

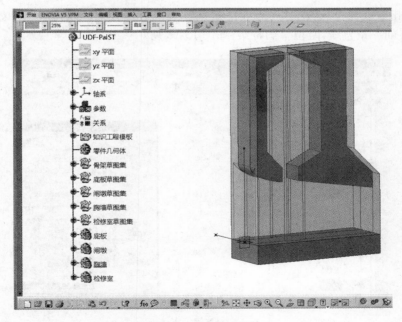

图 15-16　后胸墙部分

15.2.2 进出口渐变段设计

当洞身的断面变化时(例如由闸室段的矩形断面变为洞身段的圆形断面),应该设置渐变段使水流能平顺过渡,见图 15-17。本节利用参数、规则等知识工程建模方法建立渐变段三维参数化模型。下面将介绍详细的建模过程。

图 15-17　渐变段

- 草图绘制

(1)进入创成式外形设计模块,任意取两个坐标点,定义一条直线通过两点。

(2)单击直线命令,选择"点 - 方向"定义一直线通过其中一点,方向可取"Z 部件",定义通过点的一条直线,定位草图骨架,如图 15-18 所示。

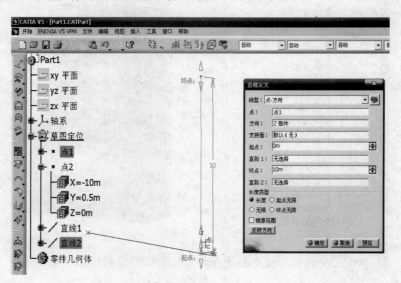

图 15-18　定位草图骨架

（3）单击 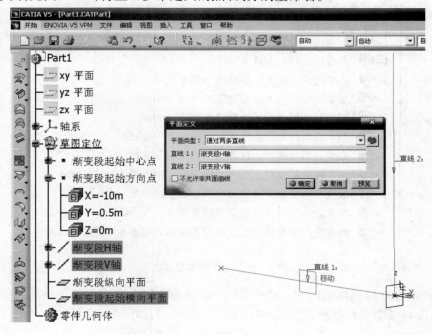 图标,通过曲线的法线、点定义一法向平面,通过两条直线定位渐变段起始横向平面,见图 15-19,将上一步中定义的点、线分别重命名。

图 15-19　定位起始横向平面

（4）新建几何图形集,单击定位草图 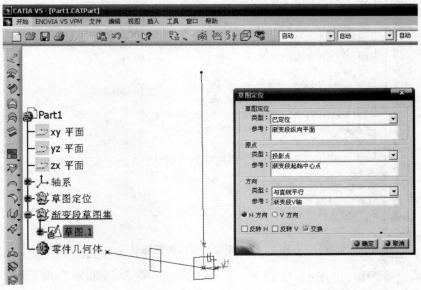 图标,按图 15-20 设置,定位渐变段中心线草图。

图 15-20　定位渐变段中心线草图

（5）单击 $f_{(x)}$ 图标，新建参数，分别定义渐变段的相关参数，如图 15-21 所示。

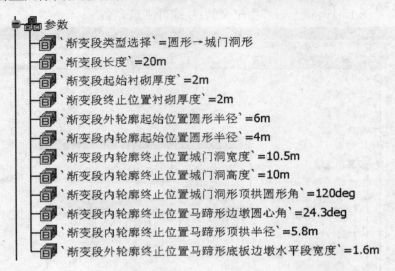

图 15-21　建立渐变段参数

（6）绘制渐变段轴线草图，并与渐变段 H 轴、V 轴相合（也可为其他轴线），编辑公式将轴线长度与渐变段长度参数关联，退出草图绘制模式，如图 15-22 所示。

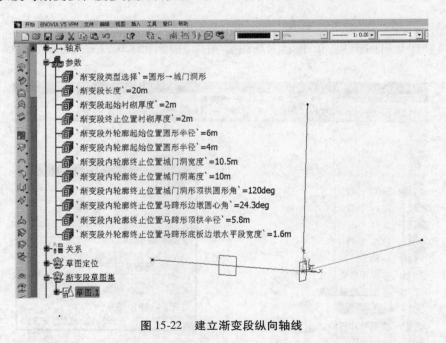

图 15-22　建立渐变段纵向轴线

（7）单击 图标，按图 15-23 设置，进入草图绘制模式，绘制圆形内轮廓，单击 图标，输出 4 个交点，如图 15-24 所示。同样建立圆形外轮廓，得到渐变段起始位置圆形轮廓，如图 15-25 所示。

图 15-23　圆形内轮廓草图定位

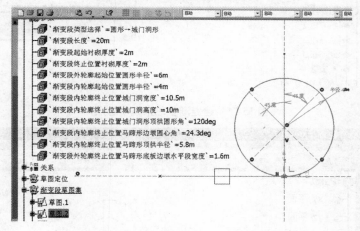

图 15-24　圆形内轮廓草图

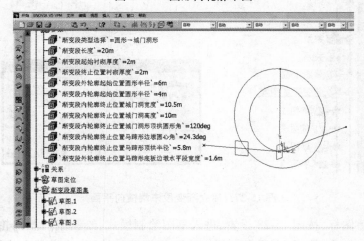

图 15-25　渐变段起始位置圆形轮廓

(8)单击 图标,选择偏移平面,编辑公式将偏移距离与渐变段长度参数关联,单击 图标,建立渐变段末端中心点,如图15-26所示。单击 图标,建立渐变段末端V轴,再建立渐变段末端横向平面,如图15-27所示。

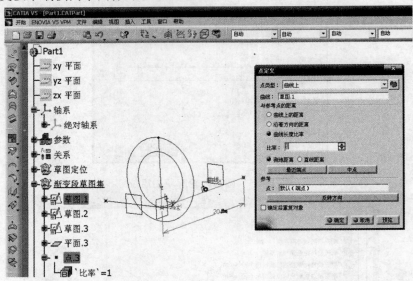

图 15-26 建立渐变段末端中心点

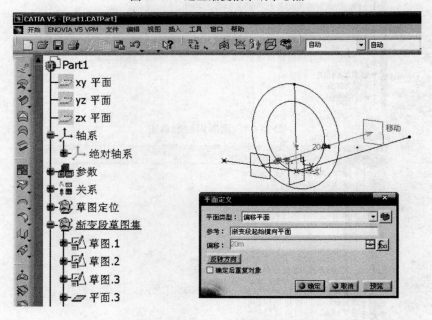

图 15-27 建立渐变段末端横向平面

(9)单击 图标,按图15-28设置,进入草图绘制模式,绘制城门洞内轮廓,再单击 图标,输出4个点,如图15-29所示。同样建立城门洞外轮廓,这样就完成了草图绘制环节,如图15-30所示。

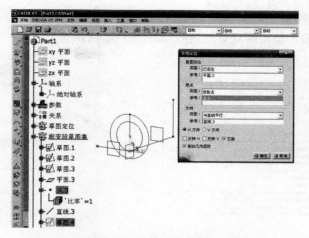

图 15-28　渐变段末端草图定位

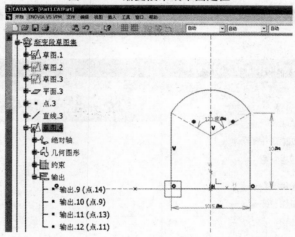

图 15-29　城门洞内轮廓草图

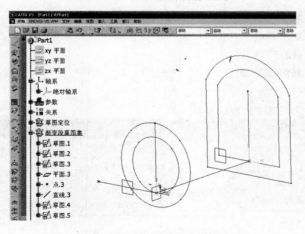

图 15-30　渐变段轮廓草图

- 规则及实体特征

（1）将上面步骤中输出的点对应连线，如图 15-31 所示。

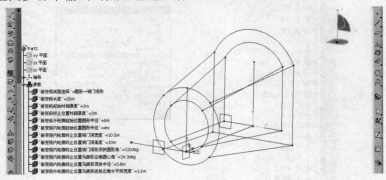

图 15-31　输出点连线

（2）选择【开始】→【知识工程模块】→【Knowledge Advisor】，进入知识顾问模块，如图 15-32 所示。

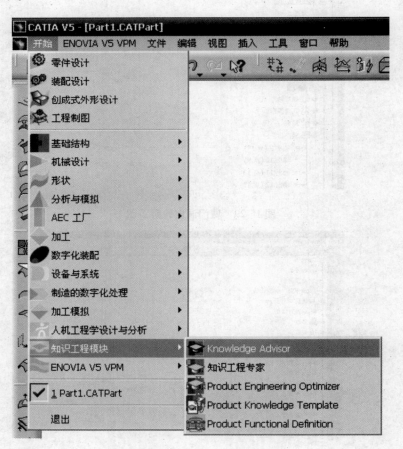

图 15-32　进入知识顾问模块

（3）单击 $f_{(x)}$ 图标，新建 4 条曲线、8 个点，单击 图标，进行知识工程规则的编辑，如图 15-33 所示。

图 15-33　知识工程规则编辑

（4）按上一步中的方法，编辑渐变段类型对应的圆形变马蹄形、方形等其他类型的变化。注意：在编辑过程中，曲线、点应一一对应。

（5）选择开始→机械设计→零件设计，进入零件设计模块，新建几何体并定义工作对象，单击 图标，按图 15-34 设置。

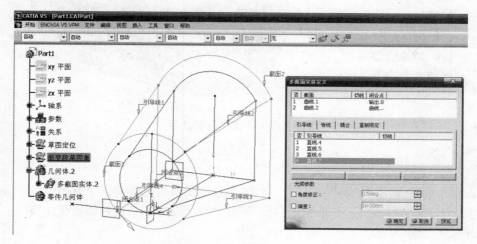

图 15-34　渐变段多截面实体

（6）单击 图标，对内部进行移除，按图 15-35 设置，这样就建立了渐变段模板，如图 15-36 所示。

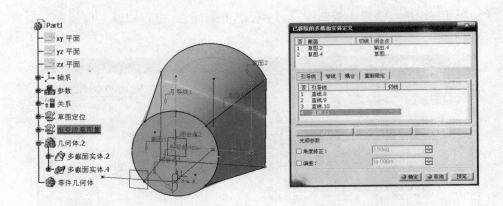

图 15-35 移除渐变段多截面实体

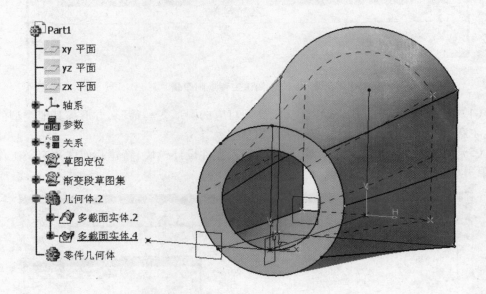

图 15-36 渐变段模板

15.2.3 洞身段设计

通过前面的介绍,分别建立了进水口、进出口渐变段的三维参数化模型。洞身段截面有圆形、城门洞形、马蹄形等,见图 15-37。下面将介绍圆形洞身段的参数化建模。

● 草图绘制

(1)进入零件设计模块,按本章前面介绍的草图绘制方式建立基于点、线的骨架元素,如图 15-38 所示。

(2)选择起始纵向平面,进入草图绘制模式,绘制洞身中心轴线,新建隧洞相关参数,编辑公式将参数与草图关联,如图 15-39 所示。

(3)选择起始横向平面,分别绘制洞身段圆形内、外轮廓,如图 15-40 所示。

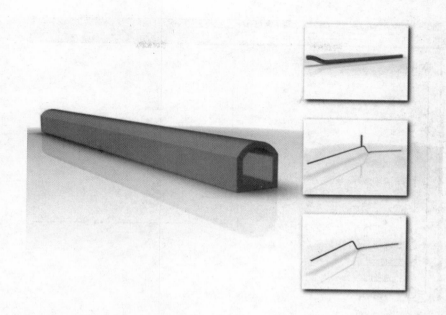

图 15-37　洞身段

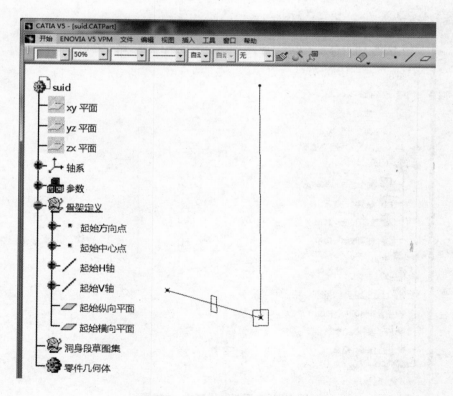

图 15-38　洞身段骨架元素

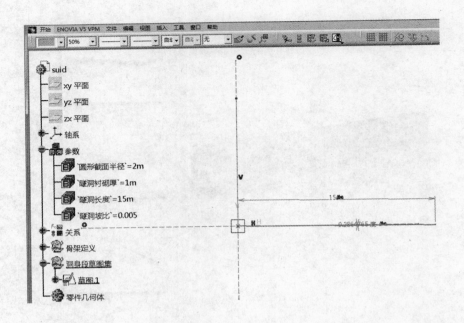

图 15-39　洞身段中心轴线

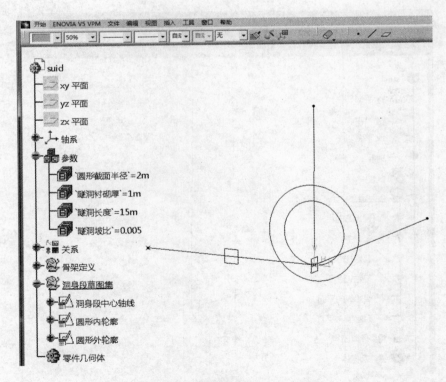

图 15-40　洞身段圆形内、外轮廓

•创建实体特征

（1）新建零件几何体，选择 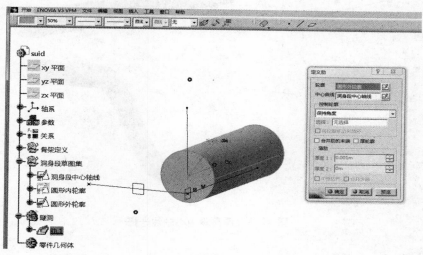 图标，对洞身段圆形外轮廓进行实体拉伸，如图 15-41 所示。

图 15-41　洞身段圆形外轮廓实体拉伸

（2）选择 图标，对洞身段圆形内轮廓进行实体开槽，如图 15-42 所示。

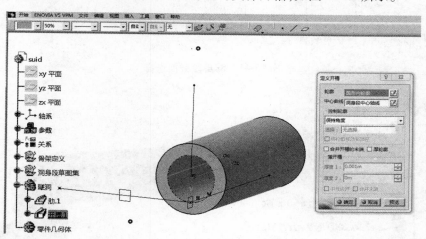

图 15-42　洞身段圆形内轮廓实体开槽

按上述步骤建立了简单的圆形洞身段的三维模型，读者还可以按本章前面的方法，对洞身段中心轴线、洞身段截面类型等应用知识工程的规则限制，对体形进行进一步的设计，使得洞身段更加具有通用性，见图 15-43 ～ 图 15-45。

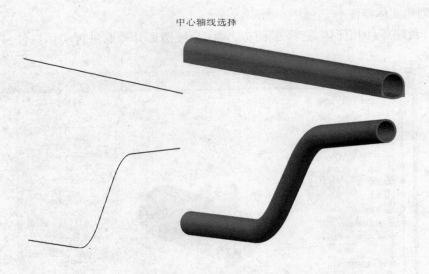

中心轴线选择

图 15-43　洞身段中心轴线选择

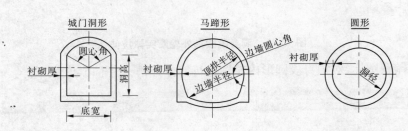

图 15-44　洞身段截面选择

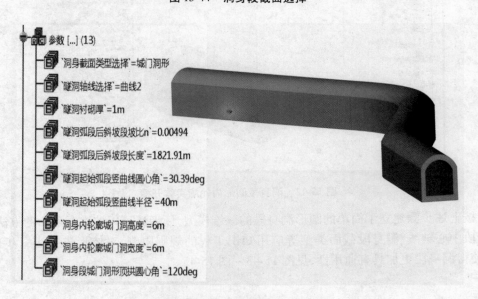

图 15-45　参数化定义隧洞

15.3　模板调用

当我们建立了进水口、进出口渐变段以及洞身段的三维参数化模型后,如何把这些水工隧洞的建筑物应用到实际工程中呢? 本节内容将以调用进出口渐变段及洞身段模板为例,对这方面的知识进行介绍。

水工隧洞装配见图 15-46。水工隧洞模板库见图 15-47。

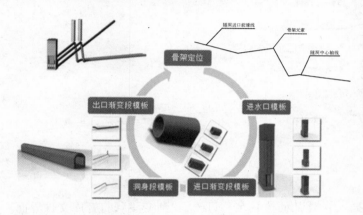

图 15-46　水工隧洞装配

图 15-47　水工隧洞模板库

(1)单击【文件】→【新建】或按 Ctrl + N 组合键,新建 Part 文件。选择【插入】→【几何图形集】,名称可改为"工程输入信息"。

(2)点击图标 ，建立起始中心点和方向点,点击图标 ，建立起始 H 轴、V 轴,点击图标 ，建立起始横向平面,如图 15-48 所示,用户应根据所建模板调用的输入条件进行构建。

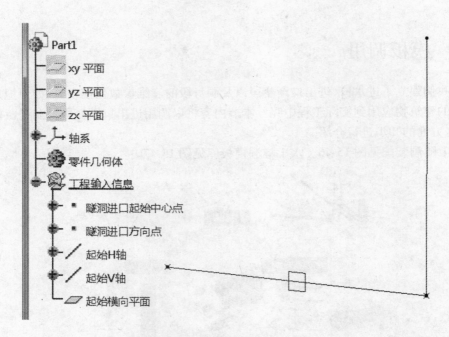

图 15-48　创建骨架定位信息

（3）选择【插入】→【几何体】，名称可改为"渐变段"，打开库文件界面。

（4）选择【工具】→【目录浏览器】，找到库文件存放位置，选择"udf－渐变段"，如图 15-49 所示。

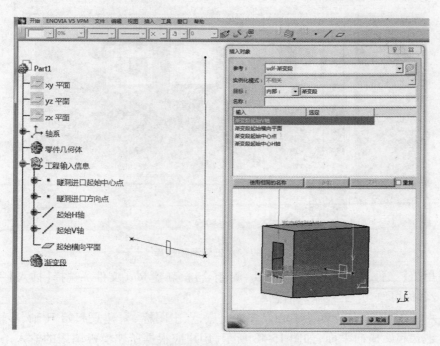

图 15-49　渐变段模板调用界面

（5）按目录浏览器中输入的信息对应选择结构树中的点、线、面的信息，点击确定即可完成渐变段模板的调用，如图15-50所示。

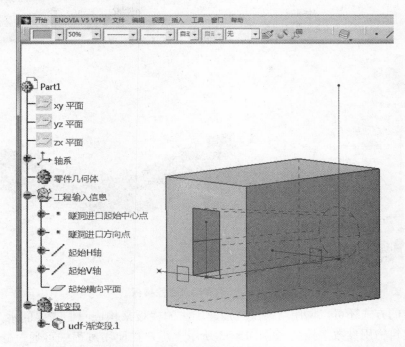

图15-50　调用后渐变段模板

（6）按第3、4步操作，选择【插入】→【几何体】，名称改为"洞身段"，选择【工具】→【目录浏览器】，找到库文件存放位置，选择"udf–洞身段"，如图15-51所示。

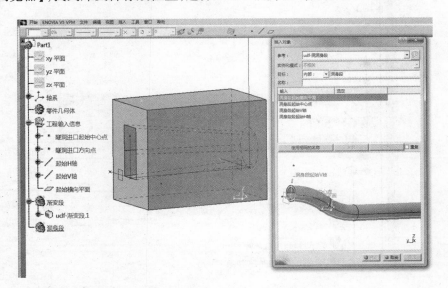

图15-51　洞身段模板调用界面

（7）按目录浏览器中输入的信息对应选择结构树中的点、线、面的信息，点击确定即可完成洞身段模板的调用，如图 15-52 所示。

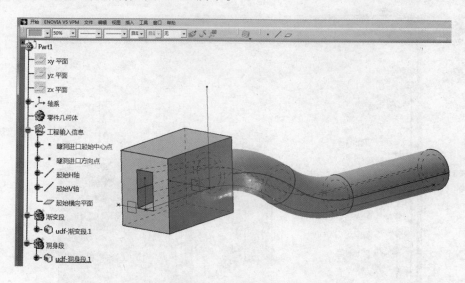

图 15-52　调用后洞身段模板

用这样的方式还可以调用塔架及其他建筑物的模板来构成我们需要的水工建筑物。调用后的建筑物用参数来控制，如图 15-53 所示。用户在使用过程中可通过修改参数来完成模板的结构尺寸及型式的变化达到快速设计的目的，如图 15-54、图 15-55 所示。

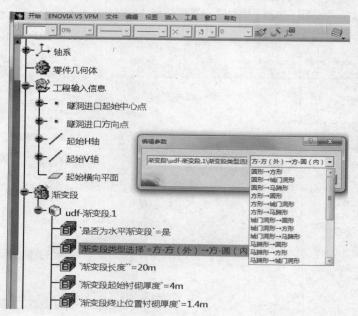

图 15-53　参数化控制渐变段类型

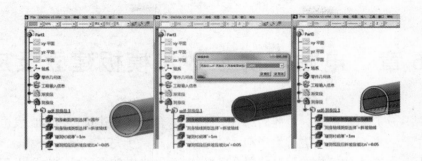

图 15-54　参数化控制洞身段截面

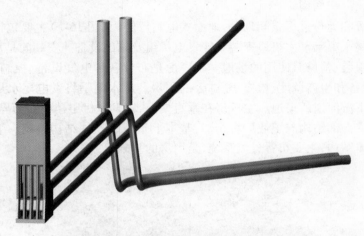

图 15-55　调用模板后生成水工隧洞

第16章　电站厂房参数化模板建立及应用

水电站厂房是将水能转为电能的综合工程设施,包括厂房建筑、水轮机、发电机、变压器、开关站等,也是运行人员进行生产和活动的场所。

根据厂房与挡水建筑物的相对位置及其结构特征,水电站厂房可分为以下三类:引水式厂房、坝后式厂房、河床式厂房。其中,引水式厂房根据与地面线的相对位置,分为地面式厂房和地下式厂房两类。

从设备布置和运行进行空间划分,地面式电站厂房(见图 16-1)主要包括:主机段、安装间、副厂房、尾水渠等。主机段安装水轮发电机组及辅助设备。安装间是水电站机电设备卸货、拆箱、组装、检修时使用的场地。副厂房是布置各种电气设备、控制设备、配电装置、公用辅助设备和生产调度、检修、测试等的用房。尾水渠是将发电尾水从尾水管或隧洞的出口排至下游河道的渠道。主厂房在垂直面上,以发电机层楼板面为界,分为上部结构和下部结构。上部结构与工业厂房相似,基本上是板、梁、柱结构系统。下部结构为大体积混凝土整体结构,主要布置过流系统,是厂房的基础。

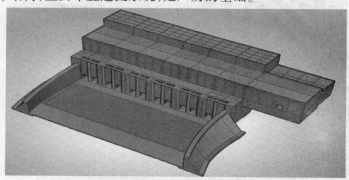

图 16-1　地面式电站厂房

16.1　设计流程

地面式电站厂房结构复杂、结构类型繁多,三维设计系统庞大,涉及的标准和非标准结构众多,因此设计前拥有一定数量的标准参数化模板,并对模板的适用条件、控制元素进行深入了解,将会减轻设计工作量、提高设计效率。

图 16-2 为地面式电站厂房设计流程。

电站厂房骨架主要包含的空间信息有:安装高程、各机组竖向轴线、机组中心点(各机组竖向轴线与安装高程的交点)、机组纵轴线、发电机层、轨顶高程、屋面高程及尾水管底板高程等元素。确立好模板的点、线或面等骨架元素,在 CATIA 软件界面中建立模板关键尺寸(在该程序里称为参数),进入草图绘制及三维实体的生成,期间通过"右键—编辑"使草图中的各尺寸与上面建立的参数链接上,同时会自动生成相应的公式关系。厂

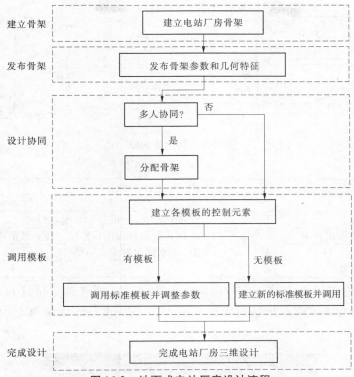

图 16-2　地面式电站厂房设计流程

房主体骨架如图 16-3 所示。

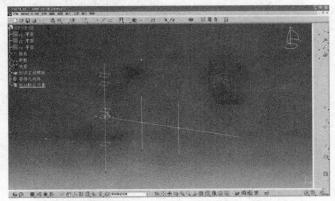

图 16-3　厂房主体骨架

主厂房、副厂房、安装间及下部结构(蜗壳、尾水管等)均在骨架基础上直接调用已建模板库的标准模板,如果没有标准模板,新建标准模板后归类入库。电站厂房专业主设人只需发布该骨架信息至多人,即可实现本专业内多人协同快速设计。

下面通过尾水管参数化模板的建立说明电站厂房标准模板建立的方法。

(1)尾水管剖面见图 16-4。

(2)专业分析提取的关键参数见表 16-1。

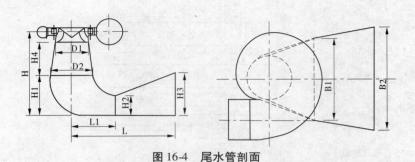

图 16-4 尾水管剖面

表 16-1 关键参数

H:导水机构中心距尾水管底板高度	D1:锥管进口直径
H1:肘管高度	D2:肘管进口直径
H2:肘管出口高度	L1:肘管出口距机组中心线的距离
H3:尾水管扩散段出口高度	L:尾水管扩散段出口距机组中心线的距离
H4:锥管高度	B1:尾水管肘管出口宽度
B2:尾水管出口宽度	

（3）任意建立直线 1（厂房纵向的机组中心线）和过直线 1 的定位点 1（机组安装高程面与竖向机组中心线的交点）；经过定位点 1，建立直线 1 的法向竖直平面（尾水管中轴面），见图 16-5。

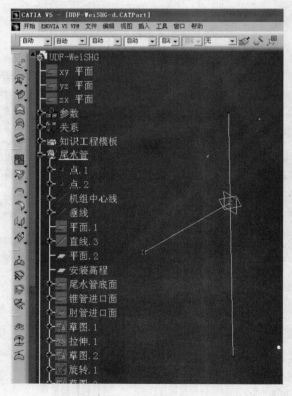

图 16-5 定位轴线、面

（4）参考定位点 1 和用户轴系，建立安装高程面、锥管进口面、肘管进口面、尾水管底面，见图 16-6。

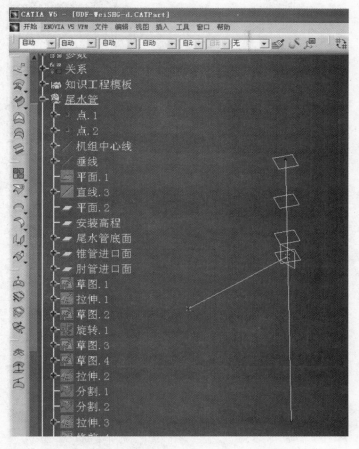

图 16-6 特征高程面

（5）在尾水管底面中建立定位草图，绘制尾水管扩散段俯视图，并拉伸到肘管进口面，见图 16-7。

（6）在尾水管中轴面中建立定位草图，绘制尾水管扩散段横剖面图，进行拉伸和修剪操作，见图 16-8。

（7）在尾水管锥管进口面中建立定位草图，绘制锥管俯视图，利用多截面曲面命令建立锥管三维图，见图 16-9。

（8）将锥管、肘管和扩散段缝合起来，插入用户特征，建立尾水管三维图，见图 16-10。

（9）建立 Excel 表格，创建关键参数数据表"WSG. XLS"。进入尾水管三维模型界面，点击底部的设计表图标，在弹出的对话框中，选择"从预先存在的文件中创建设计表"，其余值默认，直接点击确定。选择数据表"WSG. XLS"，在自动关联对话框中选择"是"，这样就完成 CATIA 内各尾水管参数与外部 Excel 数据的关联。

对于上面建立的尾水管三维模型，设计人员只需调整 Excel 中的相关数据，即可实现 CATIA 内三维模型的体形调整。

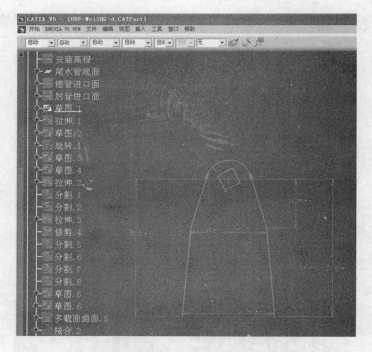

图 16-7　尾水扩散段平面草图

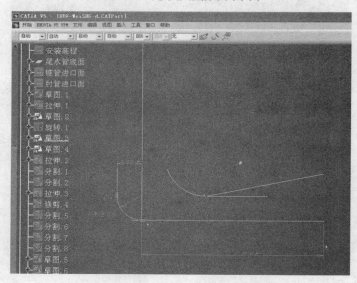

图 16-8　尾水扩散段立面草图

16.2　模板建立

　　模板库应逻辑性强、层次分明、调用便捷,而一套模板库的创建是一项非常浩大的工程,要使水电站厂房三维设计模板库完全建立起来是不现实的,但应该是我们努力的目

图 16-9　尾水锥管三维图

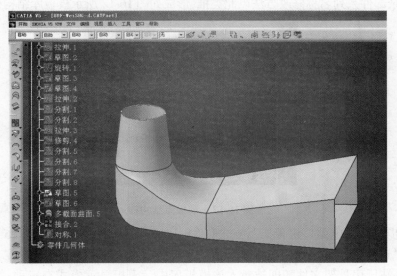

图 16-10　尾水管三维图

标。不管做了多少个模板,都应该及时入库,这样在后续工作中用到时才能方便调用、改进。

结合水电站厂房设计,在建立好一定数量的参数化模板之后,对创建模板库进行逐步解说如下:

第 1 步:点击"开始"→"基础结构"→"目录浏览器",进入模板库界面,见图 16-11。

第 2 步:右键单击左侧栏"章节.1",选择"章节.1 对象"→"定义",修改章节.1 名称

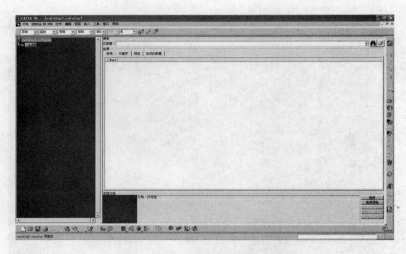

图 16-11　模板库界面

为"电站模板库"。

第 3 步:双击"电站模板库",使其为激活状态,选择右侧工具栏(或通过"插入"选择)添加系列图标 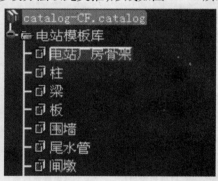,在"电站模板库"下添加部件系列 1、部件系列 2、部件系列 3 等。右键单击左侧栏"部件系列 1",选择"部件系列 1　对象"→"定义",修改部件系列 1 名称为"电站厂房骨架",其余部件系列名称修改方法以此类推,形成如图 16-12 所示模板库结构树。

图 16-12　模板库结构树

第 4 步:双击"电站厂房骨架",点击【插入】→【添加部件】,弹出如图 16-13 所示对话框。点击"选择文档",浏览找到电站厂房骨架产品文件,文件路径将出现在文件名栏,点击确定,电站厂房骨架文件随即被录入该模板库中。模板显示模式有三种:第一种为"参考",显示"名称"、"类型"、"对象名称";第二种为"关键字值",仅显示"Name";第三种为"预览",显示部件的预览图,该种最直观。

第 5 步:点击图 16-13 中的"预览",出现如图 16-14 所示界面,选取其中一个方式为模板添加预览图。例如,点击"外部文件预览",通过"选择外部浏览文件",选择提前设计好的预览图片后,点击确定,即可为该部件添加预览图。

第 6 步:通过上述第 3 步到第 5 步添加其余电站厂房模板,分类放置,最终形成如图 16-15所示的电站厂房模板库。

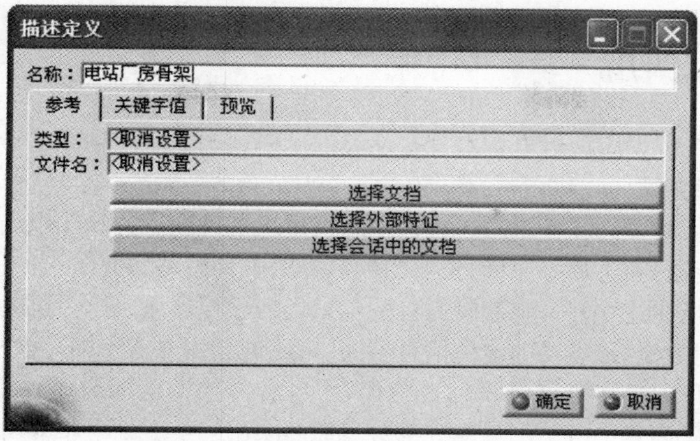

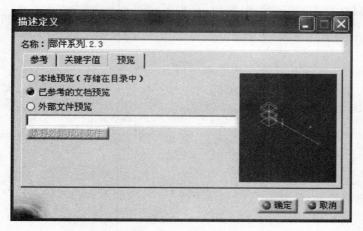

图 16-13　描述定义对话框

图 16-14　预览图片添加界面

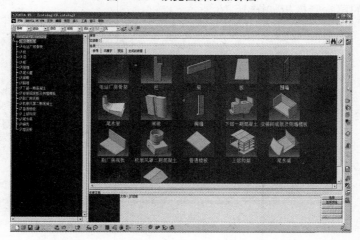

图 16-15　电站厂房模板库

16.3 模板调用

模板调用前,首先应该对模板本身有足够的了解,包括模板需要的定位点、线、面,模板的各项参数意义等。

由于厂房各部件形成的模板量很大,在此仅重点讲述涉及特殊知识点的模板,其他模板的调用触类旁通,不再逐一交代,主要为读者提供一种思路和方法。

模板调用,指在建立好一整套较完善的电站厂房模板库后,进行具体项目设计时所进行的活动。不同的模板,需要的定位信息不同,采用的调用方式不同。模板的调用类似于搭积木,每位设计人员在自己的设计范围内,将各种需要的模板通过一定的方式搭建而成,此时的模板仅为整个电站厂房的一部分,通过电站厂房各设计人员共同努力,协同设计,最终看到的才是真正的电站厂房模型。该模型与电站厂房型式一致,包含了各种各样的信息,例如参数(种类、外形尺寸、数量、高程等)。

16.3.1 模板调用的基本流程

(1)厂房主设人在 PW 系统中建立新项目。

(2)设计人员检出个人文档,打开带有电站厂房骨架的产品文件。

注意:(1)、(2)步是在 PW 系统平台上进行的。

(3)创建所要插入模板需要的定位点、线、面,同时建立该模板相关参数。

(4)通过"工具"→"目录浏览器",寻找模板。

(5)按照模板参数(定位信息、外形尺寸等),选择(3)步中对应的已创建元素及参数。

(6)调整模板参数,使其符合新工程项目。

16.3.2 尾水管

需要调用的尾水管模板如图 16-16 所示。

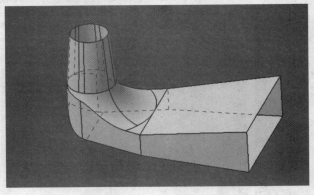

图 16-16　尾水管模板

(1)打开电站厂房骨架模板文件,见图 16-17。

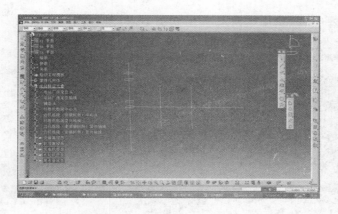

图 16-17　电站厂房骨架模板文件

（2）点击"插入"→"几何图形集"，右键点击创建的"几何图形集"，选择"属性"→"特征属性"，更改特征名称为"尾水管"；右键点击创建的"尾水管"，选择"定义工作对象"，见图 16-18。

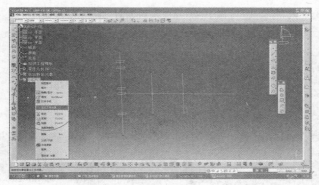

图 16-18　定义工作对象界面

（3）点击"工具"→"目录浏览器"，出现如图 16-19 所示对话框。

图 16-19　目录浏览器对话框

（4）在模板库中选择"尾水管"，弹出如图 16-20 所示对话框，按照图中要求进行设置，点击确定，插入"尾水管"，结果如图 16-21 所示。

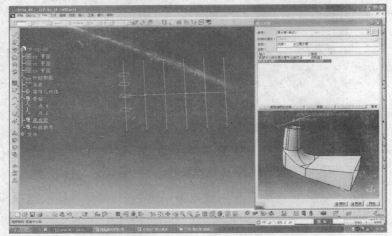

图 16-20　插入对象对话框

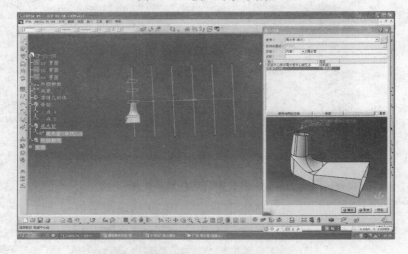

图 16-21　插入结果

（5）在图中调整模板各项参数，一种是在如图 16-22 和图 16-23 所示对话框中进行更改，一种是在结构树中进行更改。

（6）点击确定，即完成插入适应新工程参数的尾水管模板。

16.3.3　蜗壳、风罩

控制参数如图 16-24 所示。

定位元素为水轮机安装点及厂纵线，定位元素建立的主要目的是为了模板的定位。如果已有的骨架文件中已经有模板需要的定位元素，可以直接跳过本部分进行下面的操作。

（1）选择要插入知识工程模板的位置（零件或几何体），将其定义为工作对象，如图 16-25 中带下画线对象。

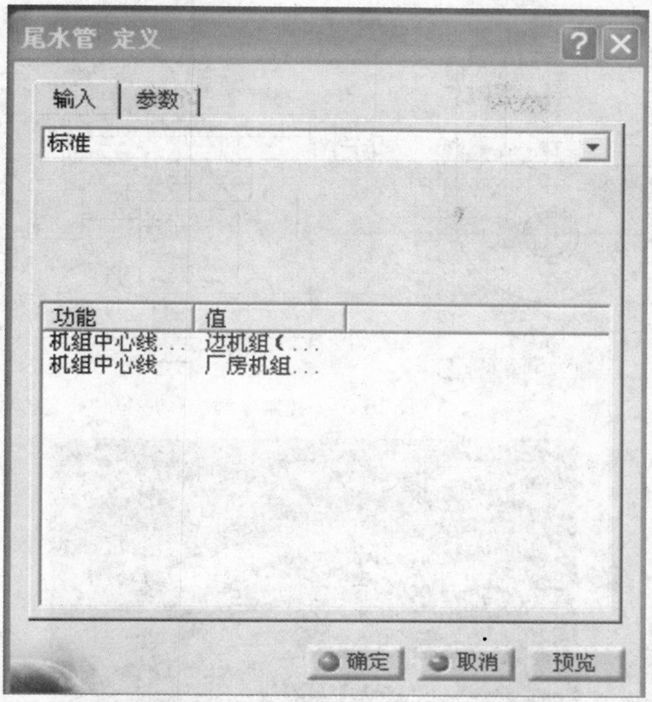

图 16-22　尾水管输入对话框

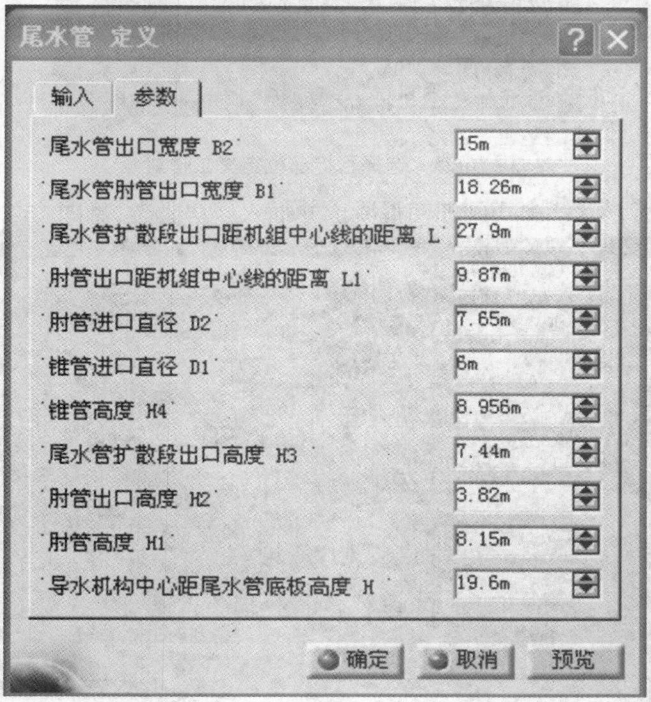

图 16-23　尾水管参数对话框

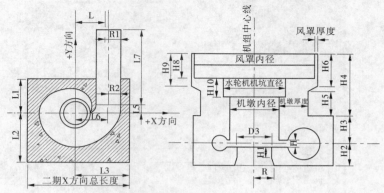

图 16-24   控制参数

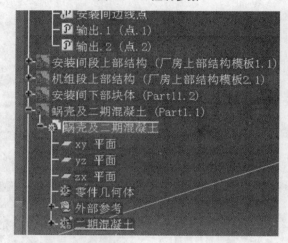

图 16-25   选择目标部位定义工作对象

（2）在"目录浏览器"中找到二期混凝土并插入厂房骨架，见图 16-26。

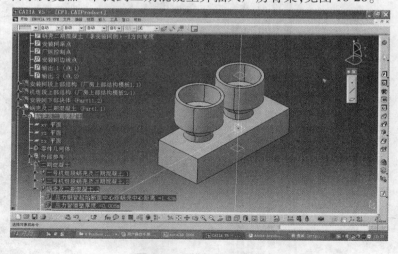

图 16-26   模板插入完成

（3）修改参数表，对蜗壳的体形进行控制。双击已经插入的知识工程模板，弹出对话框如"错误！未找到引用源"。可以对插入的对象进行进一步的定义。选择文档按钮，如图 16-27 所示，点击替换按钮，按照提示，选择要关联的 Excel 原始数据文档，如图 16-28 所示。

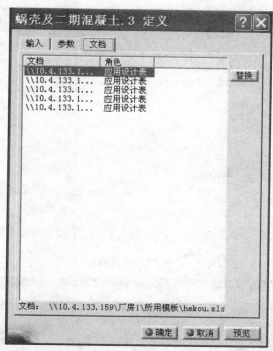

图 16-27　模板与 Excel 参数表进行关联

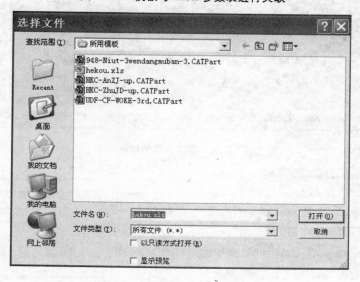

图 16-28　选择要关联的参数表

(4)修改 Excel 文档中的参数,完成对模板的修改。如图 16-29 所示为参数表,进行修改后点击保存。退出参数表后,与其相关联的模板如图 16-30 所示,体形颜色为红色,表示正在更新,点击更新按钮后,红色消失,则表示更新成功(如设置为自动更新,则不需点击更新按钮),完成蜗壳的三维设计。

图 16-29　参数表

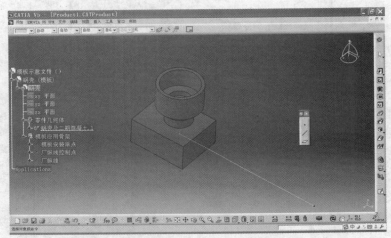

图 16-30　正在更新的模板

16.3.4　排架柱

排架柱如图 16-31 所示。排架柱控制参数如图 16-32 所示。

(1)打开电站厂房骨架模板文件,在水轮机层建立排架柱定位点,如图 16-33 所示。

注意:草图应在定位草图中作,避免以后使用中出现各种问题。必须在草图定位对话框中选择参考元素,避免后面出现问题。

(2)按照图 16-33 选择好后,点击确定,自动进入草图绘制界面,绘制排架柱定位点,并进行尺寸定位,如图 16-34 所示。

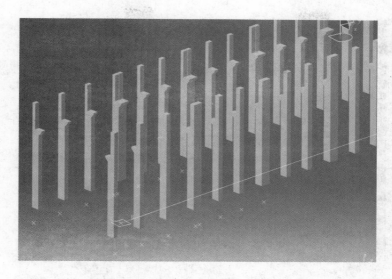

图 16-31　排架柱

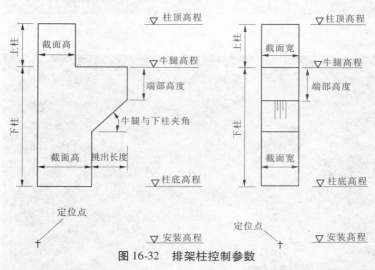

图 16-32　排架柱控制参数

（3）点击 f_∞ ,弹出公式对话框,见图 16-35,在此对话框中可创建排架柱各参数。

点击"新类型参数",选择"长度"或"角度",选择具有"单值"还是"多值",然后编辑当前参数的名称及其数值。其他各参数建立方法以此类推。

建立起来的参数表如图 16-36 所示。

（4）在草图界面下,点击尺寸标注数字后右击,选择编辑公式,如图 16-37 所示。

点击编辑公式后,出现公式编辑器对话框,如图 16-38 所示。

在图 16-38 红色区域激活状态下,点取建立好的相关参数,进行多则运算,使参数与尺寸产生关联。

（5）具有参数化的定位草图建立好后,点击 $\overset{\uparrow}{\Box}$,退出工作台。

（6）通过"目录浏览器"调取排架柱模板,在其中一个定位点插入一个完整的排架柱模板。

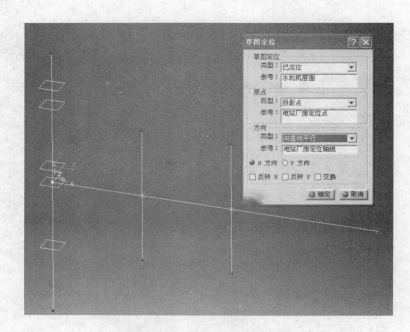

图 16-33　草图定位各选项选择

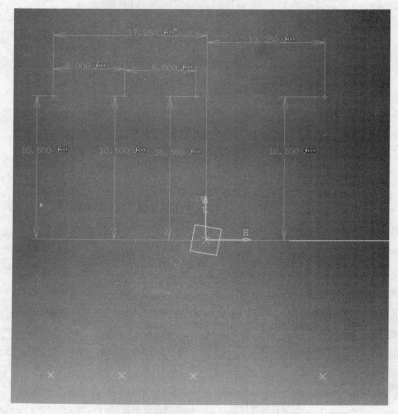

图 16-34　排架柱定位点建立

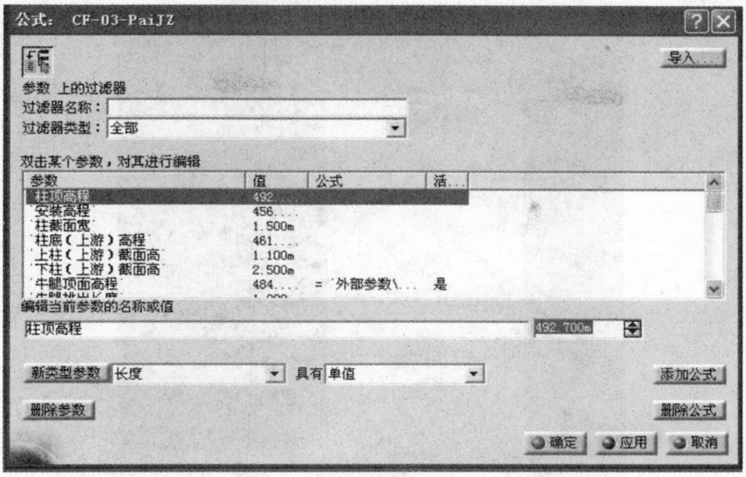

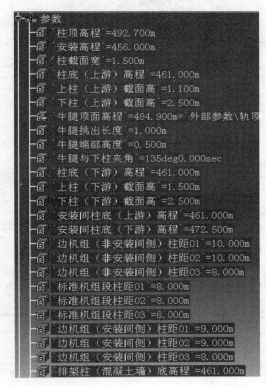

图 16-35　创建排架柱各参数

图 16-36　建立参数表

注意：为减少后期修改大量的重复参数，事先根据设计需要建立好了各零件模板的参数集。

(7)为避免多次重复插入排架柱，可以灵活采用阵列命令。具体操作步骤如下：

A. 右键点击插入的排架柱，选择“定义工作对象”，将该排架柱设置为当前工作对象。

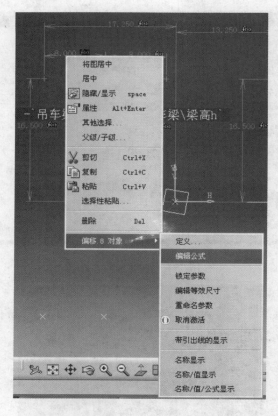

图 16-37　编辑草图尺寸

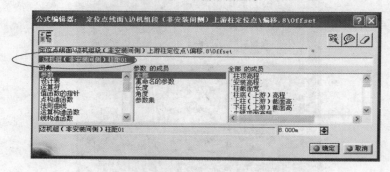

图 16-38　公式编辑器

B. 在零件设计模式下,点击用户阵列图标 ，弹出定义用户阵列对话框,见图 16-39。

C. 在位置栏中,选择前面已经建立好的"定位点草图",选择后"定位点草图"会默认转为隐藏状态;在对象栏中选择默认排架柱;点击定位栏后的无选择,使其呈蓝底白字状态后,右键点击"定位点草图",点击"隐藏/显示"切换隐藏状态为显示状态;选择第一次插入排架柱时的定位点,点击确定,完成排架柱阵列。

图 16-39　定义用户阵列

16.3.5　尾水渠

尾水渠如图 16-40 所示。

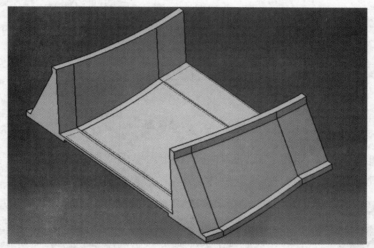

图 16-40　尾水渠

各控制参数如图 16-41 ~ 图 16-43 所示。

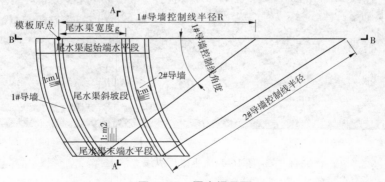

图 16-41　尾水渠平面

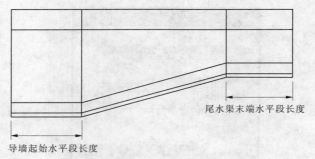

图 16-42　A—A 剖面

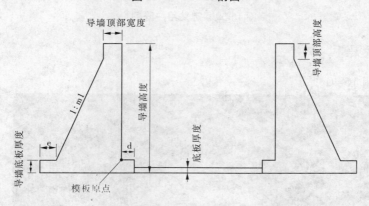

图 16-43　导墙截面

建立或提取尾水渠的定位元素,其中一个点作为模板的原点控制点,另一个点作为厂纵线控制点,如图 16-44 所示。

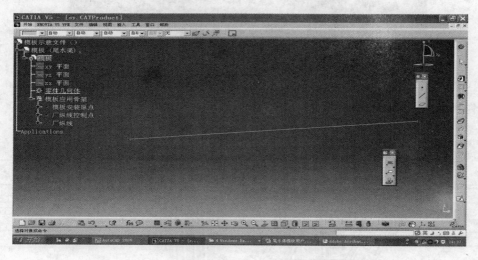

图 16-44　生成厂纵线

尾水渠模板插入结果如图 16-45 所示。

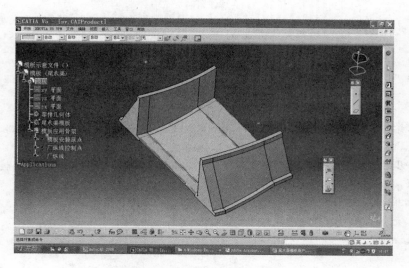

图 16-45　尾水渠模板插入结果

参 考 文 献

[1]上海江达科技发展有限公司. CATIA V5 基础教程[M]. 北京：机械工业出版社,2008.

[2]李学志,李若松. CATIA 实用教程[M]. 北京：清华大学出版社,2004 .

[3]云杰漫步科技 CAX 设计室. CATIA V5R20 完全自学一本通[M]. 北京：电子工业出版社,2011.

[4]谢龙汉,杜如虚. CATIA V5R20 产品造型及设计[M]. 北京：清华大学出版社,2011.

[5]谢龙汉,单岩. CATIA V5 逆向造型设计[M]. 北京：清华大学出版社,2004.

[6]达索系统公司. CATIA 在线帮助文档(SP2_CAT_Doc – R20 – En – 1 ~ 2).

[7]迅利科技有限公司. CATIA V5 中文操作指南.